渗流计算不动网格–高斯点有限元法及应用

汪自力 著

黄河水利出版社

·郑 州·

内容提要

本书系统介绍了不动网格-高斯点有限元法的理论基础和公式推导、程序研发过程,并展现了该方法解决实际工程复杂渗流问题的优势,公开了核心部分源程序代码。本书共有 11 章,其中第 1~6 章侧重理论,在分析渗流力学发展的基础上,介绍了饱和渗流分析的变网格法及其在小浪底土石坝三维渗流场分析中的应用案例;阐述了不动网格-高斯点有限元法及其在渗流分析中应用的程序研发过程,给出了饱和-非饱和渗流计算参数反演、渗流作用下边坡稳定分析方法及其算例。第 7~10 章侧重工程实践,主要介绍所研发的饱和-非饱和渗流有限元分析程序,在堤防、黏土心墙、灰坝、基坑降水等工程复杂渗流状态下的应用案例。第 11 章对数学模型的发展及其在数字孪生流域建设中的作用进行了展望。

本书提出的不动网格-高斯点有限元法,解决了有限单元内部"不均质"问题,不但对解决力学上的自由边界问题有重要学术价值,而且对工程上处理单元内参数不同问题有较大应用价值,可望在地下水水量水质评价、地下水治理与雨水利用,以及温度场模拟、高效农业精准灌溉等方面得到更广泛的应用。本书可供从事渗流、水力学、土工等数值模拟的科研人员和工程技术人员参考使用。

图书在版编目(CIP)数据

渗流计算不动网格-高斯点有限元法及应用/汪自力著. —郑州:黄河水利出版社,2023.8

ISBN 978-7-5509-3685-0

Ⅰ.①渗… Ⅱ.①汪… Ⅲ.①渗流-水力计算-有限元分析 Ⅳ.①TV139.1

中国国家版本馆 CIP 数据核字(2023)第 157325 号

组稿编辑:王志宽 电话:0371-66024331 E-mail:wangzhikuan83@126.com

责任编辑 赵红菲　　责任校对 王单飞

封面设计 李思璇　　责任监制 常红昕

出版发行 黄河水利出版社

地址:河南省郑州市顺河路 49 号 邮政编码:450003

网址:www.yrcp.com E-mail:hhslcbs@126.com

发行部电话:0371-66020550

承印单位 河南瑞之光印刷股份有限公司

开　　本 787 mm×1 092 mm 1/16

印　　张 13.5

字　　数 318 千字　　插页 1

版次印次 2023 年 8 月第 1 版　　2023 年 8 月第 1 次印刷

定　　价 98.00 元

前　言

党的十八大以来,习近平总书记曾在多个场合反复强调"核心技术受制于人是我们最大的隐患"。经过40多年改革开放的高速发展,中国实现了从"跟跑"到"并跑"再到一些领域"领跑"的转变,但"在别人的地基上盖房子,楼越高风险越大",不掌握核心技术,迟早会被别人卡脖子,国之重器不立足于自身,容易动摇发展的根基。2021年4月19日,习近平总书记在清华大学考察时再次强调,一流大学是基础研究的主力军和重大科技突破的策源地,要完善以健康学术生态为基础、以有效学术治理为保障、以产生一流学术成果和培养一流人才为目标的大学创新体系,勇于攻克"卡脖子"的关键核心技术,加强产学研深度融合,促进科技成果转化。"十四五"伊始,水利部也提出建设数字孪生流域引领水利高质量发展的要求。大的科技创新环境的逐步改善和高质量发展的强烈需求,也为基础软件的研发提供了新的机遇和挑战。作者作为中国力学学会理事、河南省力学学会副理事长,也有责任扩大力学在基础研究中的影响力。所在团队研发的基于不动网格-高斯点有限元法的渗流分析软件,可望在地下水水量水质评价、地下水治理与雨水利用及温度场模拟、高效农业精准灌溉等方面得到更广泛的应用。进入新发展阶段,有必要总结以往成果,凝练存在的问题,吸收最新研究成果,为软件的完善、研发并更好地解决疑难问题服务。

1985年7月,作者从郑州工学院水利系水工建筑专业毕业后留校任教,但未留在水利系,而是留在数理力学系计算力学教研室从事材料力学助教工作。1987年考研报名时,郑州工学院周鸿钧教授鼓励作者考外校。1987年9月,进入大连工学院(后改名为大连理工大学)工程力学所计算力学专业攻读硕士研究生,师从唐立民教授(时任研究生院院长)、陈万吉研究员(时任高等有限元研究室主任),也经常聆听力学界老前辈钱令希、钟万勰、程耿东、孙焕纯、吕和祥、刘迎曦等的教诲。1989年8月,进入黄河水利委员会水利科学研究所(后更名为黄河水利委员会黄河水利科学研究院),成为治理母亲河的一员。

在硕士论文选题时,考虑到原来水利专业背景和力学自由边界研究热点,陈万吉老师将题目定为"瞬态有自由面渗流问题的有限元分析"。经过研究,提出了瞬态有自由面渗流分析的不动网格-高斯点有限元法,该法与变网格法和已有的不动网格法相比计算量小、格式简单,并于1991年9月在《大连理工大学学报》发表。

不动网格-高斯点有限元法的核心是在形成刚度矩阵时采用高斯积分法,但对各高斯点原有权重根据其位置(如自由边界附近)外加一个罚函数(取值1~1/1 000),从而在网格不动的情况下解决单元内部"不均质"的问题。

到黄河水利委员会工作后,针对水工程渗流问题,先后在省部级基金资助下,将不动网格-高斯点有限元法应用到饱和-非饱和渗流、渗流作用下的边坡稳定分析中,并将渗流计算的有限元法和数学规划中的复合形法结合起来解决了饱和-非饱和渗透参数的反演问题。研发了二维/三维、稳定/非稳定、饱和/非饱和渗流软件包,成功解决了堤防、土石坝、基坑、灰坝等工程中常规有限元法难以模拟的问题,为工程安全诊断、除险加固方案论证提供了方法支撑。1999 年,根据工作需要,从事黄河防汛抢险技术研究,虽然渗流软件开发中断,但积累的渗流控制知识在抢险技术研发中得以应用。近些年,工程模拟软件也多依赖于国外引进,研究生论文也多是用现成软件做些简单应用,基础软件研发受到较大冲击。2021 年,指导研究生完成裂缝渗流作用下的边坡稳定性分析学位论文,再享软件开发与育人的乐趣。

在专著撰写过程中,不禁为当年黄河水利科学研究院渗流团队的工作成就感到自豪。早在 20 世纪 80 年代,以杨静熙、高骥为代表的渗流团队在裂隙渗流、非饱和渗流、以沟代井等三维渗流模拟等方面开展了大量的程序研发和电模拟实验,并在计算机上实现渗流计算的前后处理,为作者软件开发及应用奠定了良好基础。陈士俊、刘茂兴、沈凤生、李信、李斌、张俊霞、李莉等为软件开发提供了大量的帮助,李海晓、刘保亮、汪德华参加了编写工作,在此一并致谢!

渗流老前辈毛昶熙先生,发起了全国水利工程渗流学术研讨会,2017 年在其百岁寿辰座谈会上,仍关注渗流学组的发展,积极倡导学术自由,学风严谨,淡泊名利,为我们树立了榜样。作者也有幸参加了毛老先生主编的《堤防渗流与防冲》《堤防工程手册》部分章节的编写工作。老前辈的精神及示范,也为作者完成此书提供了精神力量。

2021 年 7 月 20 日,一场突如其来的特大暴雨造成郑州等地洪涝灾害严重,尤其地下空间的安全问题备受关注,其中不乏渗流问题,也促进了该书的撰写工作。2021 年 9~10 月,黄河发生新中国成立以来最严重秋汛洪水,导致小浪底大坝创历史最高蓄水位,也为验证此前的渗流计算成果提供了难得的资料。

有关研究得到河南省自然科学基金等项目的资助,该书的出版得到国家重点研发计划(2016YFC0401610)、黄河水利委员会治黄著作出版资金的资助,谨以此书献给长期关心支持黄河水利科学研究院渗流学科发展的领导和专家。

鉴于工程渗流问题的复杂性,书中理论、方法、程序还有较大的改进空间,加之作者水平有限,书中不当或错误之处,敬请广大读者批评指正。

作　者

2023 年 6 月

目　录

第 1 章　渗流力学与饱和-非饱和渗流概论

渗流力学作为流体力学的一个分支,经历了从经典到现代的发展阶段,基本形成较为完善的学科体系,并在地下渗流、工程渗流、生物渗流等方面得到广泛应用。本章简要介绍了渗流力学学科的研究进展、饱和-非饱和渗流的有关概念、水工建筑物渗流控制理论和渗流场计算方法等。

1.1　渗流力学

1.1.1　渗流的含义及研究意义

渗流的基本含义在我国是泛指流体在任何多孔介质内的流动。由于渗流的理论和应用在相当长的时期内主要涉及地下多孔介质内的流动,因此不少人将这一术语理解为只指地下渗流。随着渗流理论和应用逐步深入到更广泛的领域,这种狭义理解逐渐减少。在中国和苏联,当专指地下渗流力学时,也称“地下水力学”或“地下水动力学”。天然和人造的多孔介质普遍具有下列特征:空隙尺寸微小,而比表面积数值很大。多孔介质的特征使渗流具有下述特点:表面分子力作用显著,毛细管作用突出;流动阻力较大,流动速度一般较慢,惯性力往往可忽略不计。

渗流研究的意义体现在:渗流理论已经成为人类开发地下水、地热、石油、天然气、煤炭与煤层气等诸多地下资源的重要理论基础,在环境保护、地震预报、生物医疗等科学技术领域中,在防止与治理地面沉降、海水入侵,兴建大型水利水电工程、农林工程、冻土工程等工程技术中,已成为必不可少的理论。

1.1.2　渗流力学的发展简史

法国工程师达西在 1856 年公布了水通过均匀砂层渗流的线性定律(Darcy 定律),渗流理论即从此开始发展,并经历了经典到现代渗流力学发展阶段。

1.1.2.1　经典渗流力学阶段

初期,主要由于水的净化,地下水开发、水利工程的需要,渗流力学开始成长,从 20 世纪 20 年代起,又在石油、天然气开发工业中得到应用。在这个阶段,渗流力学考虑的因素比较简单:均质的孔隙介质,单相的牛顿流体,等温的渗流过程,而不考虑流体运动中复杂的物理过程和化学反应。这种简单条件下的渗流问题的数学模型是拉普拉斯方程、傅里叶热传导方程和二阶非线性抛物型方程。这个阶段的研究方法主要是数学物理方法和比较简单的模拟方法。

1.1.2.2　现代渗流力学阶段

从 20 世纪 30 年代起,由于低于饱和压力开发油田、天然水力驱动、人工注水开发油田及农田水利等工程技术的需要,逐步发展多相渗流理论,开始了渗流力学的新阶段。20世纪60年代以后,渗流力学发展迅速。由于研究内容和考虑因素方面的发展,渗流理论不断深化,大体沿着五个方向进行:①考虑多孔介质的性质和特点,发展非均质介质渗流、多重介质(裂缝—孔隙—孔洞)渗流和变形介质渗流;②考虑流体的多相性,继续发展多相渗流;③考虑流体的流变性影响,发展非牛顿流体渗流;④考虑渗流的复杂物理过程和化学反应,发展物理-化学渗流;⑤考虑渗流过程的温度条件发展非等温渗流。此外,还开始出现一些新动向,例如:研究流体在孔隙内运动的细节,发展微观渗流;渗流力学与生物学交叉渗透,发展生物渗流;等等。

由于渗流力学的应用范围日益广泛,除地下渗流力学外,还研究工程装置和工程材料中的渗流力学问题,逐步形成工程渗流力学。

1.1.3 学科内容

渗流力学当前比较成熟的内容有单相渗流理论、多相渗流理论、双重介质渗流理论、渗流基本定律和多孔介质理论。单相渗流理论包括液体渗流理论、带自由面渗流理论、气体渗流理论。当具有不同物理性质的多种流体在多孔介质内混流时,称为多相渗流。多相渗流理论与许多工程技术有密切关系。例如,油层内的流动大多是油、气、水多相渗流,非饱和土中的渗流是水和气的多相渗流;在地热开发过程中也存在热水和气的多相渗流。迄今比较成熟的多相渗流理论为混气液体渗流理论、二相液体渗流理论和非饱和土渗流理论。

1.1.3.1 液体渗流理论

液体渗流理论是研究承压条件下均质液体的渗流规律。根据是否考虑多孔介质和流体的弹性又分为弹性渗流和刚性渗流。早期的地下水和石油开发工程,以及水工建筑等工程都需要了解地下液体渗流规律和计算方法,刚性渗流理论因而得到发展。以后发现,地层岩石和液体的弹性对流体运动和生产状况产生不可忽视的影响,弹性渗流理论得到不断发展。

1.1.3.2 带自由面渗流理论

带自由面渗流理论是研究非承压条件下均质液体的渗流规律。当液体的最上部不受隔水顶板的限制,存在一个其上任意一点的压强为大气压强的自由液面时,多孔介质中的液体流动称为带自由面渗流或无压渗流。含水层中的潜水向开采井方向汇集,河道或水库里的水透过河堤或土坝向下游渗流以及石油在地层中向生产井自由渗流等均属无压渗流。水文地质、水利工程和石油开采等生产部门的需要,促使无压渗流理论不断发展。

1.1.3.3 气体渗流理论

气体渗流理论是研究气体在多孔介质中的流动规律。气体的组成可能是单一的,也可能是组分恒定的多组分混合物。气体渗流理论的出现是由于天然气开采等工程的需要。气体渗流具有压缩性特强、渗流定律非线性、渗流过程非等温性及存在滑脱效应等特点,是比较复杂的渗流问题。

1.1.3.4 混气液体渗流理论

混气液体渗流理论是研究相互掺混的液体与气体在多孔介质中的运动规律。混气液的液体为连续相,气体为离散相。这一理论是低于饱和压力下开发油田的理论基础,也是地下热能开发工业和与土壤水运动有关的部门所需要的理论。

1.1.3.5　二相液体渗流理论

二相液体渗流理论是研究一相液体驱替另一相不同前者混溶的液体的流动规律。这一理论是天然水力驱动油田的开发工程和广泛应用的人工注水开发油田技术的理论基础。

1.1.3.6　非饱和土渗流理论

非饱和土渗流理论是研究土壤孔隙未被水充满条件下的流体运动规律。灌溉排水条件下或作物根系吸水作用下的土壤水运动,入渗、蒸发和地下水位变动条件下潜水面以上土层(包气带)内的水分运动均属非饱水土渗流。这一理论是农田水利和水文地质等部门的一项理论基础。

1.1.3.7　双重介质渗流理论

双重介质渗流理论是研究流体在裂缝-孔隙介质中的运动规律。双重介质是由裂缝系统和岩块孔隙系统组成的特殊多孔介质。双重介质渗流理论的建立主要是由于在世界范围内发现和开发一系列裂缝性油气田,它是这种类型的油田、天然气田和地下水层的储量计算和治理开发的理论基础。

1.1.3.8　渗流基本定律

渗流基本定律是描述流体在多孔介质内运动的基本规律,亦即渗流过程的宏观统计规律。它是研究渗流力学的基础。在一定的雷诺数范围内,牛顿流体在不可变形多孔介质内的运动遵循达西渗流定律,即 $v=kJ$,表明渗流速度 v 与水力坡降 J 成正比的关系,并笼统地用 k(渗透系数)体现不同材料的不同的渗透性,渗透系数取决于多孔介质的结构和流体的性质。

1.1.3.9　多孔介质理论

渗流是多孔介质内的流体运动,研究渗流力学涉及的多孔介质的物理-力学性质的理论就成为渗流力学的基本组成部分。多孔介质理论包括多孔介质的孔隙率、润湿性、毛细管压力和渗透率等内容。

1.1.4　渗流特点

(1)多孔介质单位体积孔隙的表面积比较大,表面作用明显。任何时候都必须考虑黏性作用。

(2)在地下渗流中往往压力较大,因而通常要考虑流体的压缩性。

(3)孔道形状复杂、阻力大、毛管力作用较普遍,有时还要考虑分子力。

(4)往往伴随有复杂的物理化学过程。

1.1.5　应用范围

渗流力学的应用范围越来越广,日益成为多种工程技术的理论基础。由于多孔介质广泛存在于自然界、工程材料和人体与动植物体内,因此就渗流力学的应用范围而言,大致可划分为地下渗流、工程渗流和生物渗流等 3 个方面。

1.1.5.1 地下渗流

地下渗流是指土壤、岩石和地表堆积物中流体的渗流。它包含地下流体资源开发、地球物理渗流等。地下流体资源包括石油、天然气、煤层气、地下水、地热、地下盐水及二氧化碳等。与此相关的除能源工业外还涉及农田水利、土壤改良(特别是沿海和盐湖附近地区的土壤改良)和排灌工程、地下污水处理、水库蓄水对周围地区的影响和水库诱发地震、地面沉降控制等。地球物理渗流是指流体力学和地球物理学交叉结合而出现的渗流问题。这些问题的研究进一步推动了渗流力学理论的发展。地球物理渗流包括雪层中的渗流和雪崩的形成、地表图案的形成、海底水冻层的溶化、岩浆的流动和成岩作用过程及海洋地壳中的渗流等。

1.1.5.2 工程渗流

存在于人造多孔介质或工程装置中的流体渗流称为工程渗流。它涉及水利、冶金、建筑、能源、化工等多个部门。

1.1.5.3 生物渗流

存在于人体和动植物体内的流体渗流称为生物渗流。它包含人体和动物体内毛细血管中的血液流动与呼吸系统的气体运动、植物体内的水分糖分的流动等。

1.2 饱和-非饱和渗流

1.2.1 饱和-非饱和渗流概述

渗流理论广泛应用于水利、土建、化工、地质、采掘等生产建设部门,如在土木工程方面的应用有:①在给水方面,有井和集水廊道等集水建筑物的设计计算问题;②在排灌工程方面,有地下水位的变动、渠道的渗漏损失和渠道边坡的稳定等方面的问题;③在水工建筑物,特别是高坝的修建方面,有坝身的稳定、坝身及坝下的渗透损失等方面的问题;④在建筑施工方面,需确定围堰或基坑的排水量和水位降落等方面的问题。

在水利、土木工程中主要应用带自由面饱和渗流理论、饱和-非饱和渗流理论,从数值模拟角度看,基本方程推导相似,其最大区别在于求解域的不同,相应定解条件不同,所用参数也不一样。饱和渗流的求解域仅为饱和区,但有自由面时涉及自由边界问题。饱和-非饱和渗流的求解域不但有饱和区,而且还包括非饱和区,其计算虽然避开了自由边界问题,但边界条件与计算参数更复杂。

1.2.2 非饱和渗流特点

潜水面以上直到地面的地带称为非饱和带,也称包气带。该带就是非饱和流动发生的区域,一个从地面直到地下第一个不透水层的完整剖面如图 1-1 所示。

非饱和带自上而下又可分为三个亚带,即土壤水带、中间带和毛管水带。土壤水带的范围从地面向下到植物根系以下。该带的水分分布强烈地受地表条件的影响,降水、灌溉、气压和湿度的变化都引起该带水分含量的变化。但当潜水面埋藏较深时,潜水面的上下波动对该带的水分分布影响不大。中间带位于土壤水带以下和毛管水带以上,其厚度

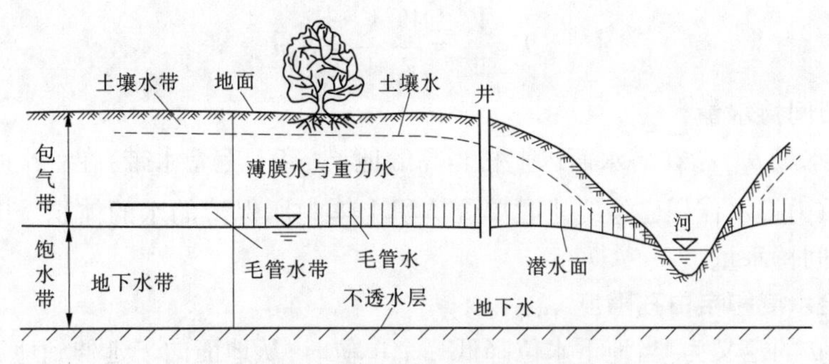

图 1-1　包气带和饱水带的水分分布(据 J. Bear)

取决于潜水面离地面的深度。当没有入渗的水经过中间带时,该带中的水分主要以薄膜水的形式和土颗粒接触点附近的孤立的悬挂环的形式存在。当潜水面很浅时,中间带可能消失,土壤水带和毛管水带直接相连接。毛管水带位于潜水面以上直到水的毛细管上升的极限。其厚度取决于土的性质。由于土的孔隙大小不同,它的上界面的形状是不规则的。该带的水分含量随着离开潜水面的距离加大而减小。

1.2.3　几个重要参数

1.2.3.1　含水率

含水率(又称含水量)θ 为含水介质中水分所占的体积和总体积之比,即单位体积的含水介质中水分所占的体积,可用下式表示:

$$\theta = \frac{V_w}{V} \tag{1-1}$$

式中　V——含水介质的总体积;

V_w——含水介质中水分所占的体积。

必须注意,含水率为体积比,与一般土工试验时用质量比表示的含水量 ω 是不同的。θ 和 ω 关系为 $\theta = \omega\gamma_d/\gamma_w$,$\gamma_d$ 为土的干容重,γ_w 为水的容重。含水率 θ 为一无量纲参数。其值大于 0 而等于或小于孔隙度 n 。

1.2.3.2　孔隙度

孔隙度 n 为土体中孔隙体积与总体积之比,即

$$n = \frac{V_a}{V} \tag{1-2}$$

式中　V_a——含水介质中空隙所占的体积。

1.2.3.3　饱和度

饱和度 S_w 是一个表示含水介质被水所充满程度的参数,可用下式表示:

$$S_w = \frac{V_w}{V_a} \times 100\% \tag{1-3}$$

饱和度也是一个无量纲参数,其值不能大于 1。饱和度 S_w 和含水率 θ 之间存在如下关系:

$$\theta = \frac{V_w}{V} = \frac{V_w}{V_a}\frac{V_a}{V} = S_w n \tag{1-4}$$

1.2.3.4 田间持水量

田间持水量 θ_{w0} 指在潜水面以上相当高的地点(高于毛管水带)在一次降雨或过量灌溉以后,当重力排水作用已经终止时单位体积土体中所保持的水的体积。中间带的含水率一般为田间持水量。

1.2.3.5 给水度和自由孔隙度

给水度 μ 的定义为:当地下水位降低一个单位时,从地面向下延伸到地下水面的单位面积土柱中所排出的水的体积。它也是一个无量纲的量。由于重力排水的滞后作用,地下水位下降后不是立即排净,而是逐渐地排出。不同时间排出的水的体积是不同的,所以给水度 μ 是排水时间 t 的函数。某一时刻的给水度称为瞬时给水度 μ_t 。而排水结束时的给水度称为完全给水度或最终给水度 μ 。作为岩层参数的给水度指的就是完全给水度。显然有

$$\mu_t \leqslant \mu$$

同样,给水度也是潜水面埋藏深度的函数。当潜水面距地表近时,毛管水带到达地表,潜水位下降一个单位后,水不能充分排出,得到的给水度偏小。潜水面愈接近地表,其给水度愈小。对于均质土,当潜水面的埋深相当大时,其给水度才接近于一个固定值,可用下式表示:

$$\mu = n - \theta_{w0} = n(1 - S_{w0}) \tag{1-5}$$

式中 S_{w0}——相当于田间持水量时的饱和度。

与给水度的定义相类似,当地下水位上升一个单位时,从地面直至地下水面的单位面积的土柱中所吸收的水的体积称为自由孔隙度 n_a 。自由孔隙度的数值一般可认为和给水度是相等的。

1.2.3.6 毛管压强

当多孔介质的孔隙中有两种不同的流体接触时,在界面上存在压强的不连续性,压强差为

$$\Delta p = p_2 - p_1 = p_c$$

式中 p_2——非湿润相流体中的压强;

p_1——湿润相流体中的压强;

p_c ——毛管压强。

毛管压强取决于孔隙的几何形状、固体和流体的性质及饱和度。

1.2.3.7 压强和水头

多孔介质中某一点的压强是指表征体元上的平均值,有

$$p = \frac{1}{\Delta V_p}\int_{\Delta V_p} p_i \mathrm{d}(\Delta V_p) \tag{1-6}$$

式中 ΔV_p ——体元的孔隙体积;

p_i ——体元内任一点的压强。

由伯努利方程,有

$$H = z + \frac{p}{\gamma} + \frac{u^2}{2g}$$

式中　H——总水头，代表单位重量流体的总机械能；

z——位置水头，代表单位重量流体的位置势能；

$\frac{p}{\gamma}$——压强水头，代表单位重量流体的压强势能；

$\frac{u^2}{2g}$——流速水头，代表单位重量流体的动能。

对于多孔介质中的地下水流动，流速 u 很小，流速水头可以忽略不计，则总水头或单位重量流体的总势能可用下式表达：

$$H = z + \frac{p}{\gamma} = z + h \tag{1-7}$$

1.2.3.8　**单位贮水量**

单位贮水量 S_s（specific storage），其物理意义是单位体积的饱和土体，当下降一个单位水头时，由于土体压缩（$\rho g \alpha$）和水的膨胀 $\rho g n \beta$ 所释放出来的贮存水量。可用下式表示：

$$S_s = \rho g(\alpha + n\beta) \tag{1-8}$$

当取水的压缩性 $\beta = 0$、土的压缩性 α 只表现在孔隙的变化时，则从有效应力与孔隙水压力之间的关系可知 $\alpha = \frac{1}{\rho g}\frac{\partial n}{\partial h}$，即上式中的 $S_s = \frac{\partial n}{\partial h}$，饱和土体 S_s 是一个常数，且黏性土的要比砂性土的大 1~2 个数量级。非饱和土体 $S_s = 0$，其贮水量主要受含水率或饱和度控制，而非压缩性对其影响。在很多情况下饱和土体也可设 $S_s = 0$。

1.2.3.9　**渗透系数**

渗透系数 k，在各向同性介质中定义为单位水力坡降下的渗透速度，表示流体通过孔隙骨架的难易程度。

渗透系数不仅取决于孔隙介质的特性，而且还和流体的物理性质（如黏度、容重等）有关。对于水来说，可认为渗透系数只随孔隙介质不同而不同。可把渗透系数理解为单纯反映孔隙介质特性对渗透性影响的一个参数。确定渗透系数的方法，大致可分为三类：

（1）经验公式估算法。根据影响土壤渗透性因素组成的经验公式来计算 k 值。这类公式很多，大多是经验性的，各有其局限性，只可在粗略估算时用。

（2）实验室测定法。如实验中符合达西定律，测得水头损失和流量后，即可按达西定律公式求得渗透系数 k 值。应尽量选取有足够数量的、有代表性的非扰动土样来进行实验。

（3）现场测定法。一般是在现场钻井或挖试坑，用抽水或注水的方式测定其流量及水头等数值，然后根据相应的理论公式计算出渗透系数值。这种方法能取得较为符合实际的渗透系数值，但需较大的工作量。

1.2.4　土壤水分特征曲线

土壤水分特征曲线（持水曲线）是表示非饱和带中水分的能量和数量之间关系的曲

线,在计算中有重要的应用,它通常是通过试验求得的。把饱和土样置于多孔平板上,对它施加负压,负压是逐步增加的。排水的过程参看图 1-2。开始时,对于微小的负压几乎没有水排出,直到负压达到某一临界值时才开始排出水,此时的负压水头称为临界毛管水头。由于土的孔隙大小不一,排水先从大孔隙开始。随着水的排放形成弯月面 2,与负压相平衡。随着负压的增加,需要更大曲率的弯月面才能和它相平衡,界面沿着通道后退到较窄的部位 3,水继续排出,含水率减小。

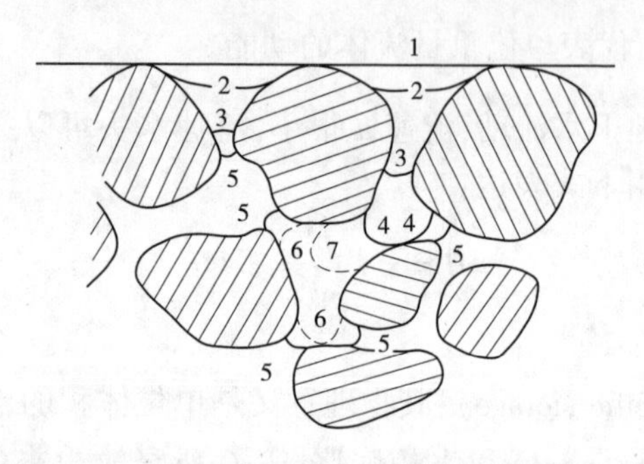

图 1-2 饱和土排水(1~5)和再注水(6~7)时土孔隙中的水分分布(据 Childs)

继续施加负压,界面通过通道的狭窄部位进入半径较大的通道,弯月面 4 不能和负压相平衡,则继续排水,界面继续推进到更狭窄的通道,弯月面停留在 5 处。因为孔隙大小不一,每一个负压值都有相应的含水率与之对应。所以,可用负压水头 h 作为纵坐标(取负值),含水率 θ 作为横坐标,得到一条曲线,即为排水(或干燥)时的水分特征曲线,参看图 1-3。

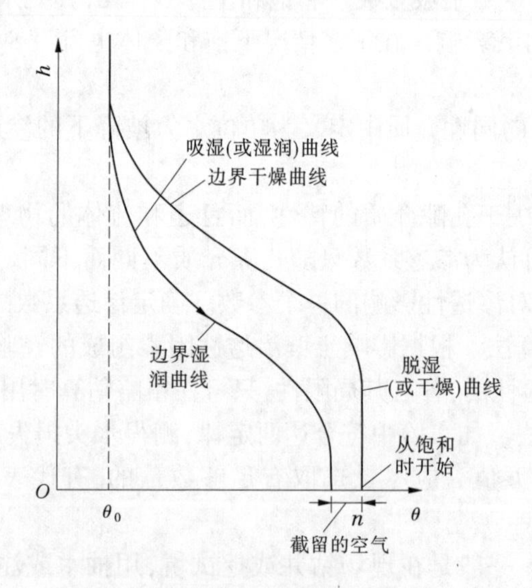

图 1-3 非饱和带的水分特征曲线

然后进行一个相反的过程,即向土中注水减小负压。此时的弯月面首先位于内部的大通道中,如 6、7。同样曲率的弯月面所保持的水量比排水的情况小。此时,如果也作负压水头 h 和含水率 θ 的关系曲线,此水分特征曲线称为吸湿(或湿润)曲线。吸湿曲线和排水曲线是不重合的,即 h 不是 θ 的单值函数。在同样的负压水头下,吸湿曲线的含水率比排水曲线的含水率要小,这一现象称为滞后现象(hysteresis)。因此,一个非饱和土的负压水头和含水率之间的关系,取决于该样品的干燥和润湿的历史过程。

从图1-3还可以看出,当负压水头 h 达到一定的数值以后,随着 h 的增加含水率 θ 不再进一步减小。这个含水率称为残留含水率,记作 θ_0,其值和田间持水量相当。

水分特征曲线的斜率的倒数称为容水度,记作 c,即

$$c=\frac{\mathrm{d}\theta}{\mathrm{d}h} \tag{1-9}$$

它表示负压水头变化一个单位时从单位体积非饱和土中所能释放(或吸收)的水的体积,是一个计算非饱和带地下水运动的重要参数。因为水分特征曲线是一条弯曲的曲线,所以容水度 c 不是常数,而是随含水率 θ 或负压水头 h 的不同而变化的。

在正压区容水度 $c=0$。

综上所述,自然界中的岩土介质不断经历水分蒸发和降雨入渗过程,这会影响土体的水力特性,使土体结构发生改变。在干湿循环下土水特征曲线会出现滞回特性,即土样在相同的基质吸力下,脱湿曲线的含水率大于吸湿曲线的含水率。土体在润湿和干燥过程中含水率的差异可以归结为以下4个原因:①随着吸力的增加或减少,土体内残余气体的体积也会发生相应的变化;②毛细孔隙的弯液面变大时的接触角比弯液面变小时的接触角大;③土体孔隙分布不均匀,致使毛细管的墨水瓶效应明显;④随着干湿循环次数的增加,土体会发生老化。此外,在脱湿干燥过程中,土体大孔隙中的水先被排出,然后孔隙气迅速占据大孔隙水的初始位置,从而阻碍小孔隙水的排出,只有当土体基质吸力达到一定值时小孔隙水才会被排出。在吸水润湿过程中,由于水压差的存在,外界水更容易克服小孔隙中的土水势,先流入小孔隙中,最后进入大孔隙中。

1.3　水工建筑物渗流控制

渗流引发的水工建筑物安全问题更为突出,早期解决渗流破坏问题的唯一措施是防止渗流,即防渗。实践表明,单纯的防渗不但造价高,而且不易做到水工建筑物有足够的整体渗透稳定性。随着工程技术的发展,水工建筑物渗流问题的研究也逐渐分为三个方面的内容:一是土体的渗透稳定性;二是渗流场等势线的分布特性及渗流量的计算分析;三是渗流场的渗透安全分析。解决渗流问题的理念,也由以防为主发展为堵截与疏导相结合,防渗、排渗措施形成“渗流控制”概念。

渗流控制理论是以渗流计算分析理论、土的渗透稳定性研究为基础,研究提出各种防渗、排渗措施解决渗流破坏问题。该理论由两个主要因素构成:一是渗流场的性能,包括水力坡降分布及渗流量大小;二是土体的允许水力坡降。前者主要是采用渗流计算和试验的方法,后者主要是采用室内试验或理论计算的方法。

随着对渗透破坏机理认识的深入,发现渗透破坏过程总是首先开始于渗流出口,然后向内部不断发展,直到形成上下游连通的渗透破坏通道,所以控制渗流出口水力坡降在20世纪50年代成为渗流控制的主要因素。反滤层的出现和应用,使工程界逐步认识到

反滤层可以防止渗流出口的渗透破坏,从而保证整个建筑物的渗透稳定。反滤层结构的特点是具有排水减压和滤土的双重功能,不仅可以保护渗流出口的渗透稳定,而且还可以释放防渗体中的渗透压力使建筑物中的渗流由有压变为无压状态。反滤层设计方法的不断完善及广泛使用,使渗流控制原理进一步明确为:防渗与排渗相结合,反滤层保护渗流出口,即防渗、排渗、反滤三结合。随之渗流场计算、土的渗透稳定性及反滤层设计方法研究成为重要水工建筑物设计中必须考虑的内容。

1.4　渗流计算方法

渗流计算对水工建筑物尤其是土石堤坝设计和运行安全具有重要意义,一般需要通过渗流计算求得渗流场水头分布后再进一步确定:①坝体浸润线(渗流自由面)的位置;②渗流的动水压力和水力坡降或流速;③通过坝体和地基的渗流量;④坝体整体稳定性和局部渗流安全性。

从理论上讲,渗流计算是在已知定解条件下解渗流基本方程,以求出渗流场的水头分布。堤坝渗流计算的解析法可概括为流体力学解法和水力学解法两类。

流体力学解法是一种严格的解析法,能给出渗流场中任何一点的值,但这种解法只对少数简单流动情况可以。水力学解法是一种近似的解析法,它是在对堤坝渗流做某些假定下求得的解,无法得到不均质、边界条件复杂的渗流解。因此,对实际工程常采用物理模拟和数值模拟方法,起初多采用电模拟试验方法得到渗流场分布。随着数值模拟方法和计算机的发展,各种复杂渗流场可通过数值模拟方法得到,其精度能够满足工程需要。

用于渗流分析的数值模拟方法主要有有限元法、有限差分法等。对于具有自由面的无压饱和渗流问题,其解法又可分为变网格法、不动网格法。变网格法将在第2章介绍,不动网格法将在第3章中介绍。

黄河水利科学研究院从20世纪70年代开始,与南京水利科学研究院、中国科学院等单位合作,研发了二维/三维、稳定/非稳定、饱和/非饱和渗流计算程序,并应用于小浪底水利枢纽等大型水利工程、尾矿坝、基坑等复杂渗流计算,尤其在三维渗流计算自动网格剖分方面曾居于领先地位。

1.5　小　结

(1)渗流力学是研究多孔介质内流体流动规律及应用的科学,自创立至今,在地下水、石油、天然气、煤层(成)气、页岩气、地热、核能等资源能源开发及在水利、水电、采矿、公路、铁路等工程建设中得到广泛应用。渗流力学在生物渗流力学、环境渗流力学、物理化学渗流力学等科技问题的研究中得到了长足发展,而在非达西、非牛顿、非等温、非线性及多尺度多相多场多重介质耦合渗流理论与应用等研究领域中面临新的挑战。渗流力学已成为众多工程、技术领域的理论与应用基础,对科学技术的发展起到重要作用。

(2)为了推动渗流力学研究及其成果的交流,由中国力学学会渗流力学专业组主办的“全国渗流力学学术会议”至今已举办16届。由中国水利学会工程管理专委会、岩土专委会主办的"全国水利工程渗流学术研讨会"已举办8届。这些学术交流活动在解决国家重大战略面临的技术难题、迎接渗流力学发展的新挑战、促进科研工作者对渗流力学理论与应用的科技创新等方面起到了积极的推动作用,也使渗流力学研究不断焕发勃勃生机。

(3)水工渗流控制理论、渗流计算方法随着工程技术、数值计算方法及计算机的发展而不断完善,其中饱和-非饱和渗流也必将在地下空间利用、地下水污染治理、降雨作用下的边坡稳定性分析等方面发挥更大的作用。

参考文献

[1] 成都科学技术大学水力学教研室. 水力学[M]. 北京:人民教育出版社,1979.

[2] 王英,谢晓晴. 流体力学[M]. 长沙:中南大学出版社,2015.

[3] 刘亚坤. 水力学[M]. 北京:中国水利水电出版社,2016.

[4] 武汉水利电力学院. 土力学及岩石力学[M]. 北京:水利出版社,1979.

[5] 朱学愚,谢春红. 地下水运移模型[M]. 北京:中国建筑工业出版社,1990.

[6] 毛昶熙. 电模拟试验与渗流研究[M]. 北京:水利出版社,1981.

[7] 毛昶熙,段祥宝,李祖贻,等. 渗流数值计算与程序应用[M]. 南京:河海大学出版社,1999.

[8] 毛昶熙,段祥宝,毛宁. 堤坝安全与水动力计算[M]. 南京:河海大学出版社,2012.

[9] 刘杰,谢定松. 堤防渗流控制基本原理与方法[M]. 北京:中国水利水电出版社,2011.

[10] 刘杰. 土的渗透破坏及控制研究[M]. 北京:中国水利水电出版社,2014.

[11] 李定方,杨静熙,王家誌. 有限单元法在心墙土坝稳定渗流计算中的应用[J]. 水利水运科技情报,1974(2):14-28.

[12] 杨静熙,陈士俊,刘茂兴,等. 有限单元法在土坝三向稳定渗流中的应用[J]. 岩土工程学报,1980(2):60-73.

[13] 杨静熙,陈士俊,刘茂兴. 裂隙岩体三维渗流的有限元法计算[J]. 水利学报,1992(8):15-24.

[14] 高骥,雷光耀,张锁春. 堤坝饱和-非饱和渗流的数值分析[J]. 岩土工程学报,1988,10(6):28-37.

[15] 李信,高骥,汪自力,等. 饱和-非饱和土的渗流三维计算[J]. 水利学报,1992(11):63-80.

[16] 汪自力,高骥,李信,等. 饱和-非饱和三维瞬态渗流的高斯点有限元分析[J]. 郑州工学院学报,1991,12(3):84-90.

第2章 变网格法及其在饱和渗流分析中的应用

渗流问题在水工建筑物的稳定性分析中具有重要的作用,因此渗流计算方法的研究一直被人们所关注。随着有限元法、差分法、边界元法等数值方法及计算机的发展,渗流计算方法也在不断发展并日趋完善,其中有限元法因其处理边界灵活等优势而得到广泛应用。本章重点介绍变网格有限元法及其在有自由面饱和渗流分析中的应用,以及黄河水利科学研究院开发的三维稳定渗流有限元分析程序,并给出了黄河小浪底枢纽工程三维渗流案例。

2.1 变网格法

渗流可分为有压渗流和无压渗流。有压渗流由于其计算域是确定的,故其解法无大的特殊性。而土坝渗流、边坡渗流、地下水运动、地下洞室渗流等都是具有自由面的无压渗流问题。由于无压渗流的自由面位置是待求的,因而这类渗流的分析是个非线性问题,传统数值解法常采用变网格法。

自由面问题的解法可归为两大类:①可动边界变分方法,即是在可变区域或可变流量的变分原理基础上进行有限元求解;②迭代法,即在迭代过程中不断修改自由面位置,使网格发生相应变形,直到自由面位置稳定为止。

变网格迭代法具体步骤如下:

(1)根据渗流的概念和经验假定渗流自由面,以确定有限元法的计算区域。

(2)按假定的自由面计算渗流自由面节点的水头值 H。

(3)比较自由面节点的计算水头值 H 与其位置水头 z 是否满足 $|H-z|\leqslant\varepsilon$($\varepsilon$ 为给定的计算精度)。若不满足,则用节点的计算水头值 H 去代替相应节点的 z 坐标,形成新的假定自由面,同时重新确定有限元法的计算区域,反复进行上述步骤,直至渗流自由面上所有节点全部满足 $|H-z|\leqslant\varepsilon$ 为止。

2.2 三维饱和稳定渗流数学模型及应用

2.2.1 三维饱和稳定渗流数学模型及求解

对服从达西定律的三维饱和稳定渗流,在无源无汇的条件下,所用基本方程为

$$\frac{\partial}{\partial x}\left(k_x\frac{\partial H}{\partial x}\right)+\frac{\partial}{\partial y}\left(k_y\frac{\partial H}{\partial y}\right)+\frac{\partial}{\partial z}\left(k_z\frac{\partial H}{\partial z}\right)=0$$

式中 H——饱和流全水头;

k_x、k_y、k_z——x、y、z 向的饱和渗透系数。

杨静熙等研究了有限元解法，并研发了相应的三维饱和渗流分析程序，李斌等提出了以沟代井列的附加单元法，逐步完善了网格自动剖分等前后处理程序，并在小浪底土石坝、三门峡火电厂龙沟灰坝等大型水利工程的三维渗流场分析中得到成功应用。

2.2.2　以沟代井列的附加单元法

2.2.2.1　问题的提出

在堤坝等水利工程中，常采用排水减压井列来削减渗透压力，降低浸润面高程或混凝土坝基扬压力。在应用有限元法等数值方法进行渗流计算时，由于实际工程中排水井数量大、井径小，不可能逐一加密离散求解，因此大多采用以沟代井列的方法进行模拟，对以沟代井所产生在井列附近渗流场的失真进行补偿修正。由于修正方法不同，便有不同的解法。李斌等在杜延龄研究基础上，采用直接处理井点之间的相互作用并吸收附加渗径的取值方法，提出了附加块体单元法，并在实际工程中得到较好应用。

2.2.2.2　基本原理

首先做以下假定：①附加块体仍符合达西定律；②进沟单宽流量与进井单宽流量相等；③以沟代井列的结果仅影响到井及井间的局部范围；④沟的控制位势与井的控制位势相同。

沟的单宽流量

$$q_{\mathrm{d}} = \frac{k_{\mathrm{d}} T_{\mathrm{d}} H_{\mathrm{d}}}{L_{\mathrm{d}} + \Delta L_{\mathrm{d}}} \tag{2-1}$$

井列的单宽流量

$$q_{\mathrm{w}} = \frac{k_{\mathrm{w}} T_{\mathrm{w}} H_{\mathrm{w}}}{L_{\mathrm{w}} + \Delta L_{\mathrm{w}}} \tag{2-2}$$

式中　k——渗透系数；

T——含水层厚度；

H——水头；

L——渗透距离；

ΔL——井或沟由于绕渗的附加渗径；

脚标 d、w——沟和井。

这些公式原则上适用于承压水。

由于假定 $H_{\mathrm{d}} = H_{\mathrm{w}}$，且沟、井的 k、T、L 均相同，唯一不同的是 ΔL。若在沟的渗径上再增大一个值 ΔL，亦即加大其阻力，就能达到与井列同样的排渗效果，即 $\Delta L = \Delta L_{\mathrm{w}} - \Delta L_{\mathrm{d}}$ 时可使 $q_{\mathrm{d}} = q_{\mathrm{w}}$。

ΔL_{d} 采用吴世余的无限窄沟理论公式，即

$$\Delta L_{\mathrm{d}} = \frac{T}{\pi} \ln \frac{1}{\sin \dfrac{\pi D}{2T}} \tag{2-3}$$

而

$$\Delta L_{\mathrm{w}} = a \cdot F \tag{2-4}$$

式中　D——沟深；

a——井列中井的间距；

F——附加阻力因子，仍采用毛昶熙推荐的公式，即

$$F = \left[\frac{1}{2\pi} + 0.085\left(\frac{T}{W + r_0\left(1 - \dfrac{W}{T}\right)} - 1\right)\left(\frac{T}{a} + 1\right)\right]\ln\frac{a}{2\pi r_0} \tag{2-5}$$

式中　r_0——井孔半径；

W——井深。

计算出附加渗径 ΔL 后，即可在有限元计算中加以实现。

2.2.2.3　方法的求解

在有限元计算中，无限窄的沟体现于单元的一个面上（三维计算中），附加渗径是借助于附加块体单元实现的。这些附加块体单元是这样设计的：该种单元通过一个侧面 $abdc$（见图 2-1）与原渗流场相连接，$abdc$ 的位置处于实际井列断面相应的位置上，与 $abdc$ 相对应的另一个面 $a'b'd'c'$ 则作为无限窄沟面，两个面之间的距离为 ΔL。$a'b'd'c'$ 面的水头值按沟的水头控制，即作为已知沟边界，而 $abdc$ 面的水头则作为待求的该处井断面的平均测压管水头。附加块体单元的存在并不影响 $abdc$ 面与其他单元相连接的性质，亦即如果没有附加块体单元，$abdc$ 仍是普通单元的一个面。

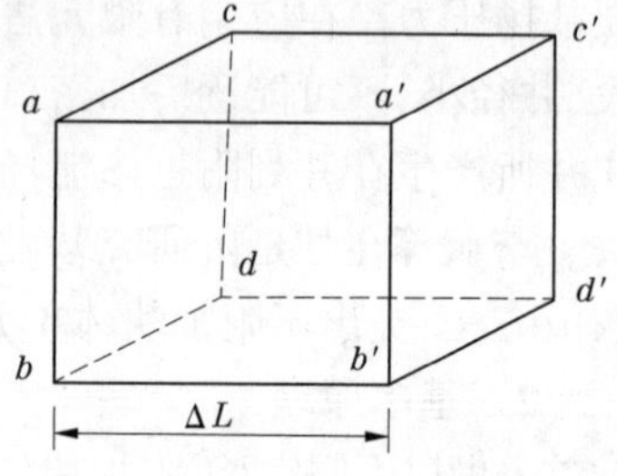

图 2-1　附加块体单元示意图

由假定可知，该单元内的水头分布仍能满足拉普拉斯方程，故在求解时仍能按普通方法计算出块体单元的渗透矩阵对相应未知点 a、b、c、d 的贡献，具体计算可参考有关文献。显然，由于 ΔL 的求解仅与已知沟或井的参数有关，因此该模拟方法可以直接进行求解，无须迭代，而且不管其在渗流场的布置如何。

2.3　小浪底土石坝三维稳定渗流有限元分析

2.3.1　总体情况

自小浪底工程进入初步设计以来，黄河水利科学研究院对该工程进行了多次三维稳定渗流计算，主要有：1985 年对左岸进行三维渗流计算和模拟试验，1986 年对右岸进行了承压水的验证和三维渗流计算，1988 年又对左岸增加排水方案进行了计算，1989 年对左岸应用裂隙介质和多孔介质两种模型进行了三维计算，1991 年结合消力塘的设计再次对左岸进行三维渗流计算和消力池区域的模型试验，1992～1994 年结合地下厂房的设计又对左岸进行三维渗流计算。这些计算和试验，解决了不同设计阶段的渗流问题。

1995 年，枢纽区域的工程、水文地质条件基本查清，渗流控制设计方案也基本确定，为此进行了整个枢纽工程三维渗流计算，为工程设计、施工、运行提供了有力的技术支撑。本章重点介绍本次整体三维渗流的计算成果。

2.3.2　小浪底水利枢纽概况

小浪底水利枢纽位于河南省洛阳市以北 40 km 的黄河干流上,是黄河干流三门峡以下唯一能够取得较大库容的控制性工程,既可较好地控制黄河洪水,又可利用其淤沙库容拦截泥沙,进行调水调沙运用,减缓下游河床的淤积抬高。工程以防洪(防凌)、减淤为主,兼顾供水、灌溉和发电,总装机容量为 1 800 MW。1994 年 9 月主体工程开工,1997 年 10 月截流,2000 年 1 月首台机组并网发电,2001 年年底主体工程全面完工,2009 年 4 月 7 日通过竣工验收,2021 年 10 月 9 日 20 时创历史最高蓄水位 273. 50 m。

小浪底水利枢纽建筑物布置图见图 2-2,枢纽工程由拦河大坝、泄洪排沙建筑物、引水发电建筑物等组成,水电站采用地下厂房。大坝为带内铺盖的壤土斜心墙堆石坝,并将截流戗堤、枯水围堰、拦洪主围堰和主坝构成一个有机的整体。坝顶高程 281 m,正常蓄水位 275 m,总库容 126. 5 亿 m^3,最大坝高 160 m,坝顶长 1 667 m。左岸集中布置 16 个进水口,其中 6 条排沙洞、6 条引水发电隧洞、3 条明流洞、1 座开敞式溢洪道,从而形成了底部泄洪排沙、中间引水发电和上部泄洪排漂的总格局。如此布置有利于在进水塔前形成以 175 m 为底缘的进口冲刷漏斗。采用集中消能方式即在下游设有消力塘。

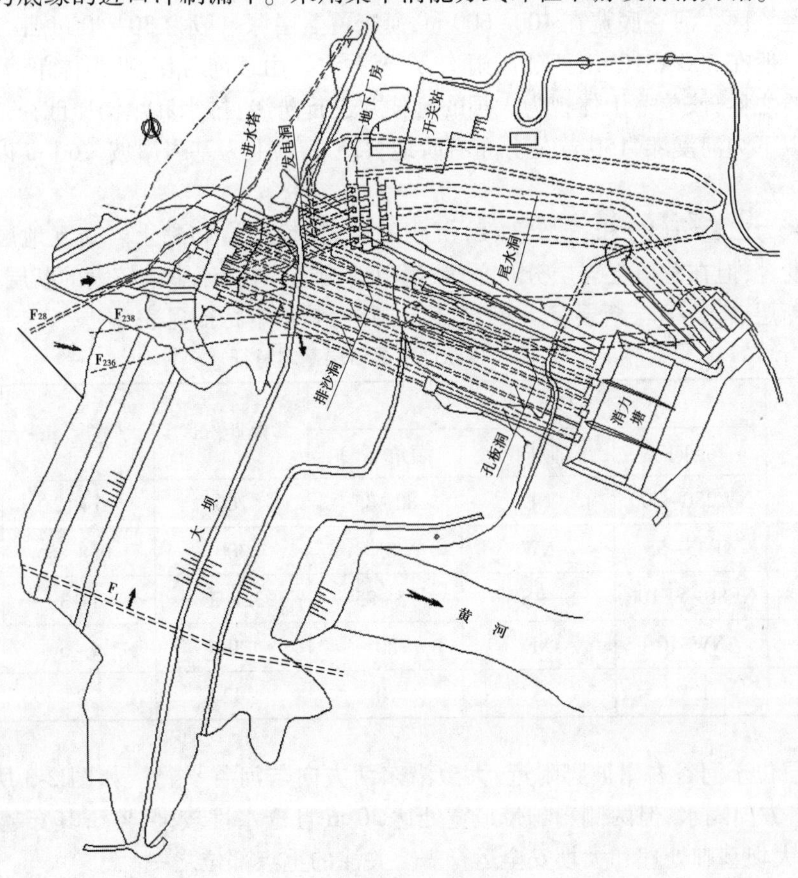

(a)枢纽平面布置图

图 2-2　小浪底水利枢纽建筑物布置图　(单位:m)

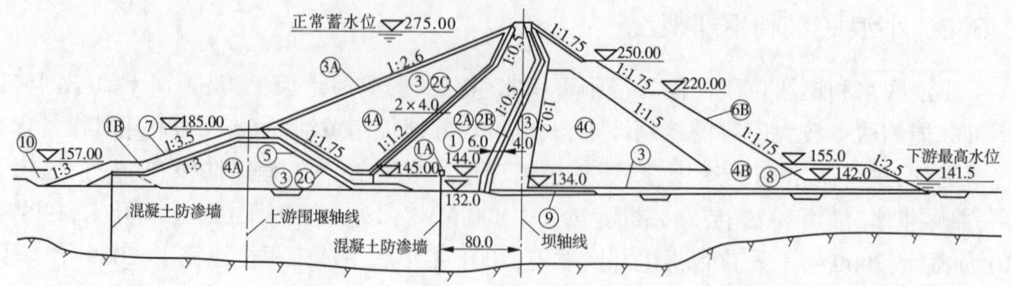

①⑪B—黏土；⑪A—高塑性黏土；②A—下游第一反滤；②B—下游第二反滤；②C—反滤；③—过渡料；④A④B④C—堆石；⑤—掺合料；⑥A⑥B⑥C—护坡块石；⑦—堆石护坡；⑧—石渣；⑨—回填砂卵石；⑩—上游铺盖。

(b)大坝典型剖面图

续图 2-2

2.3.3 水文地质概况

小浪底水利枢纽区域东西约 2.2 km，南北约 3.1 km，面积约 6.82 km^2。黄河大致由西向东流经该区。河谷底宽在 400~600 m，河床覆盖层深一般为 30~40 m，最深达 70 m。左岸高程一般在 300~310 m，西邻风雨沟，东至乔沟。由于河谷切割，山体单薄，故有左岸单薄分水岭之称，该单薄山体视为大坝的延伸并进行防渗、排水和填沟压戗稳定处理。右岸 145 m 以下为河漫滩，150 m 处分布有阶地，155 m 以上为基岩岸坡，260 m 以上为宽厚山体。

坝址区为二叠纪(P)和三叠纪(T)沉积的砂岩、粉砂岩和黏土岩交互地层。本区虽断裂构造发育，但在总体上岩层分布平缓，属单斜构造，对渗流影响较大的断层有 5 条：F_1 断层、F_{28} 断层、F_{236} ~ F_{238} 断层、F_{461} 断层、F_{230} 断层，其基本特征见表 2-1。

表 2-1 枢纽区主要断层基本特征

断层编号	产状/(°)			断距/m	宽度/m	性质
	走向	倾向	倾角/(°)			
F_1	NW280~300	NE	80~85	200	5~12	正断层
F_{28}	NE45~55	NW	85	300	0.8~5	正断层
F_{236} ~ F_{238}	NE80~SE106	SE~SW	75~85	32~75	1~3	正断层
F_{461}	NW310	NE	80	200	4~6	正断层
F_{230}	EW	S	70	42	2	正断层

F_1 断层位于河谷右岸坡脚附近，大致沿东西方向与河谷平行。如图 2-3 所示，F_1 断层虽在水平方向隔水，但两侧影响带最宽处达 20 m 且透水性较强，鉴于其穿越大坝上下游，因此是大坝基础处理和大坝安全运行需要关注的重点部位之一。

枢纽区域地下水补排关系总体呈现两岸向黄河排泄态势，河床部位及右岸存在承压水。根据枢纽区地质构造及水文地质特点，结合建筑物布置及渗流控制的重点，将枢纽区

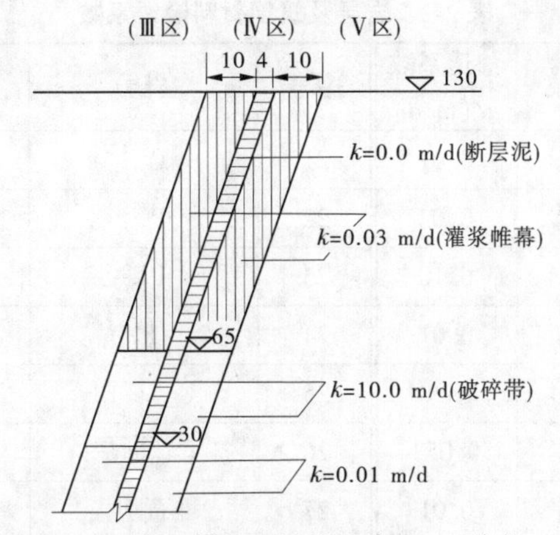

图 2-3　F_1 断层横剖面结构示意图　（单位:m）

从左至右大体分为Ⅰ~Ⅵ六个区(见图2-4)。根据分区,经统计分析,概化后的各层渗透系数列入表2-2。

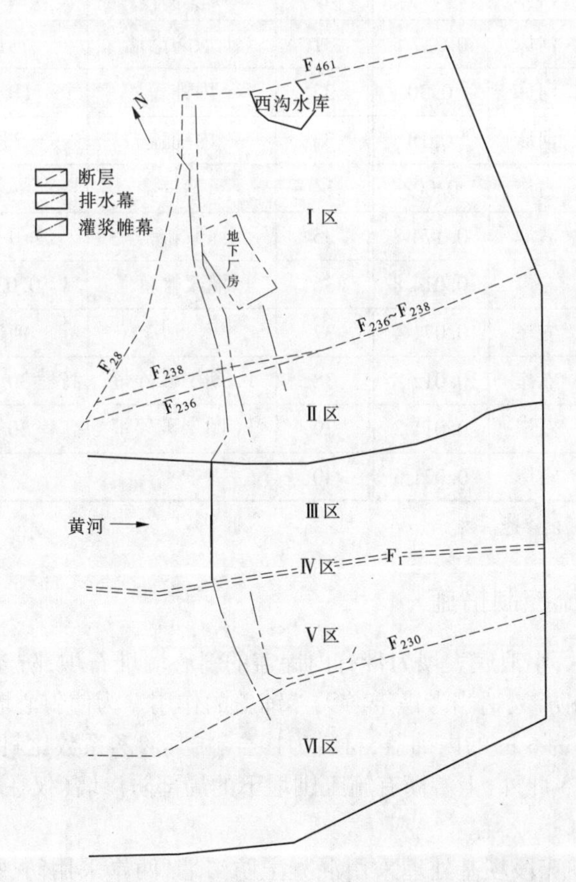

图 2-4　小浪底水利枢纽区水文地质分区及渗控布置示意图

表 2-2 岩层及筑坝材料渗透系数

序号	岩层	区域	渗透系数 k/(m/d)	序号	岩层	区域	渗透系数 k/(m/d)
1	P_2^4	左岸	0.01	21	P_2^{3-4}	右岸	0.226 0
2	T_1^{1+2}	左岸	0.03	22	P_2^{3-5}	右岸	0.093 5
3	T_1^{3-1}	左岸	0.10	23	P_2^{3-6}	右岸	0.340 0
4	T_1^{3-2}	左岸	0.01	24	P_2^4	右岸	0.210 0
5	T_1^4	左岸	0.30	25	F_{230} 以南	右岸	0.020 0
6	T_1^5	左岸	0.053	26	F_{230} 断层	右岸	0.003 0
7	T_1^6	左岸	0.01	27	堆石坝壳	大坝	86.400 0
8	F_{28} 影响带	左岸	1.00	28	覆盖层	河床	36.400 0
9	P_2^{3-6}	河床	0.229 6	29	黏土斜心墙	大坝	0.000 086 4
10	P_2^4	河床	0.14	30	混凝土防渗墙	河床	0.000 008 64
11	T_1^1	河床	0.227 5	31	围堰防渗墙	河床	0.000 864
12	T_1^2	河床	0.30	32	内铺盖	1B 区	0.000 086 4
13	T_1^{3-2}	河床	0.18	33	内铺盖	5 区	0.000 864
14	P_2^1	右岸	0.003	34	天然铺盖		0.008 64
15	P_2^{2-1}	右岸	0.174 8	35	灌浆帷幕	$k \geqslant 0.3$ 时	0.03
16	P_2^{2-2}	右岸	0.014 8	36	灌浆帷幕	$k=0.03\sim0.3$	0.01
17	P_2^{2-3}	右岸	0.071 4	37	F_1 断层	河床	0
18	P_2^{3-1}	右岸	0.012 8	38	F_1 断层破碎带	高程 30 m 以上	10.0
19	P_2^{3-2}	右岸	0.011 3	39	F_1 断层破碎带	高程 30 m 以下	0.01
20	P_2^{3-3}	右岸	0.021 5	40			

注:k 为灌浆帷幕周围介质的渗透系数。

2.3.4 小浪底渗流控制措施

如图 2-2(b)所示,小浪底大坝为带有内铺盖的斜心墙堆石坝,防渗体系除斜心墙外,主要为混凝土防渗墙防渗,适当考虑上游天然铺盖的作用。为使斜心墙与天然铺盖相接,在上游坝壳内设有厚为 6 m 的内铺盖,材料为掺合料,其渗透系数比斜心墙大一个数量级(取 0.000 864 m/d)。此外,上游尚有施工围堰下的局部防渗墙(仅在桩号 0+478 以北设置,右岸敞开)。

如图 2-4 所示,河床段坝基处理采用混凝土防渗墙,两岸采用防、排结合的灌浆帷幕加排水措施以控制渗流。

2.3.4.1 河床段防渗墙

河床段由于覆盖层深厚,水头较高,因此对防渗墙要求较高。防渗墙长度 440 m,厚

1.2 m，上部插入心墙土体内高度为 12 m，墙两端伸入心墙 20 m。适当考虑天然铺盖的防渗作用。下部基岩设置灌浆帷幕，幕底高程 60～75 m，帷幕厚度约 1.4 m。河床深槽部位（D0+295～D0+474），因上部基岩岩性较好，比较完整且透水性微弱，可视作相对不透水层，不再设灌浆帷幕。对 F_1 断层的防渗处理，在其影响带设置三排深孔厚 5 m 的灌浆帷幕，幕底高程 65 m，顶部与心墙底部接触处设混凝土盖板，上下游坝壳部位设反滤保护，并安装多个渗压计（见图 2-5）。

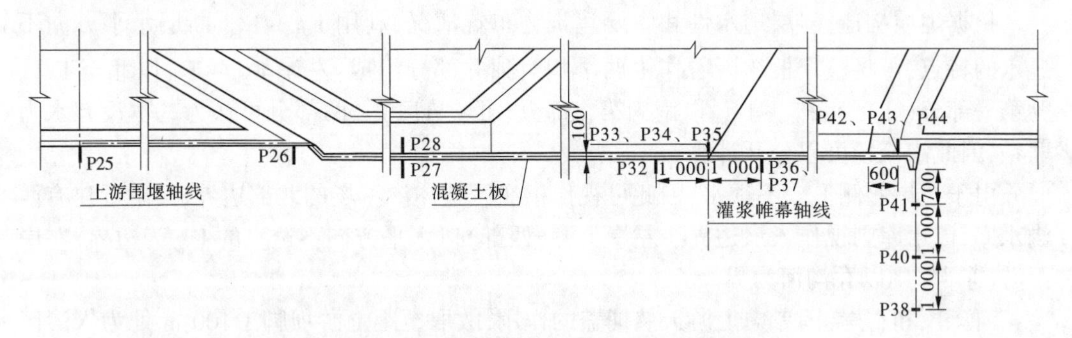

图 2-5　F_1 断层与心墙交界处纵剖面渗控措施示意图（P 为渗压计）　（单位：cm）

2.3.4.2　左岸灌浆帷幕与排水幕

左岸因建筑物布置密集，针对具体建筑物的渗控措施布置复杂。为了确保单薄分水岭稳定，需从整体上控制左岸渗流，在纵贯单薄分水岭南北，布置一道灌浆帷幕和一道主排水幕。

灌浆帷幕从坝肩与河床部位的帷幕相接处开始，大致沿坝轴线方向向北延伸，总长度约 1 300 m。帷幕厚度除坝肩局部区域为 3.0 m 外，其余大部分为 1.4 m。幕底高程：坝肩部位为 60～130 m，地下厂房以南为 130 m，地下厂房附近为 160 m，地下厂房以北为 200～240 m。

主排水幕沿灌浆帷幕后部布设，两者相距 30～80 m，排水孔间距为 3.0 m，孔径为 130 mm。排水廊道底部孔口高程：地下厂房以南为 164～170 m，以北为 183～190 m。排水孔深度为 24～36 m，排水廊道顶部向上均打入有 30～70 m 长排水孔，孔距、孔径与下孔相同。

为保持地下厂房的稳定，又沿地下厂房四周专门布设了一套排水系统，其下孔出口高程为 117～125 m，孔底高程为 115 m，排水廊道顶部也向上打有适当深度的上排水孔，孔距均为 3.0 m，孔径为 76 mm。

下游消力塘部位，也设置一套排渗系统，其主要目的是降低消力塘附近的自由面和扬压力，消力塘底排水孔出口高程为 105～108 m。

2.3.4.3　右岸“L”形排水幕

右岸除大坝外，基本上无其他建筑物，但水文地质条件较为复杂，存在承压水。为保证大坝和右岸岸坡稳定，除设置灌浆帷幕外，还在其下游侧布设一道“L”形排水幕，以降低自由面和渗透压力。

灌浆帷幕总长约 700 m，厚度 1.4 m，幕底高程由岸边附近的 90 m 逐渐升至 220 m，深度一般为 70 m 左右。

排水幕沿灌浆帷幕后部布设，相距 50～100 m。从附近开始，向南延伸至 F_{230} 断层北侧,然后向东折转沿 F_{230} 断层延伸,整体呈“L”形分布。F_1 断层以南排水孔参数与左岸主排水幕相同。排水廊道底部孔口高程 145~149 m,排水孔深度 35~45 m,向上也打有深度 20~25 m 的排水孔,参数同下孔。

2.3.5 小浪底水利枢纽渗流场模拟

2.3.5.1 渗流场边界条件

根据地质构造、岩层透水性和主要建筑物布置情况,利用 F_{236}~F_{238} 断层水平方向不透水的特点,可将整个枢纽区看作由两个相对独立部分组成:左岸 F_{236}~F_{238} 以北至 F_{461},为第一部分(Ⅰ区);F_{236}~F_{238} 以南为第二部分(Ⅱ~Ⅵ区)。两部分可认为基本没有水力联系,因此渗流场可以分开计算。

由于左岸北侧 F_{461} 不透水,因此可视作枢纽区整体渗流场的北部边界,其附近建有西沟水库,该水库则视作入渗边界。左岸上游(西部)以水平方向不透水的 F_{28} 为边界,左岸下游(东部)则以乔沟河为界。

河床段和右岸,因考虑上游天然铺盖的作用,故取至距上游坝脚 1 100 m 处为入渗区边界。下游取至与左岸乔沟河出口处相同的距离。右岸则取至 F_{230} 以南寺院坡附近的适当距离为边界。

渗流场底部边界,由于各区情况不同,按各自水文地质条件确定的下部不透水层为边界。

上游库水位按 275.0 m 控制,下游库水位按 141.5 m 控制。西沟水库水位按 217.5 m 控制。根据设计部门意见,此次计算暂不考虑消力塘区排渗系统的作用。

枢纽区渗流场,共布置 66 个剖面,每个剖面上布置 260~400 个节点,总计 23 600 个节点。剖分网格立体图见图 2-6~图 2-8。

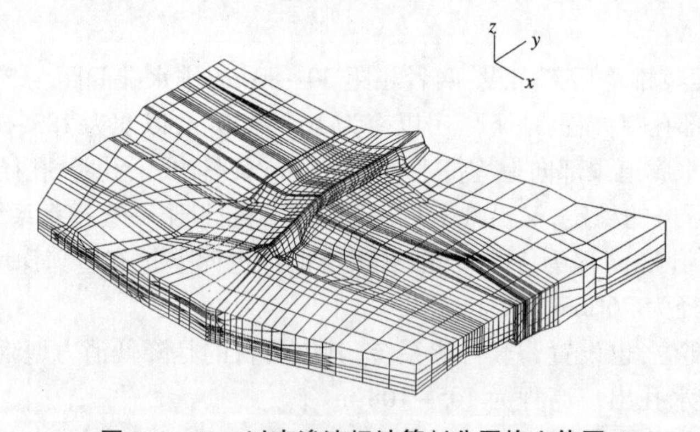

图 2-6 F_{236} 以南渗流场计算剖分网格立体图

2.3.5.2 特殊部位的处理

1. F_1 断层

如图 2-3 所示。F_1 断层带在坝基范围内宽一般在 7~14 m,最宽处达 26 m。模拟时,断层本身厚度按 4 m 考虑并认为其不透水。断层两侧各设置 10 m 破碎带,其渗透系数取为 10 m/d,深度按 100 m 考虑(相应底部高程在 30 m 以上)。断层带的灌浆帷幕厚度取

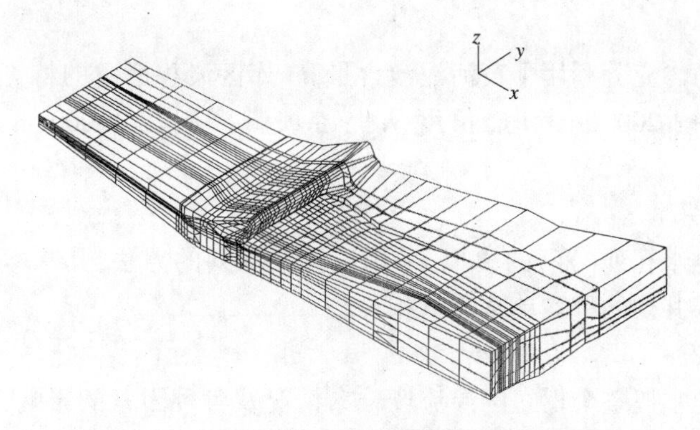

图 2-7　F_{236} ~ F_1 渗流场计算剖分网格立体图

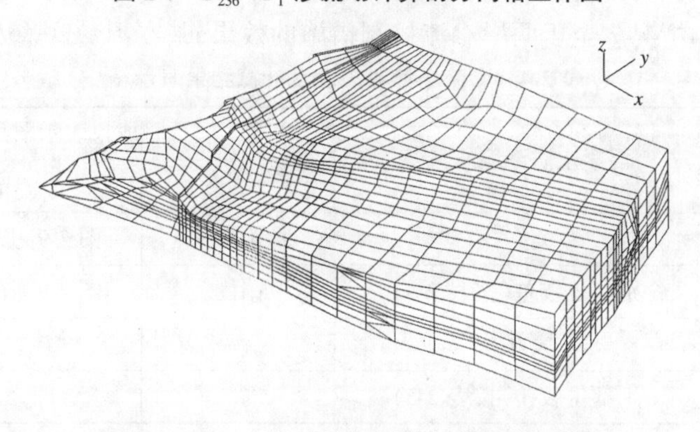

图 2-8　F_{236} 以北渗流场计算剖分网格立体图

5.0 m，深度约 65 m（即幕底高程 65 m），渗透系数取 0.03 m/d。

2. 混凝土防渗墙

混凝土防渗墙的施工质量直接影响大坝坝基防渗效果。由于造墙最大深度可达 80 余 m，加之右侧基岩出现陡坎给造墙增加很大困难，模拟时考虑防渗墙质量完好（渗透系数取 10^{-8} cm/s），以及局部质量较差情况（见表 2-3）。其中 A、B、C 部位为代表防渗墙渗透系数达不到设计标准，只能达到 0.086 4 m/d（10^{-4} cm/s）。D 部位则是模拟施工造成的开叉，宽度为 15 cm，此处渗透系数仍保持原覆盖层的。开叉的模拟采用裂隙单元，即假定裂隙单元为等厚的面单元，求解时只要将裂隙单元渗流矩阵对有关节点的贡献计入即可。

表 2-3　混凝土防渗墙局部质量较差部位设置及渗透系数

编号	性质	位置		防渗墙渗透系数 k/(m/d)	备注
		桩号	高程/m		
A	k 值增大	D0+370~375	80~100	0.086 4	
B	k 值增大	D0+435~440	120~130	0.086 4	
C	k 值增大	D0+581~592	128~130	0.086 4	
D	开叉	D0+475	100~129	36.400	叉宽 15 cm

3. 天然铺盖

小浪底大坝防渗充分利用了黄河泥沙含量高、库区淤积严重的特点，按设计要求，天然铺盖顶部高程按 200 m 考虑，长度从上游坝脚算起按 1 000 m 考虑，渗透系数取 0. 008 64 m/d。

4. 排水孔列(幕)

渗流场中的排水孔列(幕)的模拟，采用以沟代井列的方法，其基本思想是令进入沟的单宽流量与进入井列的平均单宽流量相等。

2. 3. 5. 3 计算工况

为比较全面地掌握整个枢纽区渗流场分布情况及各种因素的影响，进行了四种工况的计算，详见表 2-4。各工况主要区别在于研究天然铺盖的作用及防渗墙质量好坏对坝基防渗效果的影响情况。至于两岸渗流控制措施的效果，基本不受这些因素的影响。

表 2-4 渗流场计算工况及计算结果表示

工况	天然铺盖	混凝土防渗墙质量	成果表示图号	
			平面图	剖面图
1	有	完好	附图	图 2-9~图 2-12 中的实线
2	有	个别部位较差(按表 2-3)	附图	图 2-9~图 2-12 中的虚线
3	无	完好	—	—
4	无	个别部位较差(按表 2-3)	—	—

2. 3. 6 小浪底三维渗流场计算结果分析与应用

2. 3. 6. 1 计算结果

除重点关注混凝土防渗墙防渗效果、F_1 断层带的处理及天然铺盖的作用等问题外，还对整体渗流控制效果进行了分析。枢纽区地下水等水位线平面分布见附图，典型剖面的计算结果见图 2-9~图 2-12。

1. 河床段渗流与垂直防渗效果

从附图中可以看出，在设计水位 275 m 作用下，枢纽区将形成一个整体渗流场，其入渗补给来源主要为库区渗水(左岸北边西沟水库仅对附近局部有影响)。其排泄区主要为大坝下游河谷和两岸设置的排渗系统。地下水渗流在河床部位主要是通过坝身和坝基，80%~90%势能则集中消杀在斜心墙和混凝土防渗墙内，防渗墙后部的剩余水头一般只有几米，这说明大坝防渗体的防渗效果是十分显著的。针对 F_1 断层的防渗措施有效，未出现坝后水头显著回升。显示出在深厚覆盖层上筑坝时，垂直防渗的优越性。

2. 两岸绕流与排水效果

两岸地下水绕过坝段向河谷排泄，沿途地下水渗流的很大一部分势能削减在排渗系统中，主排水幕后部区域自由面大为降低，从而促使两岸自由面降低。整体看，两岸渗流的控制，主要依赖排渗系统的排水降压作用，灌浆帷幕效果并不显著，一般只能削减几米水头。左岸除西沟水库影响局部自由面较高外，其他处自由面高程一般不超过 180 m，特

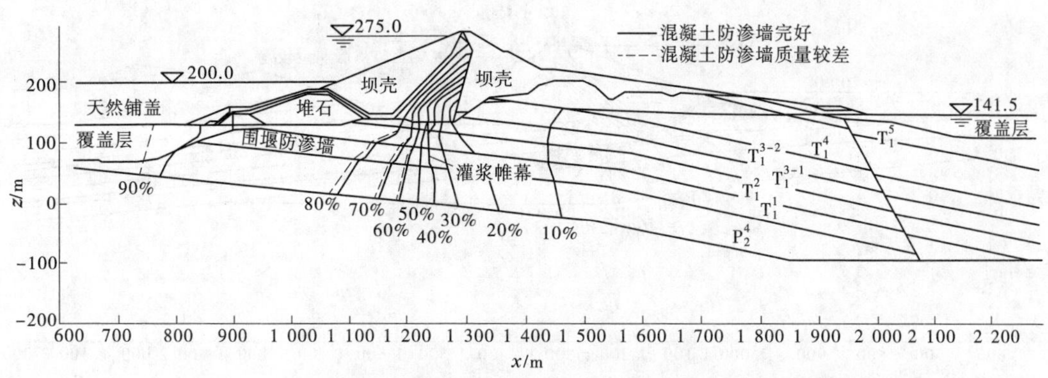

图 2-9　No. 24 剖面等势线分布图(河床段混凝土防渗墙北侧端部)

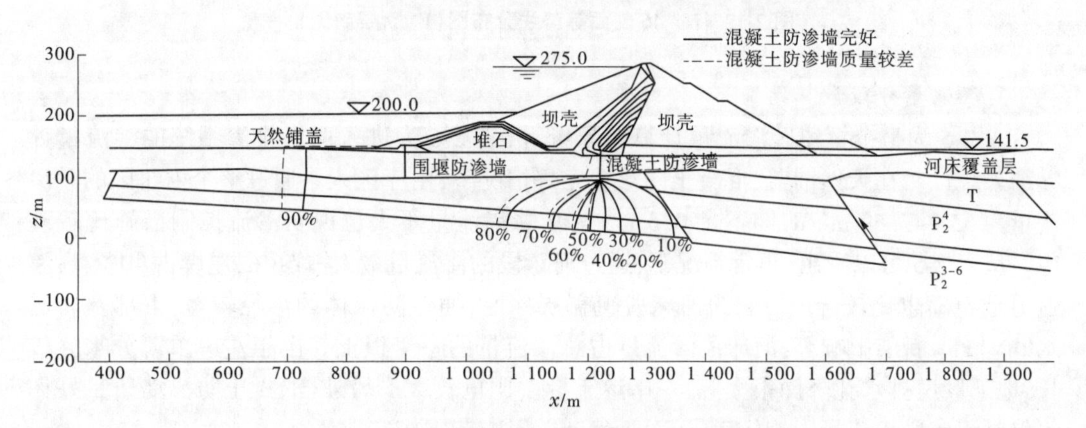

图 2-10　No. 34 剖面等势线分布图(河床段 D0+475)

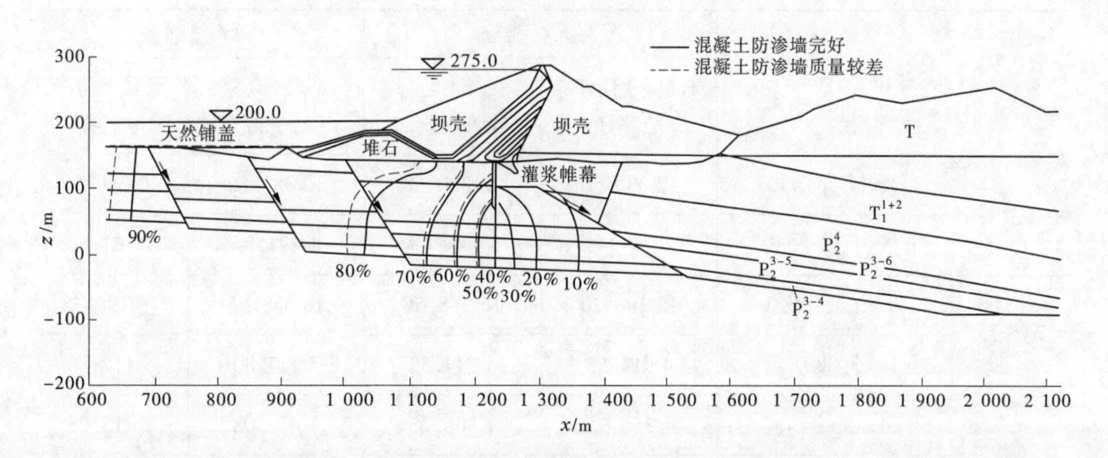

图 2-11　No. 43 剖面等势线分布图(F_1 断层北侧)

别是地下厂房北侧以南,直至岸边的广大区域,由于主排水幕与地下厂房排渗系统联合作用的结果,致使其自由面一般不超过 150 m。右岸“L”形排水幕效果显著,使得 F_{230} 断层以北直至岸边区域的自由面高程也保持在 150 m 左右。这对保持两岸岩体边坡稳定和降低作用于建筑物上的渗透压力是非常有利的。

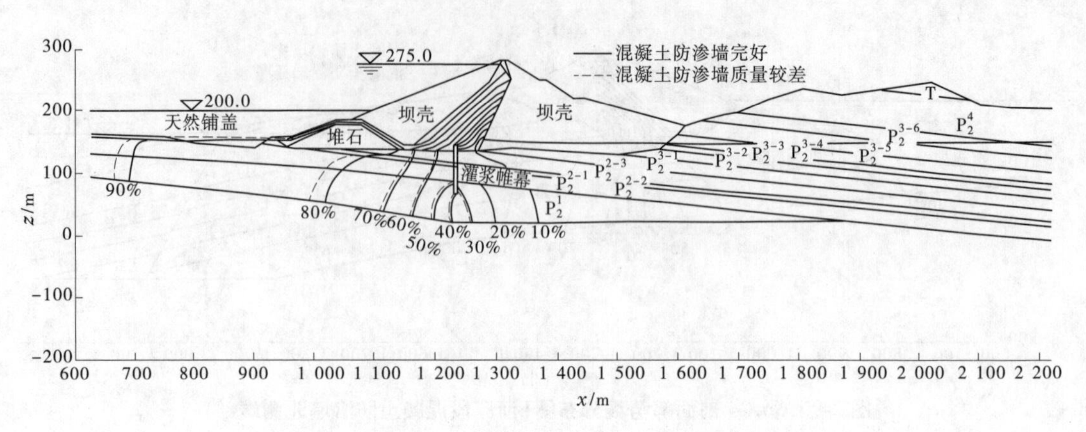

图 2-12　No. 46 剖面等势线分布图(F_1 断层南侧)

3. 渗流量分段计算结果

表 2-5 为整个枢纽区渗流量计算结果统计,表 2-6 为进入两岸排渗系统的渗流量计算结果统计。在天然铺盖、混凝土防渗墙完好情况下,由库区入渗通过整个枢纽区的总渗流量为 35 747.59 m^3/d,即不足 0.5 m^3/s,从总渗流量不大也说明渗流控制措施比较理想。从表 2-5 可以看出,正常情况下,通过河床段的渗流量最大占 56%,左岸占 40%、右岸占不足 5%,也比较合理。因为河床段覆盖层深厚,通过防渗体的渗径较短,下部基岩透水,加上 F_1 断层影响等,河床段渗流量占总渗流量的一半以上。由于左岸单薄分水岭较长、地下厂房排水孔降深很大等,左岸渗流量占比也较大。另外,混凝土防渗墙质量好坏不仅对河床段渗流量影响较大,还对天然铺盖影响范围较广。

表 2-5　枢纽区渗流量计算结果统计　　单位:m^3/d

部位		有天然铺盖		无天然铺盖	
		混凝土防渗墙完好	混凝土防渗墙较差	混凝土防渗墙完好	混凝土防渗墙较差
左岸	Ⅰ区(F_{238} 以北)	12 380.50	12 380.50	12 380.50	12 380.50
	Ⅱ区(F_{236}~河边)	1 799.48	1 799.48	1 821.86	1 821.86
河床段	Ⅲ区(河床区)	15 196.20	16 388.56	16 658.55	18 196.38
	Ⅳ区(F_1 断层带)	4 714.55	4 714.55	5 117.80	5 117.80
右岸	Ⅴ区(F_1~F_{230})	1 366.25	1 366.25	1 418.08	1 418.08
	Ⅵ区(F_{230} 以南)	290.61	290.61	291.07	291.07
总计		35 747.59	36 939.95	37 687.86	39 225.69

表 2-6　进入排渗系统的渗流量计算结果统计　单位:m^3/d

部位		有天然铺盖		无天然铺盖	
		混凝土防渗墙完好	混凝土防渗墙较差	混凝土防渗墙完好	混凝土防渗墙较差
左岸	地下厂房区	4 144.40	4 144.40	4 144.40	4 144.40
	F_{236}~河边	1 391.77	1 391.77	1 407.51	1 407.51
右岸	“L”形排水(南北向)	1 171.13	1 171.13	1 212.59	1 212.59
	“L”形排水(东西向)	264.77	264.77	267.10	267.10
总计		6 972.07	6 972.07	7 031.60	7 031.60

2.3.6.2　主要研究结论

通过对小浪底水利枢纽在设计水位 275 m 下的三维稳定渗流计算分析,可得到以下结论:

(1)小浪底水利枢纽渗流控制措施的选择和布置,从整体上看比较合理,考虑了枢纽区的工程、水文地质特点。坝基防渗采用混凝土防渗墙截断深厚覆盖层,并适当考虑天然铺盖作用的效果比较理想,可以有效地控制坝基渗流。两岸采用灌浆帷幕加排水幕,降低自由面和渗透压力的效果比较显著。排水幕的降压效果较好,灌浆帷幕的效果有限。因此,两岸渗流控制措施采用排水为主、灌浆帷幕为辅的渗控方案是合适的。

(2)混凝土防渗墙顶部插入心墙 12 m 和两端深入心墙 20 m 的设计比较适宜。在正常情况下,接触区的安全系数均不小于 10,比较理想。防渗墙插入心墙的最大接触渗透坡降出现在防渗墙后部接触渗流的出口区,插入深度的设计应以此处渗透坡降为控制指标,同时应对出口区铺设反滤层加以保护。

(3)在混凝土防渗墙发挥作用的情况下,天然铺盖仍然可以削减 11%的水头,使防渗墙承受的最大渗透坡降由约 100 降为 87,发挥了一定的防渗作用。

(4)对 F_1 断层的处理,采取加强灌浆帷幕、延长渗径、铺设反滤保护等措施,可以有效削减水头,减小断层下游出口处的渗透坡降。帷幕大致可削减 40%水头,下游出口区的最大渗透坡降为 0.5~0.6。对 F_1 断层,天然铺盖虽可起到一定的防渗作用,但作用有限。

(5)F_1 和 F_{230} 断层对右岸的影响,虽然都是阻止其渗流向河谷排泄,但由于其位置不同其结果也不同。F_{230} 断层的阻渗可使右岸自由面降低,而 F_1 断层则促使右岸自由面抬高,对右岸岸坡稳定不利,因此在右岸设置“L”形排水幕降低自由面是必要的。

2.3.6.3　渗流计算结果的运用

1995 年 8 月,毛昶熙、甘宪章、刘嘉炘、许国安、郭雪莽等专家对上述《黄河小浪底水利枢纽工程三维渗流计算报告》进行评审,认为“本报告对小浪底工程的研究区域、模型范围和边界条件的确立,复杂地质情况的地层分区,断层模拟和渗透性参数的选取等都较周全合理。在此基础上进行三维渗流计算渗流场分布,研究渗流控制措施,验证渗控设计方案,完全能反映枢纽在蓄水后所处的渗流状态,对工程设计方案的优化提供了科学依据,解决了工程渗流问题,具有重大的实际生产意义。全篇报告编写层次清晰,内容丰富,有很高的应用价值和学术水平,具有显著的经济和社会效益,已达到了国内领先水平"。

研究成果可直接为渗流监测部位选择及阈值确定服务,并在运行期可用来快速定性判断监测值是否异常。如2021年秋汛期间,即主要是根据渗压计监测结果与阈值的比较来判断坝体的渗流安全性的,为小浪底大坝创历史最高蓄水位273.50 m并安全运行做出了贡献。

2.3.7　小浪底运行期渗流监测分析

2.3.7.1　监测断面布置

选择大坝的三个横断面为主要观测断面,分别为A—A(D0+693.74)、B—B(D0+387.5)、C—C(D0+217.5)。其中:A—A断面位于F_1断层破碎带处;B—B断面位于最大坝高处,覆盖层深约70 m;C—C断面位于左岸岩石基础和河床覆盖层的交界部位。大坝设置了渗压计、沉降仪、测斜管、土压力计等共487支原型观测仪器和大量的位移测点,关键的原观仪器用MCU和计算机联网,可进行数据的自动采集和分析。此外,还对坝基渗流及两岸排水量进行了观测。

渗压计和测压管主要布设于:①大坝防渗墙前后,以监测防渗墙的防渗效果;②右岸灌浆帷幕上下游、右岸排水幕上下游和右岸坝基,以监测灌浆帷幕的防渗效果、排水幕的排水效果和绕坝渗流情况;③左岸灌浆帷幕上下游、左岸排水幕上下游和地下厂房周边,以监测灌浆帷幕的防渗效果、排水幕的排水效果和左岸山体地下水位。

2.3.7.2　运行初期及泥沙淤积情况

1999年10月25日,小浪底水库下闸蓄水后,10月底便发现右岸1#排水洞和左岸2#排水洞、4#排水洞以及地下厂房周围30#、28#排水洞及消力塘高程115 m排水廊道相继出现渗水,且随着库水位上升渗流量明显增大;2002年春季,当库水位超过235 m后,左岸2#、30#排水洞等的渗流量增加非常明显;2003年秋汛期间,当库水位达到蓄水后的最高水位265.69 m时,左岸4#、30#排水洞及地下厂房的渗流量又有显著增加。2003年,当库水位超过260 m后,右岸1#排水洞渗流量约为7 000 m^3/d,左岸各排水洞渗流量之和约为13 000 m^3/d,河床段坝基渗流量约为35 000 m^3/d。

1999年,蓄水前坝前淤积面高程约140 m,淤积厚度超10 m。2000年10月中旬至11月中旬,受三门峡水库集中排沙影响,坝前淤积面高程达166 m。2001年进水塔前淤积面高程177.5 m。2004年12月底,进水塔、坝前淤积面高程180.5~180.9 m。2010年4月,坝前淤积高程为181.0 m。2010~2017年,进水塔前泥沙淤积面高程保持在178.6~181.9 m范围内小幅变化,坝前泥沙淤积高程在180.8~190.5 m范围内变化。2018~2020年,水库连续3年在前汛期实施低水位排沙运用,坝前淤积高程持续抬升,到2020年汛后达到203.2 m,比2018年汛前189.8 m累计抬升了13.4 m,而进水塔前淤积高程则有小幅度下降,2020年汛后降至179.3 m。总体看,坝前淤积速度受水库运行方式影响较大,呈逐年上升趋势。

2003年秋季,黄河上中游地区连降大雨(华西秋雨),黄河中游来水量增大,而下游与蔡集控导工程相连的生产堤决口需要堵复要求水库控泄,导致小浪底水库水位急剧上升。

2003 年 8 月 26 日库水位为 230 m,10 月 15 日创历史最高库水位 265.69 m。在 50 d 内库水位就上升了 35 m 多,对于初次蓄水的小浪底土石坝安全是一次严峻考验。从左岸山体渗漏监测情况看,库水位在 240 m 以下时,由于已经采取了一系列的防渗工程措施,渗漏量已明显减小;但当库水位超过 240 m 时,左岸山体渗漏量明显增加,且库水位首次达到历史最高水位时,渗流量随库水位上升而增加的速率较大。此情况引起建设方高度重视,长期渗漏可能会弱化岩层中软弱夹层的力学性能,甚至造成冲蚀破坏,因此必须分析渗漏原因,并针对渗漏情况采取工程措施,尽可能把渗漏水量降下来,确保枢纽在高水位情况下长期运行的安全。

2.3.7.3　渗水增大原因分析

造成上述蓄水初期渗流量增大的原因除上游铺盖尚未达到一定厚度外,屈章彬等认为主要有:①随着库水位的抬升,坝基岩层中裂隙入渗补给长度及入渗补给面积均大幅增长,有利于库水入渗基岩;②蓄水后,当库水位大于右岸承压水位时,库水便会向下游渗漏,沿 F_1、F_{230}、F_{231}、F_{233} 等几条断层上溢并排入 1[#]排水洞内;③灌浆帷幕对左、右两岸采取悬挂式,而在河床深槽段防渗墙下宽 157 m 的基岩未进行灌浆,157 m 以外也仅进行单排灌浆。

另外,针对小浪底左坝肩是否存在渗漏通道问题,采用瞬变电磁法与天然示踪法进行了联合探测。其中陈建生等采用天然示踪方法进行了探测试验并认为,库水通过 F_{28} 断层深部的破碎带补给到渗透性较强的 T_1^{3-1} 岩层,由于 30#排水洞中的排水孔揭露了 T_1^{3-1},形成了一条绕坝渗漏通道(见图 2-13),并导致部分观测孔水位降至尾水位以下。

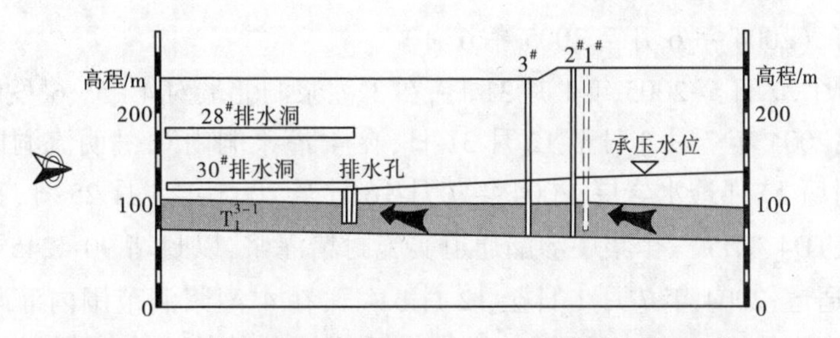

图 2-13　小浪底左坝肩承压水位、绕坝渗漏通道示意图

2.3.7.4　渗水处理措施

针对坝基渗漏原因,分三个阶段对坝基渗漏处采用补强灌浆方法进行了处理。

1. 第一个阶段(2001 年 12 月底前)

2000 年 3 月至 2001 年 2 月,在 2#灌浆洞内对 F_1 断层南 P_2^2 强透水岩层中的灌浆帷幕体进行补强灌浆;2000 年 3 月至 7 月 15 日,在右岸上游坝脚处 215 m 平台上布置一排灌浆孔,对 F_{231} ~ F_{233} 之间宽 120 m 范围的岩体实施封堵灌浆;2000 年 3 月至 2001 年 2 月,在左岸 3#、4#灌浆洞内对帷幕体做补强灌浆,且将单排灌浆孔改为 2 排灌浆孔、孔深加深至 T_1^{3-1} 层以封堵该强透水岩层;2002 年 2 月前,将 1#灌浆洞内的帷幕灌浆孔 1 排改为 2 排,孔深不变;2001 年 4 月至 2002 年 1 月上旬,将左岸山体 DG0 - 347.89 ~ DG0 - (1 + 097.89)灌浆孔亦由 1 排增为 2 排,孔深增至 T_1^1 层以封堵该强透水岩层。经过上述补强灌浆处理,加上坝前淤积层增厚,右岸 1#排水洞的渗流量显著减小;左岸地下厂房上游边墙和拱顶的渗流量显著减少,渗流量由 2000 年 12 月 18 日库水位 234.24 m 时的 96.3 m^3/d 降为 2002 年 1 月 10 日库水位 234.90 m 时的 4.7 m^3/d,同时也观测到左坝肩下游侧的 P148、P181 两支渗压计的测值下降达 17 m 左右。

2. 第二阶段(2002 年 1 月至 2002 年 8 月底)

对 215 m 库水位以上的断层带及下盘影响带挖槽回填 3~5 m 厚土封闭,对断层下盘裸露的岩石边坡喷 0.2 m 厚混凝土,垂直断层走向布置 2 排封堵灌浆孔,孔底达 T_1^2 岩层内以截断库水沿 F_{28} 断层向北径流;封堵位于帷幕轴线上游侧的 Π_{17}、Π_{18}、Π_{19}、Π_{24}、Π_{25} 等 5 个地质探硐,对工程前期已封堵的 Π_{30} 探硐做补充封堵灌浆;对 3#灌浆洞南端洞顶以上的左岸岸坡"三角区"进行补强灌浆;在 4#灌浆洞内对探测到的两个集中渗漏通道 TD1、TD2 实施灌浆封堵,再次对 F_{238} 断层带及影响带实施补强灌浆;在 28#排水洞内加深原有向上的排水孔,并在 f_1、f_2 两个小断层范围内增设倾斜的向上排水孔;在右岸 2#灌浆洞内,对 F_1 断层带进行水泥 –化学复合灌浆;厂房顶拱 f_1、f_2 两个小断层范围内实施化学灌浆;对 30#排水洞内渗流量大于 1 L/s 的排水孔上安装控制阀门。处理后,1#排水洞 2003 年 9 月 1 日库水位 238.75 m 时的渗流量比补强灌浆前库水位 230.14 m 时的渗流量还小,库水位 261.42 m 时的渗流量与 2002 年 2 月 20 日库水位 240.20 m 时的渗流量相当;2#排水洞 U–028~U–036 排水顶孔的渗流量由库水位 240.37 m 时的 1 700.8 m^3/d 减小为库水位 262.80 m 时的 125 m^3/d;30#排水洞的渗流量亦减小 20.4%~44.7%;当库水位低于 235 m 时,地下厂房顶拱已不渗水。

3. 第三阶段(2004 年 6 月至 2005 年 6 月)

2004 年 7 月 27 日至 2005 年 1 月 31 日,在 3#灌浆洞北端对 4#、5#、6#发电洞下的岩体实施补强灌浆;2004 年 7 月 5 日至 12 月 31 日,在 4#灌浆洞内对 3#明流洞以北补打一排灌浆孔,主要封堵 T_1^4 强透水岩层;2004 年 7 月 16 日至 2005 年 5 月 25 日,在灌溉洞内对探测到的 TD3、TD4、TD5 三个集中渗漏通道实施封堵灌浆,以封堵 90~245 m 内的 T_1^4、T_1^5 岩层内的渗漏通道;2004 年 7 月 1 日至 12 月 31 日,在 4#灌浆洞范围内灌浆以封堵左岸山体上部风化壳岩体;对 275 m 以下的进水塔后边坡及其他迎水面裸露的岩石边坡喷 0.15 m 厚混凝土予以封闭;对厂房顶拱、主变洞顶拱和尾闸室顶拱的渗漏水做引排处理;在 4#、28#排水洞内补打、加密、加深排水孔并在孔内安装组合过滤体;对地下厂房范围内地表做封闭处理;对西沟水库库盆做防渗处理。左岸山体经过多次补强灌浆后,各部位渗漏水量显著减少,如 2005 年 4 月中旬库水位 259.00 m 时左岸山体总渗流量为 6 859 m^3/d,而 2003 年同水位下的渗流量则为 12 131 m^3/d,同比减少 43.5%,其中 4#、28#、30#排水洞与厂房顶拱的渗流量分别减少 80.7%、77.4%、33.6%和 83.6%。

2.3.7.5 2003~2010 年坝基综合防渗效果分析

采取加速坝前泥沙淤积和三个阶段帷幕补强灌浆措施后,坝基渗水压力稳定且逐渐降低,两岸排水洞和坝基渗流量逐年减小。

1. 渗流量变化

右岸 1#排水洞渗流量逐步减小,左岸 2#、4#、28#、30#排水洞及厂房顶拱渗流量明显减小,详见表 2-7。

表 2-7　灌浆处理前后左右岸渗流量对比

位置	时间 (年-月-日)	水位/m	渗流量/ (m^3/d)	渗流量减小 比例/%	备注
右岸 $1^{\#}$ 排水洞	2003-10-15	265.69	6 984		
	2007(最高)	256.32	5 334		
	2008-08-28	229.33	3 682	34.1	与处理前 2001 年同水位比
左岸 $30^{\#}$ 排水洞	2003-10-15 (最高)	265.69	11 462	33.6	处理后同水位降低
左岸总渗流量	2008-08-26	228.67	1 986	63.9	与处理前 2001 年同水位比

2003 年 3 月至 2010 年 6 月 30 日最高水位时河床段坝基渗流量见表 2-8。由表可看出,2004 年后,每年最高库水位时河床段坝基渗流量呈减小趋势,2010 年 6 月 15 日库水位 249.97 m 时实测渗流量比 2009 年 6 月 16 日库水位 250.34 m 时渗流量减小 28%。

2. 2003~2010 年典型库水位下的渗压数据

选择 A—A、B—B、C—C 三个观测断面的渗透水头折减系数进行对比分析。当库水位分别为 210 m、230 m、250 m 时,在三个横断面上选取泥沙淤积铺盖下和防渗墙或水泥灌浆帷幕后的渗压计观测水位计算水平防渗、垂直防渗和总体水头折减系数,进而分析防渗效果。A—A 断面选取渗压计 P65 和 P36,B—B 断面选取渗压计 P81 和 P71,C—C 断面选取渗压计 P141 和 P148,计算结果见表 2-9。

表 2-8　2003~2010 年最高水位时实测坝基渗流量

时间(年-月-日)	库水位/m	坝基渗流量/(m^3/d)
2003-10-15	265.48	24 465.68
2004-04-04	261.99	34 322.79
2005-04-10	259.61	31 341.92
2006-03-31	263.41	31 759.11
2007-03-27	256.32	31 383.71
2008-03-31	252.75	29 076.94
2009-06-16	250.34	17 990.51
2010-06-15	249.97	12 896.63

表 2-9　210 m、230 m、250 m 水位时水头折减系数计算

特征水位/m	时间(年-月-日)	库水位/m	A—A 断面水头折减系数			B—B 断面水头折减系数			C—C 断面水头折减系数		
			防渗		总体	防渗		总体	防渗		总体
			水平	垂直		水平	垂直		水平	垂直	
210	2000-04-18	209.90	0.15	0.55	0.70	0.18	0.81	0.99	0.22	0.45	0.66
	2000-08-19	210.27	0.14	0.49	0.63	0.16	0.83	0.99	0.18	0.66	0.84
	2001-08-23	209.71	0.32	0.49	0.81	0.37	0.62	0.99	0.36	0.58	0.94
	2002-09-23	210.97	0.40	0.46	0.86	0.44	0.55	0.99	0.45	0.51	0.96
230	2000-10-13	229.36	0.12	0	0	0.14	0.85	0.99	0.13	0.71	0.83
	2001-11-19	229.84	0.32	0.48	0.80	0.36	0.63	0.99	0.36	0.56	0.92
	2003-08-25	229.91	0.44	0.43	0.87	0.48	0.51	0.99	0.49	0.49	0.97
	2004-09-18	230.05	0.43	0.42	0.85	0.48	0.50	0.98	0.47	0.50	0.97
	2005-08-25	230.12	0.40	0.50	0.90	0.46	0.51	0.98	0.25	0.76	1.01
	2006-09-04	230.51	0.36	0.54	0.90	0.42	0.56	0.98	0.38	0.63	1.01
	2007-09-03	230.36	0.34	0.55	0.89	0.40	0.57	0.97	0.36	0.66	1.02
	2008-08-31	230.18	0.31	0.58	0.89	0.39	0.58	0.97	0.32	0.70	1.02
	2009-09-03	230.67	0.35	0.54	0.89	0.43	0.54	0.97	0.37	0.65	1.02
250	2003-09-11	250.86	0.42	0.44	0.87	0.47	0.53	0.99	0.47	0.49	0.96
	2004-12-27	250.32	0.35	0.48	0.83	0.52	0.46	0.98	0.54	0.43	0.97
	2005-10-03	250.02				0.41	0.57	0.98	0.46	0.54	0.99
	2007-02-15	250.14	0.30	0.57	0.87	0.36	0.62	0.97	0.32	0.69	1.00
	2007-11-19	250.03	0.31	0.57	0.87	0.37	0.61	0.97	0.32	0.68	1.00
	2008-04-17	250.43	0.29	0.58	0.87	0.36	0.63	0.98	0.31	0.70	1.01
	2009-06-11	249.86	0.28	0.59	0.87	0.36	0.61	0.97	0.30	0.71	1.01
	2010-06-15	249.97	0.29	0.58	0.87	0.37	0.60	0.97	0.30	0.71	1.01

由表 2-9 可看出：①水库蓄水后，随坝前泥沙淤积面的逐渐抬高，在库水位 210 m 时 A—A、B—B、C—C 断面的水平防渗水头折减系数由 0.15 逐渐增加到 0.40 以上；库水位升高为 230 m、250 m 时，水平防渗水头折减系数约为 0.35、0.30。②A—A、C—C 断面的总体水头折减系数呈增加趋势，而 B—B 断面的总体水头折减系数则始终稳定在 0.97 以上。③渗漏到防渗墙前砂卵石覆盖层的水流经垂直防渗阻截后，河床中间 B—B 断面的剩余水头已不足 3%，显示防渗墙截渗效果优良；帷幕段的防渗系统总体水头折减系数稳定在 0.87 以上；水平和垂直防渗前后协调，相互补充，更可靠。C—C 断面总体水头折减系数超过了 1，是由帷幕下游渗压计 P148 观测水位低于坝后水塘水位所致，其原因有待进

一步分析,可能与该区主排水幕作用有关(见图2-9)。

2.3.7.6　2012年270 m水位运行情况

2011年11月17日至12月31日,小浪底水库在265 m以上水位持续运行45 d,最高水位达267.83 m(2011年12月14日),且枢纽运行安全稳定,进入270 m最后一级分级蓄水阶段。2012年11月12日,小浪底水库水位首次达到270 m,蓄水量89.34亿m^3,标志着小浪底水利枢纽运行管理达到了一个崭新的阶段,2012年11月19日再创历史最高蓄水位270.10 m。巡视检查和安全监测分析表明:大坝变形和渗流已趋稳定,进出水口高边坡稳定,泄水设施完好,闸门和启闭设备运转灵活,库区滑坡体维持稳定,未发生水库诱(触)发地震的迹象,枢纽建筑物经受了长历时、高水位的运用考验,运行安全稳定。小浪底水库进入270 m水位以上运行将使黄河下游防洪、防凌具有更大的调节库容,为调水调沙提供更加充足的水量,为来年春季供水灌溉提供更大的可调节用水,保障发电用水量和较好的出力,为确保黄河不断流、维持黄河健康生命发挥更大的重要作用。按照运用调度规程的要求,已经具备了正常蓄水位275 m运行的条件。但根据小浪底水库特征水位指标、防洪防凌运用要求及来水情况等条件,小浪底水库何时能够达到正常蓄水位275 m及275 m水位下的安全稳定运行,仍是运行管理需要研究的重点内容。

处于拦沙后期第一阶段的小浪底水库,在防洪调度时段,汛限水位较低,水库具有较大的防洪库容,并受汛期高水位274 m的限制,难以达到正常蓄水位275 m;在防凌调度阶段初期11月1日至12月31日,水库可在较高水位下运行,但在12月31日前要降低到266 m以下投入防凌运用;防凌调度阶段后期1月1日至2月底,如果防凌任务较重,水库水位可以达到正常蓄水位275 m;供水灌溉调度阶段,水库水位一般处于下降阶段,但不能排除5月、6月的大洪水使水库水位上升到正常蓄水位275 m的可能。

2.3.7.7　2021年秋汛273.50 m水位运行情况

1.2021年秋汛基本情况

2021年黄河流域主汛期并未发生编号洪水,但9月27日以后黄河干流先后形成三次编号洪水,黄河下游发生新中国成立以来最严重的秋汛,至10月27日12时,黄河中下游河道流量全线回落至2 000 m^3/s以下,方终止黄河中下游水旱灾害防御Ⅳ级应急响应,持续时间长达1个月。受黄河中游干流和渭河来水影响,9月27日15时48分黄河潼关水文站流量涨至5 020 m^3/s,发生"黄河2021年第1号洪水";受中游干流和伊河、洛河、沁河来水共同影响,9月27日21时下游花园口站流量涨至4 020 m^3/s,发生"黄河2021年第2号洪水";受渭河、黄河北干流来水共同影响,10月5日23时黄河潼关水文站流量达到5 090 m^3/s,发生"黄河2021年第3号洪水"。

洪水经过三门峡泄入小浪底库区,大坝泄洪,汇集伊河、洛河、沁河下泄洪水,直扑下游河道。黄河防汛抗旱总指挥部按照"黄河滩区不漫滩、工程不跑坝、人员不死亡"的防御目标,进行干支流水库联合调度,在确保小浪底自身安全的前提下,控制花园口站流量在4 850 m^3/s左右。受前期降雨水库拦洪运用影响,黄河小浪底等干支流水库水位较高,调洪库容减小,调度难度加大,其中小浪底水库、故县水库、陆浑水库9月27日8时库水位分别为264.34 m、531.40 m、317.11 m。小浪底水库调度可分为两个阶段:第一阶段为9月27日至10月5日,防洪调度以小浪底水库水位不超过270 m、黄河下游花园口站流量不超过 4 700 m^3/s 为原则,主要是考虑水库水位超过 270 m 后将加大库区周围发生地质灾害的风险。10 月 2 日水库最高水位达到 271. 18 m,10 月 5 日回落到 269. 89 m。第二阶段为 10 月 6 日至 10 月 20 日,防洪调度以小浪底水库水位不超过 274 m、黄河下游花园口站流量不超过 4 900 m^3/s 为控制目标,10 月 9 日 20 时水库最高水位创历史最高达 273. 50 m,10 月 20 日回落至 269. 90 m。

2. 2021 年秋汛期间高水位监测结果研判

2021 年 9 月 27 日,水利部、黄河水利委员会对小浪底水库将可能突破历史最高水位运行高度重视,派出专家组和工作组协助小浪底管理单位做好监测等各项应对工作,确保了大坝安全运行和库区滑坡体的安全,库区移民得到及时转移安置。在大坝渗流监测方面围绕重点部位渗压计进行了实时研判,为调度指令的顺利执行提供了有力技术支撑。

对 A—A 断面 F_1 断层与心墙交界处的 P35 测值的判断,参考了图 2-12 的计算结果,即该处水头约为 55%,尚属正常范围。

对 C—C 断面灌浆帷幕后的 P153 点,认为其值偏高的原因首先想到的是渗压计自身问题,但因周围渗压计失效形成“孤点”一时难以判定;再者就是若监测值可信,从附图和图 2-9 计算结果看出该处水头变化较快(5% ~ 20%),监测值约为 15%,尚在可接受范围内,可能是受绕坝渗流和下游水位顶托的影响,其次与前期坝区长时间降雨入渗、坝前水位上升也有关系,故作出大坝处于安全状态的判断。汛后从帷幕灌浆洞中钻孔测压表明该处渗压计已失效,并予以重新安装处理。

2.3.8 小结

小浪底大坝渗流计算结果可为高水位下监测结果合理性及大坝安全状态判断提供依据,但概化的模型和参数与实际水文地质情况的差别,需要根据监测结果不断修正,并进行必要的渗控处理方能达到设计的计算条件。2021 年小浪底大坝虽然经受住高水位的考验,但仍需加强安全管理工作,并注意以下几个问题:

(1)积极推进数字孪生小浪底工程建设。要重视监测仪器设备的修复,并不断提升监测自动化水平,解决重要部位监测点仪器损坏、缺失等问题,加强对坝前铺盖、异重流排沙过程的监测,建立渗流监测预报预警模型。

(2)做好专题研究。系统地进行高水位下监测资料的分析,对 F_1 断层等接合部位监测数据的合理性要给出明确结论。通过高水位下不稳定渗流计算结果,给出主要监测仪器的阈值与上游水位的关系线,并考虑监测数据滞后的影响。专题研究水位骤降对斜心墙的损伤问题以及对库区近坝滑坡体稳定的影响。

(3)重视移民安居问题。研究有关政策,解决水库移民安居问题,为 270 m 以上高水位运行营造良好外部环境。

(4)关注白蚁活动范围变化。随着全球气候变暖,白蚁活动范围有向北移动的趋势。2008 年在小浪底坝肩周边山体发现黑翅土白蚁痕迹,白蚁纷飞季节也有繁殖蚁飞落到坝体上。小浪底水利枢纽管理单位对白蚁防治工作进行了探索和实践,并初步形成一套针对黑翅土白蚁地下巢穴的高效、环保、低成本精准清除防治方法,今后尚需继续跟踪。

参考文献

[1] 杨静熙,陈士俊.三向稳定渗流的有限元法计算及程序设计[R].郑州:黄委会水科所, 1985.

[2] 毛昶熙,段祥宝,李祖贻,等. 渗流数值计算与程序应用[M].南京:河海大学出版社,1999.

[3] 李定方,杨静熙,王家誌. 有限单元法在心墙土坝稳定渗流计算中的应用[J]. 水利水运科技情报,1974(2):14-28.

[4] 杨静熙,陈士俊,刘茂兴,等.有限单元法在土坝三向稳定渗流中的应用[J]. 岩土工程学报,1980(22):60-73.

[5] 杨静熙,陈士俊,刘茂兴. 裂隙岩体三维渗流的有限元法计算[J]. 水利学报,1992(8):15-24.

[6] 李斌,张俊霞. 数值计算中以沟代井列的附加单元法[J].水利学报,1996(3):51-56.

[7] 毛昶熙,李祖贻,陈平.以沟代井列的渗流计算[R].南京:南京水利科学研究院,1988.

[8] 吴世余.多层地基和减压沟井的渗流计算理论[M].北京:水利出版社,1980.

[9] 关锦荷,刘嘉炘,朱玉侠. 用排水沟代替排水井列的有限单元法分析[J].水利学报,1984(3):10-18.

[10] 杨静熙,张俊霞.黄河小浪底水利枢纽工程三维渗流计算报告[R].郑州:黄河水利委员会水利科学研究院,1995.

[11] 林秀山,沈凤生. 小浪底水利枢纽工程设计思想[J]. 人民黄河,2000,22(8):3-4.

[12] 林秀山. 黄河小浪底水利枢纽设计若干问题的研究与实践[J]. 水力发电,2000(8):18-21.

[13] 林秀山. 小浪底水利枢纽的设计特点[J]. 中国水利,2004(12):11-14.

[14] 林秀山,景来红. 小浪底工程设计创新与实践[J]. 中国水利,2010(20):55-58.

[15] 陈建生,董海洲,凡哲超,等.示踪法对小浪底坝区绕坝渗漏通道的研究[J]. 长江科学院院报,2004,21(2):14-17.

[16] 董德中. 渗漏探测技术在小浪底工程中的应用[J]. 水利建设与管理,2008,28(3):47-50,43.

[17] 冷元宝,何剑. 物探新技术在治黄工作中的应用[J]. 水利水电科技进展,2000,20(2):64-65,68.

[18] 张宏先.小浪底水利枢纽左岸山体防渗处理措施及评价[J]. 水利水电科技进展,2007,27(3):49-52.

[19] 屈章彬,肖强,韩育红. 小浪底水库蓄水初期运用坝基渗流分析与安全性评价[J]. 水电能源科学,2011,29(10):32-35,214.

[20] 王琳,胡守江. 小浪底水利枢纽工程大坝防渗效果分析[J]. 水电能源科学,2011,29(10):36-38,100.

[21] 李立刚. 小浪底水库270 m水位初次运用及下一阶段运用水位探讨[J]. 大坝与安全,2013(1):5-8.

[22] 李立刚,李占省. 小浪底水库调水调沙运用对大坝变形的影响分析[J]. 大坝与安全,2007(2):28-31.

[23] 李立刚. 小浪底大坝基础渗流稳定性分析[J]. 水资源与水工程学报,2007,18(3):39-41.

[24] 王琳,宋书克,魏皓,等.小浪底水利枢纽安全监测分析:黄海高程270 m水位运用[M].郑州:黄河水利出版社. 2014.

[25] 申青春,吕东亮,张春光,等. 水上瞬变电磁勘探技术探讨[J]. 中州煤炭,2012(8):41-42.

[26] 张宏先,唐泉涌. 小浪底水利枢纽左岸山体初期防渗处理措施及效果[J]. 中国水利,2004(12):1-3,55.

[27] 袁江华,谢向文,薛云峰. 小浪底水库库区煤矿采空区的地球物理探测[J]. 勘察科学技术,2002(2):62-64.

[28] 李文学. 会商室日志[M]. 郑州:黄河水利出版社, 2022.

[29] 魏向阳,杨会颖,赵咸榕,等. 黄河“一高一低”水库调度实践与思考[J]. 中国水利,2021(9):3-6.

[30] 魏向阳,杨会颖,孔纯胜,等. 小浪底水库汛期低水位排沙调度实践分析[J]. 人民黄河,2020,42(7):19-22,111.

[31] 郭卫新,李今朝,阴国胜. 黄河小浪底水库库区环境内重点地段黄土塌岸分析预测[J]. 环境与发展,2017,29(10):206-208.

[32] 杜延龄,许国安,黄一和. 复杂岩基的三维渗流分析研究[J]. 水利学报,1984(3):1-9.

[33] 刘奔. 小浪底枢纽及西霞院水库白蚁防治新技术初探[J]. 中国水利,2022(10):41-43,11.

[34] 徐文杰. 滑坡涌浪流-固耦合分析方法与应用[J]. 岩石力学与工程学报,2020,39(7):1420-1433.

[35] 周家文,陈明亮,瞿靖昆,等. 水库滑坡灾害致灾机理及防控技术研究与展望[J]. 工程科学与技术,2023,55(1):110-128.

第 3 章　不动网格-高斯点有限元法及其在瞬态饱和渗流分析中的应用

变网格法在分析饱和渗流时,对于稳定渗流的分析自由面的调整尚可,但对不稳定瞬态渗流则处理难度较大,由此不少学者探讨了不动网格法。本章重点介绍了不动网格-高斯点有限元法及其在瞬态有自由面饱和渗流分析中的优势,包括所建立的饱和渗流模型、时域有限元法的求解过程,研发的二维瞬态渗流有限元分析程序,所给算例证明了该法的可靠性和有效性。

3.1　不动网格-高斯点有限元法的提出

3.1.1　变网格法缺陷

变网格迭代法虽然被成功地应用于无压渗流问题的分析,但在应用实践中也遇到了许多难以解决的困难,方法本身也存在着较大缺陷,主要有:

(1)每一迭代步计算网格都要随自由面的变动而变动,总体传导矩阵要重新计算和分解,需要大量机时或人力。

(2)当初始自由面位置与最终自由面位置相差较大时,将使网格过分变形而导致畸形,影响解题的精度,这对采用计算时自动网格剖分是极不利的。对于自由面边界不断变动的不稳定渗流的计算更为困难。

(3)当自由面附近的渗流介质为不均质,特别是有水平分层的不同渗流介质时,程序处理十分困难。

(4)渗流分析目的之一是给出渗流荷载,以便分析渗流荷载的应力场,对建筑物及其基础的稳定做出评价。应力分析需要包括自由面以上区域,因而此法不能用同一网格连续进行渗流分析和应力分析,这就极大地增加了有自由面渗流场应力分析的工作量。

3.1.2　不动网格法研究进展

鉴于以上原因,不少学者对有自由面渗流一类问题的计算方法做了研究。吕玉麟等通过坐标变换将可变区域化为固定域进行求解。许协庆采用可变区域的变分原理同时计算自由面的位置和节点的未知量(势函数),从而减小了迭代次数及工作量。高骥等用差分法求解饱和-非饱和瞬态渗流问题,从而流场内不再有自由水面边界,使复杂的自由水面边界变得易处理。袁益让等也对两相三维渗流问题进行了有限元解,王元淳用边界元法求解类似的温度场问题,李希等用摄动法求解渗流问题。顾兆勋等针对自由边界问题的难点提出了新的描述方法,包括自由边界的离散化表示、自由面边界随时间的运动和发展、自由表面边界条件的提法等。

国外一些学者也提出了一些新的算法,其核心是在计算过程中采用不动网格的有限元法。Neuman 于 1973 年提出了用不变网格分析有自由面渗流的 Garlerkin 法;Desai 于 1976 年提出了计算稳态渗流的剩余流量法,并于 1983 年发展到用于计算瞬态渗流问题(文中有部分错误);1973 年 Baiocchi 基于变分不等式概念提出了新的算法;K. J. Bathe 于 1979 年提出了稳态渗流计算的单元矩阵调整法;D. R. Westbrook 于 1985 年也发展了这些算法和理论。国内李春华用不变网格法分析了二维渗流问题并补充推导了有关公式,张有天等还提出了不变网格的初流量法并计算了三维渗流问题。

对稳态渗流问题,初始流量法要求每次迭代都需确定自由面的具体位置,且要计算单元内自由面的面积和法向流速分布,计算量较大。而在计算瞬态渗流问题时所用的迭代格式复杂,且要选取光滑函数,计算量仍较大。而单元矩阵调整法、初流量法 1989 年时尚未推广到瞬态渗流。

1989 年陈万吉、汪自力提出的“不动网格-高斯点有限元法”,将非线性分析化为一系列的线性分析,将求解域内的单元分为三种,借助高斯数值积分时高斯点所处单元的类型分别计算各个单元对总体刚度阵的贡献,并将此法用于瞬态渗流问题的分析计算,解决了沿自由面线积分时自由面并不正好在节点连线上所造成的困难。用 FORTRAN-77 语言编制的瞬态有自由面渗流分析的计算机程序 TFSS,可以分析二维均质梯形坝的瞬态渗流问题,并易进一步完善为三维非均质各向异性坝的瞬态渗流问题的计算。

此后,1994 年吴梦喜等提出了虚单元法,1996 年速宝玉等提出了截止负压法等,2007 年王金芝等又提出了混合不动点法。

3.2　瞬态渗流问题的基本方程及求解

3.2.1　瞬态渗流问题的基本方程

如图 3-1 所示,不可压缩流体通过多孔介质(无内源)的瞬态渗流控制方程为

$$\mathrm{div}[\boldsymbol{k}\,\mathrm{grad}\varphi] = g\frac{\partial \varphi}{\partial t} \quad (\text{在 } \Omega_1 \text{ 域内}) \tag{3-1}$$

$$\varphi = z + h = z + \frac{p}{\gamma}$$

$$g = S_s S_w + \frac{\mathrm{d}\theta}{\mathrm{d}h}$$

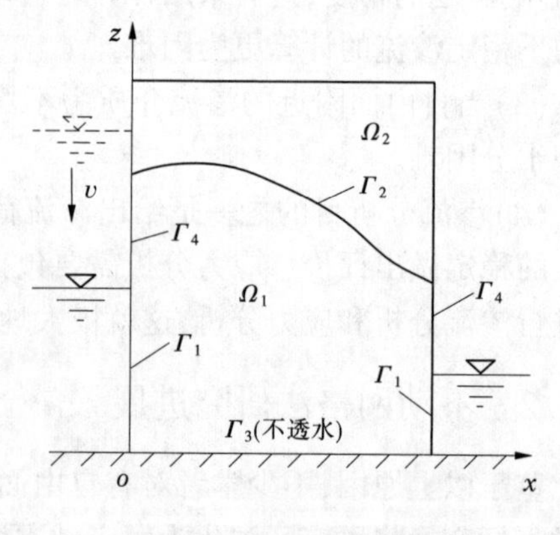

图 3-1　渗流边界示意图

式中　$\boldsymbol{k}$——渗透系数张量;

φ——饱和流全水头;

z——位置水头;

h——渗透压力水头;

p——渗透压强;

γ——流体容重;

S_s——单位贮水率；

S_w——土体饱和度；

θ——土体体积含水量。

注意到在 Ω_1 域内：$g = S_s$。

3.2.2　定解条件

如图 3-1 所示的渗流边界示意图。

初始条件：　$\varphi(x,z,0) = \varphi_0(x,z)$

边界条件：

在 Γ_1 上　$\varphi(x,z,0) = \varphi_0(x,z)$

在 Γ_4 上　$\varphi(x,z,t) = z$

在 Γ_3 上　$k_x \dfrac{\partial \varphi}{\partial x} n_x + k_z \dfrac{\partial \varphi}{\partial z} n_z = 0$

在 Γ_2 上　$\varphi = z$，　且 $k_x \dfrac{\partial \varphi}{\partial x} n_x + k_z \dfrac{\partial \varphi}{\partial z} n_z = -v_n = -\overline{q}_n$　　(3-2)

式中　v_n——自由面法向流速（以外法线方向为正）；

$\overline{q}_n$——自由面法向的单宽流量；

k_x、k_z——x 向、z 向的渗透系数。

定解条件可概括为两类：

第一类边界（水头边界 $\Gamma_\varphi = \Gamma_1 + \Gamma_2 + \Gamma_4$）：　$\varphi = \overline{\varphi}$　　(3-3)

第二类边界（流量边界 $\Gamma_q = \Gamma_2 + \Gamma_3$）：　$(\boldsymbol{k}\,\nabla\varphi)^{\mathrm{T}}\boldsymbol{n} = -\overline{q}_n$　　(3-4)

由图 3-2 又有

$$v_n = \boldsymbol{v}\cdot\boldsymbol{n} = v_x\sin\theta + v_z\cos\theta = \cos\theta(v_x\tan\theta + v_z)$$

当 $\mathrm{d}\Gamma$ 的方向是由 $a' \to b'$ 时有：$\tan\theta = -\dfrac{\partial z^*}{\partial x}$，$\mathrm{d}\Gamma\cos\theta = \mathrm{d}x$。又由达西定律可知，$v_x = -k_x \dfrac{\partial \varphi}{\partial x}$，$v_z = -k_z \dfrac{\partial \varphi}{\partial z}$，则 $v_n = \cos\theta\left(k_x \dfrac{\partial \varphi}{\partial x} \times \dfrac{\partial z^*}{\partial x} - k_z \dfrac{\partial \varphi}{\partial z}\right) = \overline{q}_n$。

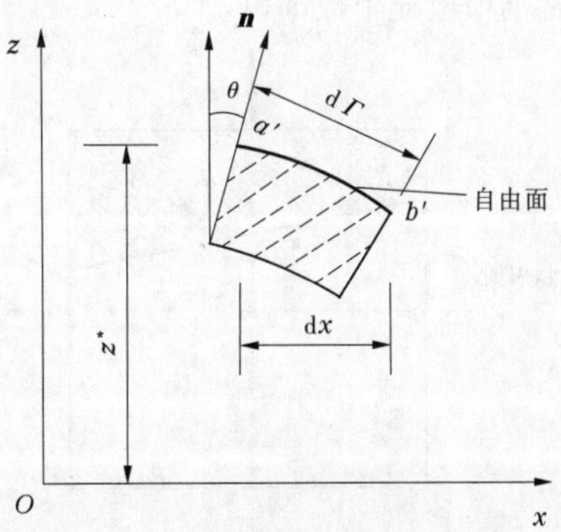

图 3-2　自由面法向几何示意图

3.2.3　数学模型求解的不动网格-高斯点有限元法

3.2.3.1　不动网格-高斯点法

将式(3-1)的求解域延拓到整个域 Ω，即求解域如下：

$\Omega = \Omega_1 \cup \Omega_2$，且 $\Omega_2 = \Omega_2^* \cup \Omega_2^{**}$，式(3-1)中的系数 $\boldsymbol{k}$、S_s 也相应定义为

$$k(p)=\begin{cases}k_s & 在\Omega_1 域内(p \geqslant 0)\\ k_s^* & 在\Omega_2 域内(p<0)\end{cases} \tag{3-5}$$

$$S_s(p)=\begin{cases}S_s & 在\Omega_1 域内(p \geqslant 0)\\ S_s^* & 在\Omega_2 域内(p<0)\end{cases} \tag{3-6}$$

如图 3-3 所示,相应边界条件如下:

(1)边界条件式(3-3)、式(3-4)不变;

(2)自由面边界条件也不变;

(3)在 Ω_2^{**} 域的所有边界及 Ω_2^* 域的 Γ^* 上应满足:$(\boldsymbol{k}\nabla\varphi)^{\mathrm{T}}\boldsymbol{n}\equiv 0$。

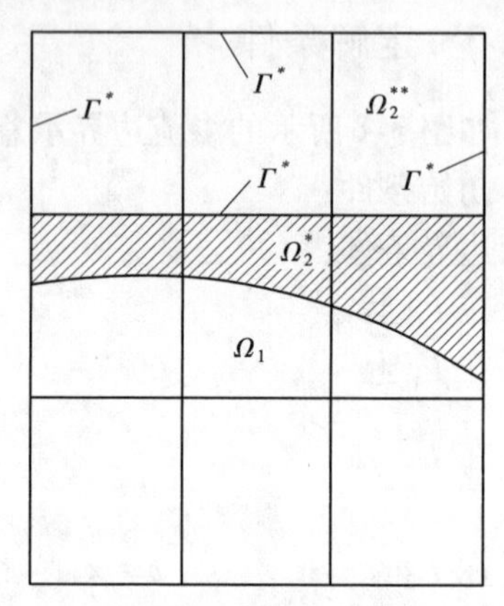

图 3-3　求解域的延拓

由于不动网格法的单元网格大小及位置均不变化,这样划分的结果导致 Ω 域内有三种单元。第一种单元是在 Ω_1 域内 $(p \geqslant 0)$,直接按式(3-5)、式(3-6)取 k_s、S_s 值计算单元刚度矩阵。第二种单元是在 Ω_2^{**} 域内 $(p<0)$,取 $k=0$、$S_s^*=0$、$g=0$,即这种单元对总刚度阵无贡献。第三种单元是在 Ω_2^* 域内,$p\geqslant 0$ 和 $p<0$ 同时存在,即自由面必在其中。由于 Ω_1 域与 Ω_2^* 域分界线事先不定,因此在计算单元刚度阵时,用高斯数值积分法时(见图 3-4)可根据高斯点的 $h(p)$ 值按图 3-5 选取 k_s^* 值,S_s^* 值也参照 k_s^* 值选取(图 3-5 中 Δz 为单元网格的纵向尺寸)。而自由面方程则可根据单元函数插值求出单元内 $\varphi=z$ 的点所连成的线(自由面),再在该线上代入方程式(3-2)即可求出该项对总刚度阵的贡献。

由于相应 Ω_2^{**} 域内的方程出现奇点,可以令其 $\varphi=Q$(其中 Q 为小于相应节点 z 坐标的任意数),以不影响方程的求解。为此,只需对总刚度阵相应对角线元素充非零数,相应右端项也充个数即可。

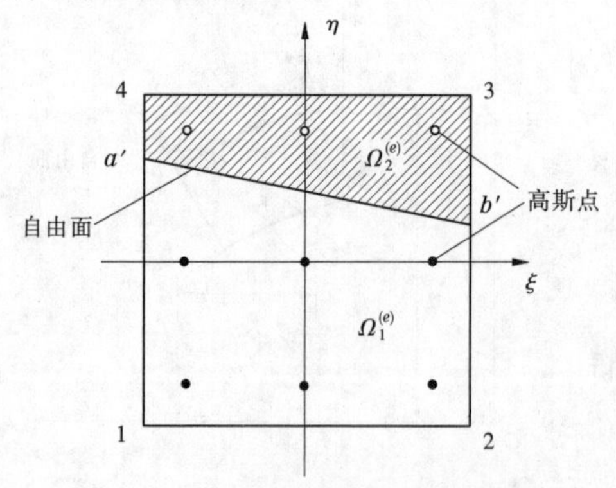

图 3-4　含自由面单元内的高斯点

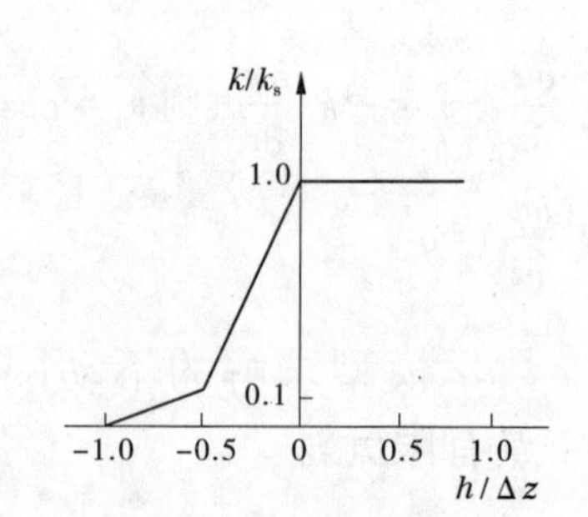

图 3-5　渗透系数的取值

g 中 $\dfrac{\mathrm{d}\theta}{\mathrm{d}h}$ 的选取,考虑到土体体积含水量 θ 在自由面附近是有变化的,故本章算例由试验曲线在 Ω_1 域及 Ω_2^* 域内按图 3-6 选取,而在 Ω_2^{**} 域内 $\dfrac{\mathrm{d}\theta}{\mathrm{d}h}\equiv 0$。

3.2.3.2　时域有限元法

对方程式(3-1)的求解,采用时域有限元法中的半离散的逐步积分法。

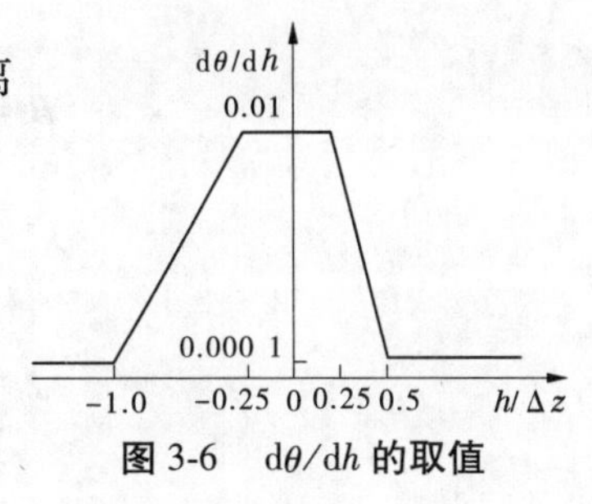

图3-6　dθ/dh 的取值

1. 空间离散

采用平面4节点等参元,设单元函数为

$$\varphi = \sum_{i=1}^{4} N_i(\xi,\zeta)\varphi_i(t) = \boldsymbol{N\Phi} \tag{3-7}$$

$$\frac{\partial\varphi}{\partial t} = \sum_{i=1}^{4} N_i(\xi,\zeta)\frac{\mathrm{d}\varphi_i(t)}{\mathrm{d}t} = \boldsymbol{N}\dot{\boldsymbol{\Phi}} \tag{3-8}$$

式中　ξ、ζ——等参坐标;

$\varphi_i(t)$ ——t 时刻节点 i 的总水头值;

$\mathrm{d}\varphi_i(t)/\mathrm{d}t$ ——t 时刻 i 节点总水头对时间的变化率值。

$\boldsymbol{N} = [N_1, N_2, \cdots, N_4]$, N_i 为插值函数的形函数,且

$$N_{i(t)}(\xi,\zeta) = \frac{1}{4}(1+\xi\xi_i)(1+\zeta\zeta_i) \tag{3-9}$$

在第一类边界条件 Γ_φ 满足的情况下,方程式(3-1)相应的有限元加权余值方程为

$$\int_{\Omega}[\nabla^{\mathrm{T}}(k\nabla\varphi) - g\frac{\partial\varphi}{\partial t}]W_j^*\mathrm{d}\Omega - \int_{\Gamma_q}[(k\nabla\varphi)^{\mathrm{T}}\boldsymbol{n} + \bar{q}_n]W_j^*\mathrm{d}\Gamma = 0 \tag{3-10}$$

式中　W_j^* ——加权函数。

在方程式(3-10)中引入式(3-7)~式(3-9),按有限元剖分有 $\Omega = \sum_e \Omega_e$,按伽辽金有限元法,加权函数 W_j^* 取为单元函数 $\boldsymbol{N}_j$,由此得

$$\sum_e \left\{\int_{\Omega_e}[\boldsymbol{N}^{\mathrm{T}}g\boldsymbol{N}\dot{\boldsymbol{\Phi}} + \boldsymbol{B}^{\mathrm{T}}\boldsymbol{kB\Phi}]\mathrm{d}\Omega_e + \int_{(a')}^{(b')}\boldsymbol{N}^{\mathrm{T}}\left[-\frac{\partial z^*}{\partial x}, 1\right]\boldsymbol{kB}\mathrm{d}x\boldsymbol{\Phi}\right\} = 0 \tag{3-11}$$

式(3-11)又可写为

$$\boldsymbol{C}\dot{\boldsymbol{\Phi}} + \boldsymbol{K\Phi} + \boldsymbol{F\Phi} = 0 \tag{3-12}$$

其中, $\boldsymbol{C} = \sum_e [C]^{(e)}$, $\boldsymbol{K} = \sum_e [K]^{(e)}$, $\boldsymbol{F} = \sum_e [F]^{(e)}$,按单元求得

$$[C]^{(e)} = \int_{\Omega_e}\boldsymbol{N}^{\mathrm{T}}g\boldsymbol{N}\mathrm{d}\Omega_e = \iint_{-1}^{+1}\boldsymbol{N}^{\mathrm{T}}g\boldsymbol{N}|J|\mathrm{d}\xi\mathrm{d}\zeta \tag{3-13}$$

$$[K]^{(e)} = \int_{\Omega_e}\boldsymbol{B}^{\mathrm{T}}\boldsymbol{kB}\mathrm{d}\Omega_e = \iint_{-1}^{+1}\boldsymbol{B}^{\mathrm{T}}\boldsymbol{kB}|J|\mathrm{d}\xi\mathrm{d}\zeta \tag{3-14}$$

$$[F]^{(e)} = \int_{(a')}^{(b')}\boldsymbol{N}^{\mathrm{T}}\left[-\frac{\partial z^*}{\partial x}, 1\right]\boldsymbol{kB}\mathrm{d}x = \int_{\xi_{a'}}^{\xi_{b'}}\boldsymbol{N}^{\mathrm{T}}\left[-\frac{\partial z^*}{\partial x}, 1\right]\boldsymbol{kB}J_{11}\mathrm{d}\xi + \int_{\zeta_{a'}}^{\zeta_{b'}}\boldsymbol{N}^{\mathrm{T}}\left[-\frac{\partial z^*}{\partial x}, 1\right]\boldsymbol{kB}J_{21}\mathrm{d}\zeta \tag{3-15}$$

式中

$$\boldsymbol{k} = \begin{bmatrix} k_x & 0 \\ 0 & k_z \end{bmatrix}$$

$$
\boldsymbol{B} = \begin{bmatrix} \dfrac{\partial N_1}{\partial x} & \dfrac{\partial N_2}{\partial x} & \cdots & \dfrac{\partial N_4}{\partial x} \\ \dfrac{\partial N_1}{\partial z} & \dfrac{\partial N_2}{\partial z} & \cdots & \dfrac{\partial N_4}{\partial z} \end{bmatrix}
$$

$$
\boldsymbol{J} = \begin{bmatrix} J_{11} & J_{12} \\ J_{21} & J_{22} \end{bmatrix} = \begin{bmatrix} \dfrac{\partial x}{\partial \xi} & \dfrac{\partial z}{\partial \xi} \\ \dfrac{\partial x}{\partial \zeta} & \dfrac{\partial z}{\partial \zeta} \end{bmatrix}
$$

而

$$
\begin{bmatrix} \dfrac{\partial}{\partial x} \\ \dfrac{\partial}{\partial z} \end{bmatrix} = \boldsymbol{J}^{-1} \begin{bmatrix} \dfrac{\partial}{\partial \xi} \\ \dfrac{\partial}{\partial \zeta} \end{bmatrix}
$$

单元的几何等参变换为

$$
x = \sum_{i=1}^{4} N_i(\xi,\zeta) x_i = \boldsymbol{NX}
$$

$$
z = \sum_{i=1}^{4} N_i(\xi,\zeta) z_i = \boldsymbol{NZ}
$$

其中

$$
\boldsymbol{X} = [x_1, x_2, x_3, x_4]^{\mathrm{T}}
$$

$$
\boldsymbol{Z} = [z_1, z_2, z_3, z_4]^{\mathrm{T}}
$$

2. 时间域离散

采用后差分格式,即方程式(3-12)在 $t+\Delta t$ 时刻成立,在 $t+\Delta t$ 时间步假定:

$$
\varphi = \varphi_{t+\Delta t}, \quad \dot{\varphi} = \frac{\varphi_{t+\Delta t} - \varphi_t}{\Delta t}
$$

则有

$$
\left\{ \frac{\boldsymbol{C}_{t+\Delta t}^{i-1}}{\Delta t} + \boldsymbol{K}_{t+\Delta t}^{i-1} + \boldsymbol{F}_{t+\Delta t}^{i-1} \right\} \boldsymbol{\Phi}_{t+\Delta t}^{i} = \frac{\boldsymbol{C}_{t+\Delta t}^{i-1}}{\Delta t} \boldsymbol{\Phi}_t \tag{3-16}
$$

方程式(3-16)表示在每个时间步长内都需要迭代求解,其中上标 i 表示第 i 次迭代结果,下标 $t+\Delta t$ 表示 $t+\Delta t$ 时刻的值。方程式(3-16)即是在 $t+\Delta t$ 时间步的迭代格式。

稳态渗流时相应的格式为

$$
\boldsymbol{K}^{i-1} \boldsymbol{\Phi}^{i} = 0 \tag{3-17}
$$

计算起步时,可假设所有节点水头值为上、下游水头的平均值,然后根据求得的 φ 值不断调整自由面位置,直至满足收敛标准,便得到相应时刻的结果。

3.2.4　几个问题说明

3.2.4.1　*F* 项计算

式(3-15)为自由面对总刚度阵的贡献,为沿自由面的有向线积分。如图 3-4 示,由于 $\Gamma_2^{(e)}$ 并不正好在单元节点连线上,因此需对此项积分进行特殊处理。处理时将 φ 函数由 Ω_1 拓展到 Ω_2^*,再按下述步骤计算。

1. 自由面位置计算

对于 $\xi-\zeta$ 坐标系,在自由面上有:

$$h=\sum_{i=1}^{4}N_i(\xi,\zeta)h_i=0 \tag{3-18}$$

将式(3-9)代入得:

$$(1-\xi)(1-\zeta)h_1+(1+\xi)(1-\zeta)h_2+(1+\xi)(1+\zeta)h_3+(1-\xi)(1+\zeta)h_4=0 \tag{3-19}$$

由此可得

$$\xi=\frac{(1-\zeta)h_1+(1-\zeta)h_2+(1+\zeta)h_3+(1+\zeta)h_4}{(1-\zeta)h_1-(1-\zeta)h_2-(1+\zeta)h_3+(1+\zeta)h_4}$$

$$\zeta=\frac{(1-\xi)h_1+(1+\xi)h_2+(1+\xi)h_3+(1-\xi)h_4}{(1-\xi)h_1+(1+\xi)h_2-(1+\xi)h_3-(1-\xi)h_4}$$

对出渗段 Γ_4(见图3-1),可能出现单元在其上的两个节点 $h=0$ 均成立,此时可令 $\zeta_{b'}=0$ 参加计算。

2. $x-z$ 坐标下求 $\dfrac{\partial z^*}{\partial x}$

当 $a'(\xi_{a'},\zeta_{a'})$、$b'(\xi_{b'},\zeta_{b'})$ 位置确定后,可求出

$$x_{a'}=\sum_{i=1}^{4}N_i(\xi_{a'},\zeta_{a'})x_i=\frac{1}{4}[(1-\xi_{a'})(1-\zeta_{a'})x_1+(1+\xi_{a'})(1-\zeta_{a'})x_2+(1+\xi_{a'})(1+\zeta_{a'})x_3+(1-\xi_{a'})(1+\zeta_{a'})x_4]$$

$$z_{a'}=\sum_{i=1}^{4}N_i(\xi_{a'},\zeta_{a'})z_i$$

$$x_{b'}=\sum_{i=1}^{4}N_i(\xi_{b'},\zeta_{b'})x_i$$

$$z_{b'}=\sum_{i=1}^{4}N_i(\xi_{b'},\zeta_{b'})z_i$$

可假设 $\Gamma_2^{(e)}$ 在单元内为直线,则有

$$\frac{\partial z^*}{\partial x}=\frac{z_{b'}-z_{a'}}{x_{b'}-x_{a'}}$$

根据 a'、b' 的位置,可判断出 $\Gamma_2^{(e)}$ 与单元的相交情况并事先计算出来坐标。当 $\Gamma_2^{(e)}$ 穿过4、1节点连线时,可令 $\xi=-1$,则 $\zeta_{a'}^{41}=\dfrac{h_1+h_4}{h_1-h_4}$,此时应有 $|\zeta_{a'}^{41}|\leqslant 1$,否则 $\Gamma_2^{(e)}$ 不穿过4、1节点连线。利用此法可得到各种情况下的 a'、b'的 ξ-ζ 坐标。

3. 利用 Newton-Cotes 常数进行数值积分

因是沿自由面的线积分,故渗透系数应取 k_s,积分公式为

$$\int_a^b F(r)\,\mathrm{d}r \doteq (b-a)\sum_{i=0}^{n}\mathrm{C}_i^n F_i$$

可取 $n=3$,则

$$
\begin{aligned}
[F]^{(e)} &= \int_{\xi_{a'}}^{\xi_{b'}} \boldsymbol{N}^{\mathrm{T}} \left[-\frac{\partial z^*}{\partial x}, 1 \right] \boldsymbol{kB} J_{11} \mathrm{d}\xi + \int_{\zeta_{a'}}^{\zeta_{b'}} \boldsymbol{N}^{\mathrm{T}} \left[-\frac{\partial z^*}{\partial x}, 1 \right] \boldsymbol{kB} J_{21} \mathrm{d}\zeta \\
&= (\xi_{b'} - \xi_{a'}) \sum_{i=0}^{3} \mathrm{C}_i^3 \boldsymbol{N}^{\mathrm{T}}(\xi_i, \zeta_i) \left[-\frac{\partial z^*}{\partial x}, 1 \right] \boldsymbol{k}_{\mathrm{s}} \boldsymbol{B}(\xi_i, \zeta_i) J_{11}(\xi_i, \zeta_i) + \\
&\quad (\zeta_{b'} - \zeta_{a'}) \sum_{i=0}^{3} \mathrm{C}_i^3 \boldsymbol{N}^{\mathrm{T}}(\xi_i, \zeta_i) \left[-\frac{\partial z^*}{\partial x}, 1 \right] \boldsymbol{k}_{\mathrm{s}} \boldsymbol{B}(\xi_i, \zeta_i) J_{21}(\xi_i, \zeta_i)
\end{aligned}
$$

3.2.4.2 自由面位置

(1)迭代收敛后 $\varphi = z$ 的点所连成的线即为所求时刻的自由面,可由单元内自由面几何方程求得,即 $\sum_{i=1}^{4} N_i(\xi,\zeta) h_i = 0$。

(2)对上、下游边界单元,采用 $\xi = \mp 0.5$ 处的自由面位置分别代替图 3-1 中的含 Γ_4 上、下游单元自由面位置进行是否收敛的判别。

3.2.4.3 收敛标准

按自由面位置水头 z_{f} 的平均变化范围判定,即收敛时应有

$$
\sum_{j=0}^{n_{\mathrm{f}}} \left| z_{\mathrm{f}}^{i}(j) - z_{\mathrm{f}}^{i-1}(j) \right| / n_{\mathrm{f}} \leqslant \varepsilon
$$

式中 n_{f} ——纵向网格线的条数;

i ——迭代序数;

ε ——给定的精度。

3.2.4.4 时间步长选择

稳定的差分格式仅对线性问题而言,而对有自由面瞬态渗流这类时域内非线性问题,Δt 既有上限,也有下限,赵振峰在对波动方程数值解法研究时还给出了步长范围的公式。Δt 过小时,物理变化量可能小于计算误差,导致计算结果“超界”现象。所谓超界,是指计算出的 φ 值超过了该问题可能取值界限。在计算中时间步长可根据预判的水头变化快慢做相应的调整,以提高计算效率。对于时域非线性问题的求解,程序中采用双精度是必要的。

3.2.4.5 渗出点及相应边界条件的处理

由于在可能渗出段 Γ_4 上处处满足 $\varphi = z$ 的条件,故渗出点是个奇点。如图 3-4 所示,本章对下游边界单元,判断只要 4 号节点的 $h < 0$,则第 3 节点即不作为强加边界条件处理。对上游边界单元也做类似处理。

3.2.4.6 计算参数的连续性

对稳态问题,k 取值的连续性并不重要,但对瞬态问题,计算参数 k、S_{s} 的连续性对计算收敛影响较大,易引起振荡。此外,F 项对自由面的变化有一定的阻尼作用。

3.2.4.7 网格剖分与高斯点数选择

网格剖分疏密应根据 φ 函数变化程度而变。高斯积分点多少,在网格较稀的情况下影响较大。在自由面附近单元宜用同一积分点数以免引起振荡,采用 3×3=9(个)高斯积分点即可兼顾精度与收敛问题。

3.2.5 TFSS 程序研发

根据以上数学模型和求解方法,采用 FORTRAN-77 语言编制了相应的计算程序包

TFSS(transient free surface seepage),可用来分析二维瞬态渗流问题,其程序框图见图3-7。

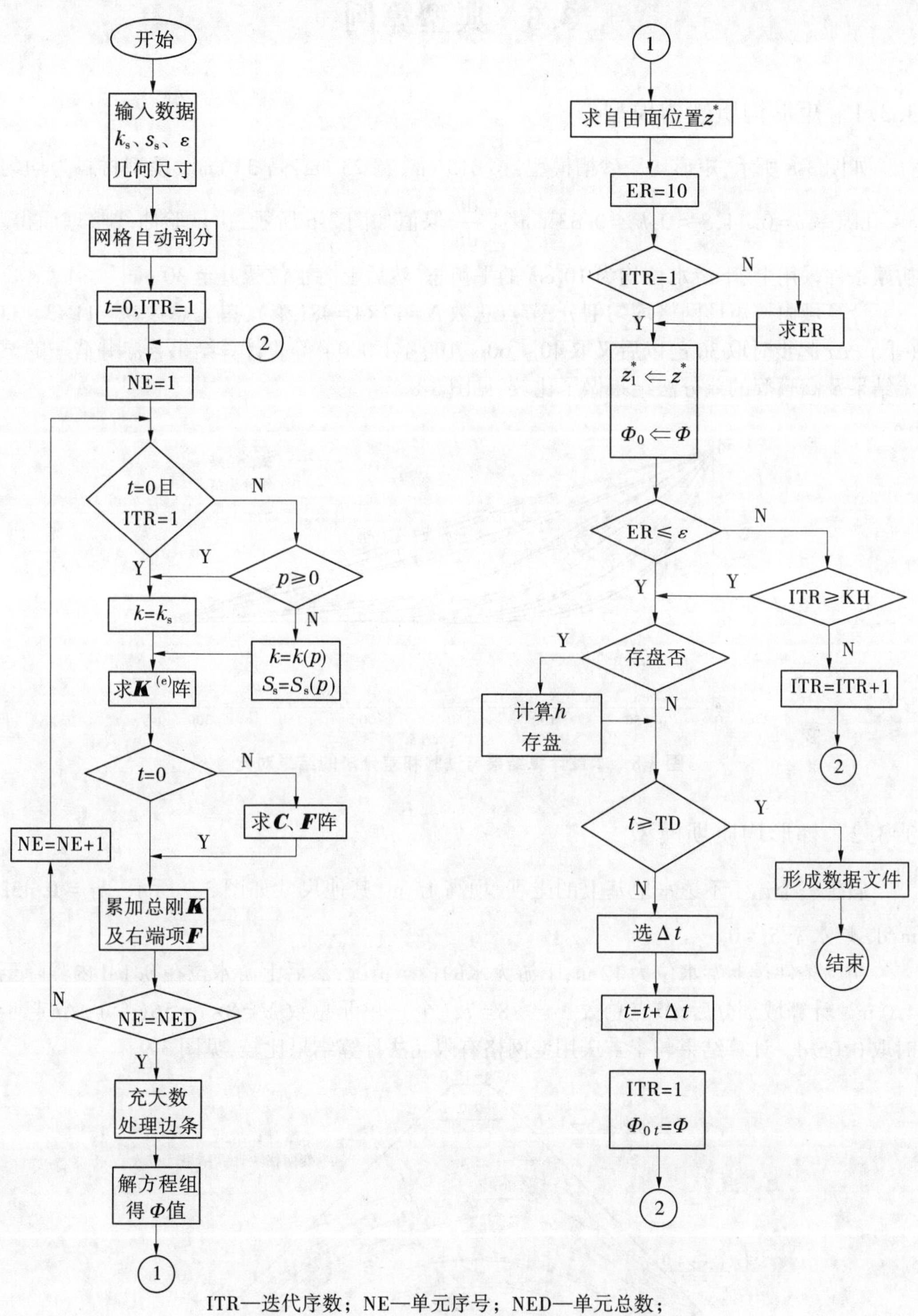

图3-7　二维不稳定渗流分析程序TFSS编制框图

3.3　典型算例

3.3.1　矩形均质砂槽模型

如图 3-8 所示,矩形均质砂槽模型,长 315 cm,宽 23 cm,高 33 cm。模型材料为均匀砂,孔隙率 $n=0.44$,$S_s=0$,$k_s=0.33$ cm/s,$\frac{d\theta}{dh}$ 取值如图 3-6 所示,由试验曲线整理而得。初始条件采用上、下游水位均为 10 cm 的平衡态,然后上游水位骤升至 30 cm。

计算域内按矩形网格均匀剖分,节点总数 $N=12\times4=48$(个),单元总数 $M=11\times3=33$(个)。Δt 起步时取 30 s,以后又取 40 s、60 s、100 s、1 000 s 等。计算结果与赤井浩一的试验结果及高骥等的差分法结果做了比较,见图 3-8。

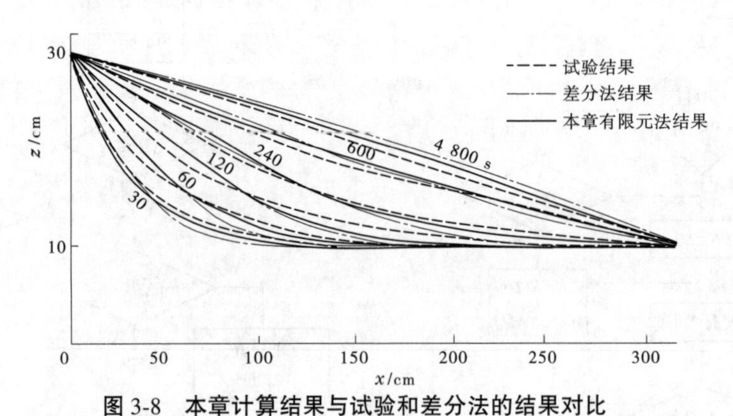

图 3-8　本章计算结果与试验和差分法的结果对比

3.3.2　梯形均质坝模型

假想一个建于不透水地基上的土坝,坝高 15 m,其他尺寸如图 3-9 所示。$k_s=0.432$ m/d,贮水率 $S_s=0$。

初始条件是上游水位为 12 m,下游无水的稳态情况,然后上游水位在 0.1 d 内骤降至 4.0 m。计算域剖分后,节点总数 $N=9\times8=72$(个),单元总数 $M=8\times7=56$(个),Δt 起步时取 0.05 d。计算结果与李吉庆用变网格有限元法计算结果比较,见图 3-9。

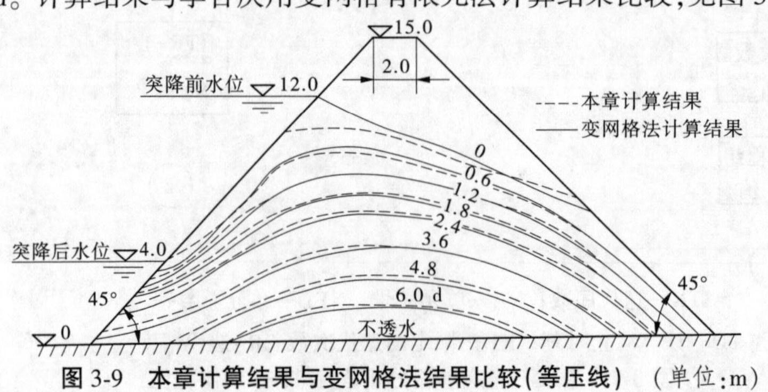

图 3-9　本章计算结果与变网格法结果比较(等压线)　(单位:m)

3.3.3 结果分析

由图3-8、图3-9可看出,上游水位骤升时,自由水面呈凹形曲线。而水位骤降时,等压线呈凸形曲线。水面线的变化趋势都反映出正常的规律性。计算结果与试验值及其他数值解的结果基本上一致,但所用网格较粗。

3.4 小 结

通过对瞬态有自由面渗流问题的分析研究,得到以下结论:

(1)本章提出的不动网格-高斯点有限元法,把延拓的求解域用三类单元表示,对各类单元均按高斯点满足的不等式条件分别计算单元对总刚度矩阵的贡献,为瞬态有自由面渗流问题的求解提供了一个简单实用的方法。

(2)本章的方法很容易推广到各种具有与未知函数相关的变系数及边界不定问题的求解,如三维有自由面的瞬态渗流问题、溢流问题等。

(3)自由边界问题是一类特殊的偏微分方程定解问题,其涉及面很广,有很好的研究前景。这类问题主要源自医学、物理学、化学及生物学等诸多领域。除本章研究的渗流问题外,还有肿瘤生长、美式期权定价、冶金业中金属的融化凝固、水晶的生长、图像处理、伤口愈合、种群迁移等问题都属于自由边界问题。

(4)本章的方法为解决单元内部参数不均问题提供了一个简单实用方法。

参考文献

[1] Bathe K J, Wilson E L. 有限元分析中的数值方法[M]. 林公豫,罗恩泽,译. 北京:科学出版社,1985.

[2] 许协庆. 自由面重力流的一种有限元解法[J],水利学报,1980(1):81-85.

[3] 吕玉麟,李宝元. 非定常非线性自由表面波动的有限差分法[R]. 大连:大连理工大学工程力学研究所,1987.

[4] 高骥,雷光耀,张锁春. 堤坝饱和-非饱和渗流的数值分析[J]. 岩土工程学报,1988,10(6):28-37.

[5] 袁益让,文涛. 两相三维渗流问题的有限元方法[J]. 山东大学学报,1979(3):1-18.

[6] 王元淳. 平面非定常热弹性问题的边界元分析[J]. 上海力学,1988(2):48-54.

[7] 李希,郭尚平. 非牛顿流体两相渗流问题的摄动解[J]. 力学学报,1987,19(4):605-314.

[8] 顾兆勋,许卫新. 二维非定常带自由表面紊流的数值模拟[J]. 水利学报,1988(5):8-15.

[9] Neuman S P. Saturated-unsaturated seepage by finite elements[J]. J. Hydraulic Div., ASCE, 1973, 99(12).

[10] Desai C S. Finite element residual schemes for unconfined flow[J]. Int. J. Numer Methods Eng., 1976, (10):1415-1418.

[11] Baiocchi C, Comincioli V, Guerri L, et al. Free boundary problems in the theory of fluid flow through porous media: Existence and uniqueness theorems[J]. Ann. Mat. Pura Appl., 1973, 97:1-82.

[12] Bathe K J. Finite element free surface seepage analysis without mesh iteration[J]. Int. J. for Numerical Analytical Methods in Geomechanics, 1979(3):13-22.

[13] Westbrook D R. Analysis of inequality and residual flow procedures and an iterative scheme for free surface seepage[J]. Int. J. Num. Meth. Engng. ,1985,21(10):1791-1802.
[14] 李春华. 稳定渗流有限元计算时采用固定网格法的初步研究[C]//第三届全国渗流力学学术讨论会论文集,1986.
[15] 张有天,陈平,王镭. 有自由面渗流分析的初流量法[J]. 水利学报,1988(8):18-26.
[16] 汪自力. 瞬态有自由面渗流问题的有限元分析[D]. 大连:大连理工大学,1989.
[17] 陈万吉,汪自力. 瞬态有自由面渗流分析的不动网格-高斯点有限元法[J]. 大连理工大学学报,1991,31(5):537-543.
[18] 赵振峰. 波动方程时域内的有限元离散及其反问题数值解法[D]. 大连:大连理工大学,1988.
[19] 李吉庆. 渗流作用下的土坡稳定分析[D]. 南京:南京水利科学研究院,1988.
[20] 吴梦喜, 张学勤. 有自由面渗流分析的虚单元法[J]. 水利学报, 1994(8):67-71.
[21] 速宝玉, 沈振中, 赵坚. 用变分不等式理论求解渗流问题的截止负压法[J]. 水利学报, 1996(3):22-29,35.
[22] 王金芝,陈万吉,齐淑华. 求解渗流自由面的有限元混合不动点法[J]. 大连理工大学学报,2007,47(6):793-797.
[23] 唐立民,胡平,夏阳. 有限元法的误区和拟协调元[J]. 中国科学:物理学 力学 天文学,2014(8):838-850.
[24] 李玉立. 美式期权定价的自由边界问题及数值方法[D]. 重庆:重庆大学,2007.
[25] 凌智. 具自由边界的核反应方程解的存在唯一性[J]. 扬州:扬州大学学报(自然科学版),2010,13(4):17-20.
[26] 张群英. 与自由边界有关的若干非线性问题的研究[D]. 扬州:扬州大学,2013.
[27] 林鸿熙,宋丽平,江良. 美式期权自由边界的计算方法[J]. 数学的实践与认识,2014(24):141-145.
[28] 赵景服. 几类反应扩散方程组的自由边界问题[D]. 哈尔滨:哈尔滨工业大学,2015.
[29] 王杰. 具有自由边界的反应扩散方程及其应用[D]. 兰州:兰州大学,2016.
[30] 顾旭旻. 流体力学方程的自由边界及局部正则性[D]. 上海:复旦大学,2016.
[31] 类成霞. 对非均匀环境下带自由边界条件的反应扩散方程的定性研究[D]. 合肥:中国科学技术大学,2017.
[32] 陈巧玲. 时间周期环境中种群模型的自由边界问题[D]. 大连:大连理工大学,2018.
[33] 刘思妤. 生态学和传染病学中的几类自由边界问题[D]. 哈尔滨:哈尔滨工业大学,2021.

第 4 章　饱和-非饱和渗流模型及求解方法

实际工程渗流问题多为饱和-非饱和渗流,因此考虑非饱和区的渗流更接近工程实际。水在非饱和带的运动一般为多相流,即多孔介质的孔隙中不仅有液相的水运动,而且有气相的空气的运动,因而比饱和带水分运动复杂。本章介绍了非饱和渗流参数测试方法,建立了饱和-非饱和渗流模型,给出了有限差分法、伽辽金有限元法的算例。重点介绍了不动网格-高斯点有限元法用于饱和-非饱和渗流的求解方法及研发的二维/三维、稳定/非稳定渗流有限元分析程序,算例证明了该法的可靠性和有效性。

4.1　非饱和渗流参数的测试

4.1.1　试验概述

饱和-非饱和渗流数值分析时,除需要一般饱和渗流计算参数外,还需要非饱和土的渗流参数,即体积含水量 θ、毛细压头 h 和非饱和渗透系数 $k(\theta)$ 三者之间的相互关系,把它们作为输入数据。因而上述参数的测定是研究饱和-非饱和渗流的重要内容。

一般认为,变形量较小的土体,在非饱和水流作用下,孔隙率 n 的时间变化率比饱和度 S_w 的时间变化率要小得多,可舍掉不计。因此,本节在非饱和土的试验研究中亦不考虑土体的变形。

非饱和土渗流参数的试验研究结合黄河大堤渗流动态分析进行,以加速成果的应用和推广。为此,在黄河大堤河南、山东境内五个堤段开挖取散状土开展室内试验研究,并于 1990 年完成。

4.1.2　非饱和土持水曲线的测定

持水曲线(水分特征曲线)的测定,是量测土的一系列含水量及其对应的基质势(或吸力)之间的变化过程。据东平湖水库围坝勘测资料得知,一般堤防土体的体积含水量 $\theta = 0.021 \sim 0.45$。因而有必要测定宽湿度范围内的吸力数据,才能满足计算要求。根据试验条件,应用压力薄膜仪测定土的持水曲线。

4.1.2.1　试验原理和方法

压力薄膜仪由加压系统、压力室和排水系统三部分组成。空气压缩机为加压系统提供气压源,压力室为不锈金属制成的封闭容器(见图 4-1)。

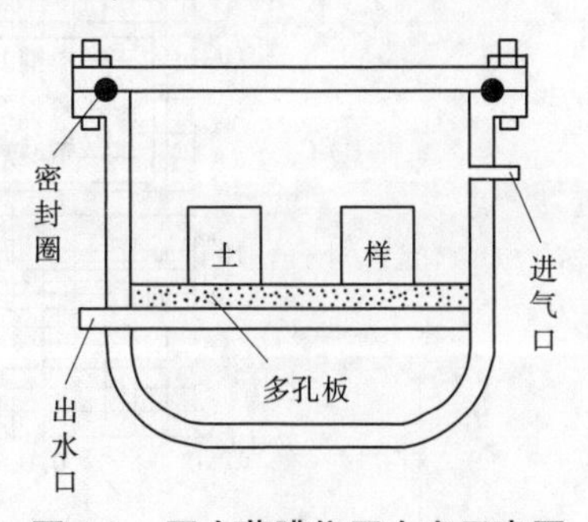

图 4-1　压力薄膜仪压力室示意图

当饱和土样置于压力室的薄膜上并受到一定的压力后,土样通过薄膜与膜下水室的自由水相联系，若压力室内气压增加，膜上土样中的总土水势高于膜下自由水水势时，土样便开始排水，直到膜上的土壤水和膜下的自由水的水势相等为止，此时平衡方程为

$$\psi = \psi_w$$

其中

$$\psi = \psi_m + \psi_p + \psi_s + \psi_g + \psi_T \tag{4-1}$$

$$\psi_w = \psi_{wm} + \psi_{wp} + \psi_{ws} + \psi_{wg} + \psi_{wT} \tag{4-2}$$

式中　ψ ——土壤水总水势；

ψ_w ——仪器中水的总水势；

脚注 m、p、s、g、T——基质势、压力势、溶质势、重力势和温度势。

考虑到土样和膜下自由水的溶质势、温度势和重力势均相等，且膜下自由水的基质势和压力势（基准状态）都为零，因此

$$\psi_m = -\psi_p$$

即土样的基质势等于压力室内压力的负值。在已知土样初始含水量的情况下，由排出的水量可计算出相应的土样含水量。增加压力，重复上述过程，可得到一系列的土壤水吸力和相应的含水量，从而测得脱水曲线。将加压改为减压，排水改成供水，就可以测得吸水曲线。此种试验方法对扰动土或原状土均可适用。

4.1.2.2　试验成果及分析

对五个临黄堤段进行了土的物理性质及持水曲线的试验，试验成果列于表4-1。相同干容重不同土类的持水曲线和不同干容重相同土类的持水曲线分别绘于图4-2、图4-3。

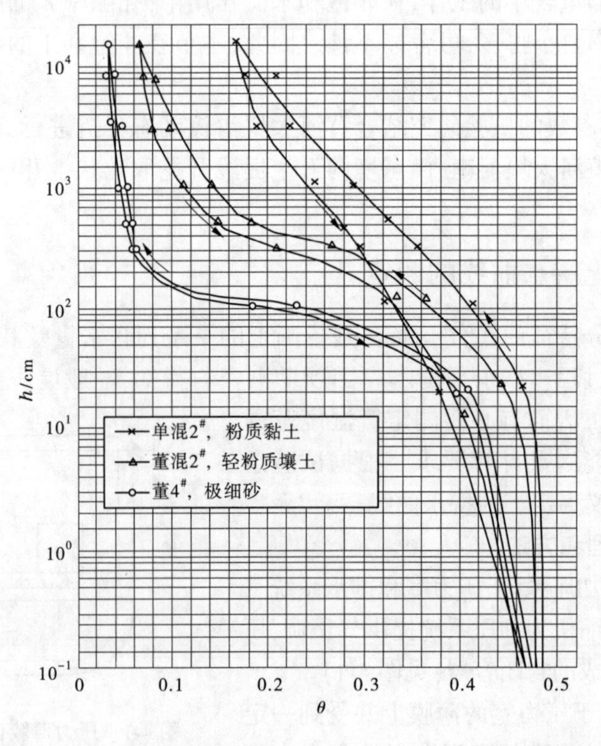

图4-2　不同土类相同干容重（$\gamma_d = 1.40\ g/cm^3$）的持水曲线

表 4-1　各类土质不同干容重的试验成果汇总

土号	堤段及桩号	土样室内定名	黏粒(<0.005 mm)含量/%	干容重 γ_d/(g/cm^3)	不同吸力下的体积含水量 θ(体积比)/%							
					0.5 bar		1.0 bar		3.0 bar		15 bar	
					脱水	吸水	脱水	吸水	脱水	吸水	脱水	吸水
御 3#	御坝 74+650	重粉质壤土	25	1.5	34.55	21.60	26.16	20.51	19.01	16.34	12.21	12.21
董 2#	董寺 79+850	中粉质壤土	17	1.5	26.21	17.51	32.77	15.66	11.70	11.51	8.75	8.75
董 3#	董寺 79+850	轻粉质壤土	12	1.5	32.25	21.80	17.18	14.40	13.55	10.43	8.57	8.57
单 1#	单东 5+000	黏土	47	1.5	41.91	36.80	38.04	34.44	29.78	25.23	22.58	22.58
御 5#	御坝 74+650	粉质黏土	47	1.5	42.80	37.91	41.94	35.34	37.97	30.47	26.66	26.66
董 6#	董寺 79+890	重粉质壤土	21	1.4	28.73	19.63	18.91	13.16	12.12	9.51	7.18	7.18
御混 2#	御坝 74+650	中粉质壤土	18	1.4	26.42	22.11	21.95	19.45	14.67	12.87	9.74	9.74
董混 2#	董寺 79+850	轻粉质壤土	11	1.4	18.12	14.78	14.22	10.93	9.45	7.74	6.37	6.37
单 4#	单东 5+000	轻壤土	11	1.4	16.02	13.78	13.94	9.63	6.38	5.81	5.24	5.24
单混 2#	单东 5+000	粉质黏土	33	1.4	32.34	27.38	29.04	25.24	22.51	18.76	16.66	16.66
花 4#	花园 12+800	黏土	53	1.4	43.19	39.33	39.73	34.80	33.96	28.60	25.98	25.98
花混 2#	花园 12+800	黏土	47	1.4	35.71	32.75	32.19	29.55	24.82	21.52	19.43	19.43
董 4#	董寺 79+850	极细砂	1	1.4	5.71	5.07	5.29	4.48	4.17	3.81	3.30	3.30
洛混 3#	洛口 29+820	重粉质壤土	26	1.3	29.87	23.82	25.14	21.61	17.58	15.11	12.83	12.83
董混 1#	董寺 79+890	轻粉质壤土	11	1.3	19.00	12.94	14.00	10.88	8.92	6.77	5.63	5.63
单 3#	单东 5+000	粉质黏土	48	1.3	39.47	34.92	38.17	33.48	28.60	23.96	20.75	20.75
单混 1#	单东 5+000	砂质黏土	33	1.3	20.90	18.08	17.28	14.51	16.06	12.92	11.71	11.71
花混 1#	花园 12+800	黏土	42	1.3	29.59	23.09	27.18	19.12	17.00	15.12	11.93	11.93

注：1 bar = 100 kPa = 10^3 cmH_2O。

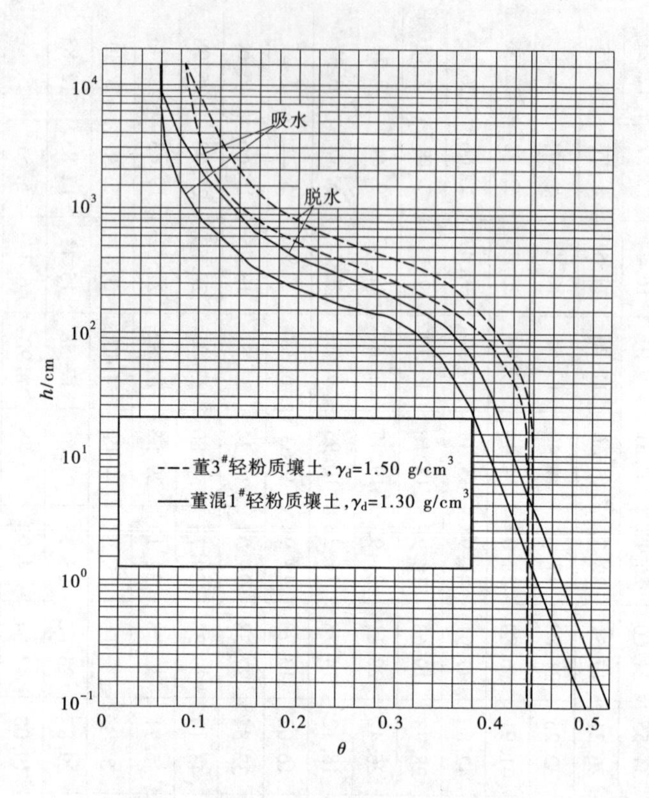

图 4-3　相同土类不同干容重的持水曲线

从图 4-2、图 4-3 也可以看出，土的脱水过程和吸水过程的饱和含水量是不同的，从而说明吸水—脱水的历史情况对 $h(\theta)-\theta$ 线有影响。又从图 4-2 可知，当吸力较大时，砂性土 $h(\theta)-\theta$ 线在左边，黏性土 $h(\theta)-\theta$ 线在右边，壤土 $h(\theta)-\theta$ 线在两者之间。这些关系线表明，在土壤比较干燥的情况下，吸力急剧增加，含水量变化较小。当含水量减小到某一极限时，含水量基本不变。这时的含水量为束缚含水量，其饱和度为束缚饱和度。砂性土的束缚含水量较小，黏性土的束缚含水量较大，且土的黏性愈大，其束缚含水量愈大。这就反映出在同一吸力下，砂性土比黏性土释放出来的水量要多。

由表 4-1 和图 4-3 可知，在相同的吸力下，土体干容重愈大，其持水量就愈大。另外，表 4-1 显示：黏性土的黏粒含量愈多，相应吸力下的含水量就愈大；当黏粒含量接近的两种土类（单混 1#土、洛混 3#土），相应吸力下的含水量，含砂粒的黏性土比不含砂粒的黏性土小；干容重小、黏粒含量大与干容重大、黏粒含量小的两类土（花 4#土、单 1#土），相应吸力下的含水量，前者大于后者。由此说明，土的颗粒组成对持水曲线有重要影响。

上述持水曲线测试资料表明，脱水过程与吸水过程的持水曲线不同，即吸力与含水量之间不是单值函数，出现了滞后现象。产生滞后现象的原因很复杂，主要有两种解释：一是雨点效应，即土孔隙在吸水或脱水时产生不同的接触角，孔隙吸水时弯液面的曲率半径比孔隙脱水时要小，因此在同一含水量下，吸水过程的吸力比脱水过程的吸力要小；二是瓶颈效应,由于土孔隙的不规则性,且孔隙断面变化急剧,存在许多瓶颈形孔隙空间。因此,孔隙吸水与脱水时土水势不同,形成了土壤水的滞后现象。

4.1.3　非饱和土渗透系数的测定

4.1.3.1　测试方法概述

1. 国内外研究进展

M. Klute 提出了稳态试验测量非饱和渗透系数的方法,他在试验过程中,利用马氏瓶提供常水头,从土样上端通水,然后通过逐级增加孔隙气压来增加土体内部的吸力,驱赶孔隙水从陶土板排出,最后由量筒测量出土体孔隙水的排出体积。随后,众多学者在此基础上发展并改进了轴平移技术。陈正汉等自主研制了非饱和土渗透仪,采用 γ 透视法测量土体孔隙水的扩散度,并分析了离心机法、张力仪法、传感器法和轴平移技术分别测量土体基质吸力的利弊,这为非饱和渗透系数的测量提供了非常宝贵的经验。

刘奉银等研制出了非饱和水-气运动联合测试仪,该仪器可以测量在不同含水量或不同基质吸力下土体的渗气系数或渗水系数。该仪器的工作方式是:先测量渗气系数,然后用渗气系数的稳定状态来推算出渗水稳定的时间,在特征曲线上利用不同含水量对应的基质吸力计算出渗水系数,并用该仪器针对非饱和黄土做了大量的试验,这为非饱和渗透系数的研究提供了很多有价值的试验数据。邵龙潭等基于非饱和土理论研发出了特征曲线和渗透系数联合测量仪,利用水压力发生器来控制土体的进水量和水压的施加值,同时通过施加气压的方法来驱赶土体孔隙水的排出,结合达西定律计算出非饱和渗透系数的瞬态值。该仪器的工作原理比较清晰,操作方便,能在有效缩短试验时间的同时提高渗透系数测量的精度。此外,Huang 等、Samingan 等和徐永福等进一步发展了三轴渗透仪。

渗透仪的发展为非饱和渗透系数的研究提供了强有力的试验条件。测量饱和土渗透系数的试验一般可分为常水头试验和变水头试验两种。常水头试验在试验过程中需要保持水头为常值,这种试验方法主要适用于测量渗透系数较大的砂性土;而变水头试验在试验过程中,水头差一直随着时间的变化而变化,即水势为变值,这种试验方法也称为瞬态测量方法,适用于测量渗透系数较小的黏性土。

非饱和渗透系数的测量有很多种方法,如水平入渗法、瞬态剖面法和溢出法等。水平入渗法是指在保持常水头的条件下让水从水平放置的土柱一端进入土体,使土体的含水量逐步增加,直至饱和。然后分析水平土柱在不同时刻下含水量的分布,结合试验的初始条件和边界条件,确定水力扩散系数,进而求出渗透系数。瞬态剖面法是指在土柱的一端施加水头并控制水的流量,使土柱的含水量逐步增加,并在沿土柱长度的方向上安装一系列的张力计或湿度计,通过得出整个土柱的含水量和吸力分布情况来确定水力梯度,最后根据达西定律求出渗透系数。

溢出法是室内测量非饱和渗透系数常用的一种瞬态试验方法,由 P. W. Gardner 在压力板仪试验的基础上发展而来。具体做法是:将土样置于压力板仪器中,通过增加孔隙气压来施加基质吸力,监测在每步吸力增量下孔隙水的排出速率与排出总量,由此计算出水力扩散系数,从而求出在施加每一级吸力增量过程中的非饱和渗透系数。

溢出法可以在控制基质吸力的同时又能测量出土水特性曲线和渗透系数,但当试验的时间比较长时,陶土板会产生气泡并集聚在陶土板底部,影响试验测量的精度。因此,国内外学者对溢出法试验所使用的仪器进行改进和完善。Parker 等利用土体孔隙水的累计排出水量反演推算出土水特性曲线和非饱和渗透系数的 van Genuchten 模型参数,进而预测出非饱和渗透系数。Benson 和 Gribb 也曾对各种溢出法测量非饱和渗透系数的利弊进行详细的讨论和分析。目前,溢出法已成为测量或估算非饱和渗透系数最广泛的方法之一。

韦昌富等引进了非饱和土水力参数联合测试系统,开发了一步溢出法和多步溢出法,土水特征曲线及非饱和渗透系数都可以被快速测量出来。其中,一步溢出法通过 HYDRUS-1D 水分运移模型拟合土体的一步脱湿溢出试验,得出排出水量与时间的关系曲线,预测出土水特征曲线和渗透系数。而多步溢出法是基于土水特征曲线和含水量变化曲线得出非饱和土的水力参数。邵龙潭等基于多步溢出法提出了一种直接测量瞬态渗透系数的方法,把一部分气压增量作为水力梯度增量,从而克服渗透阻力,驱赶土体孔隙水的排出,通过分析对比土水特征曲线和瞬态含水量曲线之间的关系,结合达西定律求出瞬态渗透系数。

此外,Leong 和 Rahardjo 总结了非饱和渗透系数测量中存在的一些问题:①试验耗时费力;②由于土体孔隙水的蒸发或气体的扩散,很难准确测量孔隙水的体积变化值;③在施加的基质吸力下,土样含水量很难被确定是否已经达到稳定平衡状态;④在高基质吸力下,土样可能发生了体积收缩并脱离环刀内壁。

为了提高非饱和渗透系数的测量精度,国内外学者开展了对土体水分蒸发机理的研究。H. Thornthwaite 第一次引进潜在蒸发量这个词来预测水分蒸发。当土体饱和或接近饱和时,实际蒸发率近似等于潜在蒸发率;而对非饱和土来说,当含水量越低时蒸发速率就越小。此外,Gray 用 Dalton-type 方程计算出了水分蒸发率;Wilson 等用达西定律和菲克定律建立了描述土体水和水蒸气流动的土壤-大气模型。Song 等监测了大气参数(风速、气温和相对湿度)和土壤参数(体积含水量、温度、土体吸力和干燥时产生的裂缝)对水分蒸发的影响。从这些研究中可以看出,非饱和土孔隙水的蒸发量很难直接被测量出来。

综上所述,非饱和渗透系数的测量耗时费力,孔隙水在试验期间可能从土体表面发生蒸发,而水分蒸发的损失将会直接影响渗透系数测量的精度。目前,已经有非饱和土孔隙水蒸发的试验研究,为解决孔隙水蒸发对非饱和渗透系数测量影响的定量分析问题,温天德改进了渗透仪:①防止土体孔隙水在压力室内发生蒸发,增加对照皿,实时监测盛水皿中的水分蒸发并进行水分补偿,同时分析了水分蒸发对非饱和渗透系数测量的影响;②基于土水特性曲线和瞬态含水量曲线,提出了一种直接测量非饱和渗透系数的方法;③基于非饱和土的孔隙水平衡微分方程,推导出了非饱和渗透系数的预测公式。该公式只有一个参数,这个参数可以通过饱和渗透系数与孔隙率之间的关系曲线求出。

2. 本章所用测试方法

20 世纪 80 年代末,一般认为直接测定非饱和土的渗透性容易产生误差,且当时负压计只能测到 0.8 bar 吸力;而当黏性土含水量比较小时,吸力一般在 1 bar 以上,这就给直接测定黏性土 $k(\theta)$ 带来一定的困难。

限于 20 世纪 80 年代的测试水平,本节研究除采用瞬时剖面法直接测定 $k(\theta)$ 外,还采用间接法确定 $k(\theta)$,即由土的持水曲线和扩散率计算 $k(\theta)$ 。

4.1.3.2　瞬时剖面法测定非饱和渗透系数

瞬时剖面法是在垂直一维土柱内做上渗试验,用负压计量测土柱的吸力分布,并用取样法测含水量分布,然后计算求得非饱和渗透系数 $k(\theta)$ 。

1. 试验原理和装置

对非饱和垂直一维流动,当 z 坐标向上为正时,由达西定律不难导出 $k(\theta)$ 计算式,即

$$v = -k\frac{\partial H}{\partial z} = -k\frac{\partial (h+z)}{\partial z} = -k\left(\frac{\partial h}{\partial z}+1\right)$$

$$k = -\frac{v}{\dfrac{\partial h}{\partial z}+1} \tag{4-3}$$

同样,对一维非饱和流动,由连续方程可得到

$$\frac{\partial \theta}{\partial t} = -\frac{\partial v}{\partial z} \tag{4-4}$$

对式(4-4)积分,积分限由土柱底部 z_0 断面至土柱任一高度 z 断面,于是得

$$v_z = v_0 - \int_{z_0}^{z}\frac{\partial \theta}{\partial t}\mathrm{d}z \tag{4-5}$$

将式(4-5)代入式(4-3)得

$$k_z = -\frac{v_0 - \int_{z_0}^{z}\dfrac{\partial \theta}{\partial t}\mathrm{d}z}{\dfrac{\partial h}{\partial z}+1} \tag{4-6}$$

式中　$\dfrac{\partial h}{\partial z}$——断面上的吸力梯度(h 为负值);

v_z——z 处在 Δt 时段内的平均渗透流速(平均通量);

v_0——Δt 内土柱底部断面的平均渗透流速,可用 Δt 内的试验供水量求得,而 $\int_{z_0}^{z}\dfrac{\partial \theta}{\partial t}\mathrm{d}z$ 可从 t_1 和 t_2 土柱含水量分布用图解积分求得。

依此类推,取一系列的 z 断面,便可得出 $\theta - k(\theta)$ 关系线。

试验装置为长约 80 cm 的有机玻璃筒,其上打穿有小孔,负压计由孔内插入土柱内。

马氏供水装置，保持常水头，并测出供给水量。负压计有两种：一是张力计；二是通过压力传感器直接显示被测负压的DPM数字压力仪，整个装置见图4-4。试验时测初始含水量，并把风干土样按要求的干容重装入筒内，隔一定距离装上负压计，放水试验后记录各时刻的湿润锋距离、供水量和负压计的读数。试验终了时测出土柱的含水量分布，然后对试验成果进行整理计算。

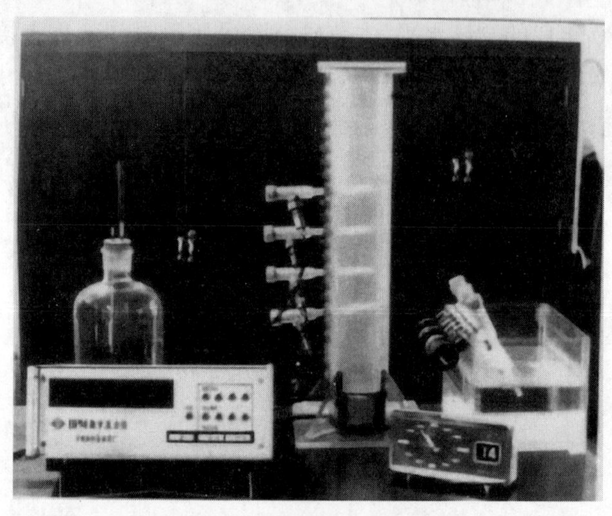

图4-4　瞬时剖面法试验装置

2. 试验成果

按上述原理和装置，对黄河堤防的散状土料进行了试验研究。各组试验的基本数据见表4-2。将 $\theta-k(\theta)$ 和 $k-S_w$ 的关系点绘在双对数纸上，如图4-5～图4-8所示。从图中可以看出，各组试验的 $\lg k-\lg\theta$ 和 $\lg k-\lg S_w$ 的关系基本上是直线关系。而且所测到的 k 值都是含水量较大时的，在湿润锋附近低含水量的 k 值没有测到。因为低含水量断面的吸力很大，通量和吸力都不易测到。因此，这种试验方法存在较大的局限性。

表4-2　各组试验基本数据汇总

试验组次	试样		塑性指数	干容重/(g/cm³)	孔隙率
	土号	室内定名			
No. 郓15	郓15#	细砂		1.50	0.442
No. 董4	董4#	极细砂		1.40	0.472
No. 董混1	董混1#	轻粉质壤土	8.8	1.30	0.517
No. 洛混2	洛混2#	中粉质壤土	14.7	1.50	0.442
No. 洛混3	洛混3#	重粉质壤土	12.5	1.30	0.520
No. 花1	花1#	中粉质壤土	9.9	1.50	0.444
No. 花2	花2#	粉质黏土	16.7	1.40	0.485

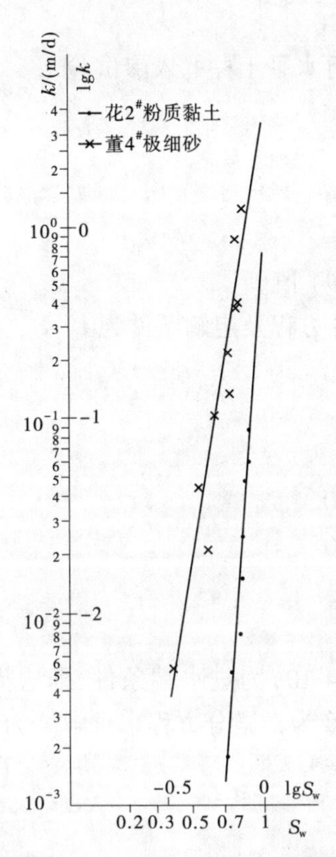

图 4-5　花 2#、董 4# $\lg k-\lg S_w$ 关系线

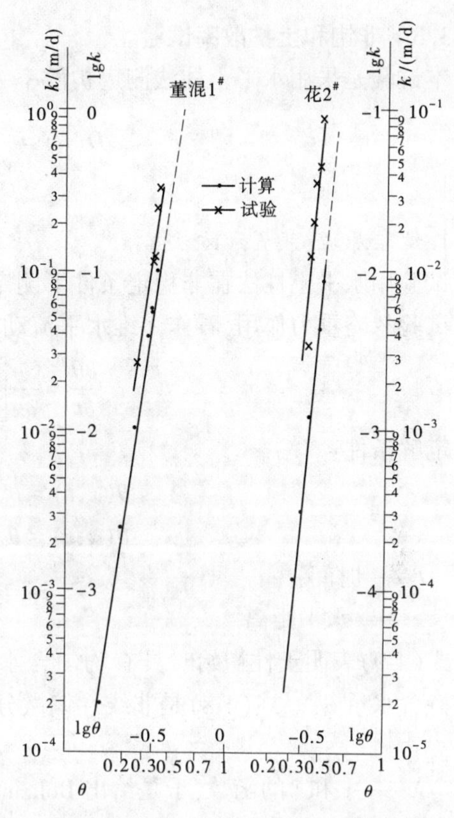

图 4-6　董混 1#、花 2# $\lg k-\lg\theta$ 关系线

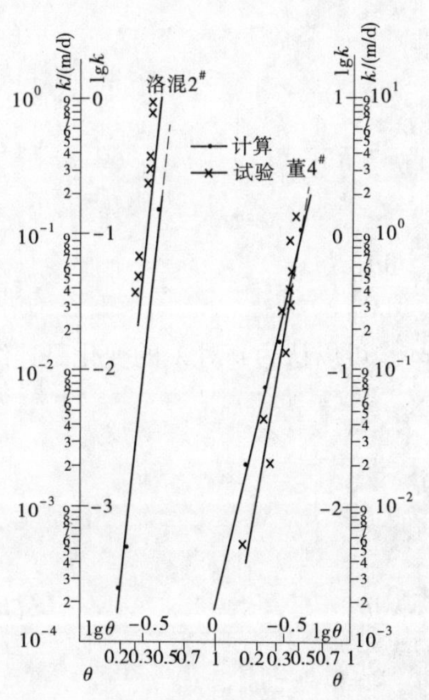

图 4-7　洛混 2#、董 4# $\lg k-\lg\theta$ 关系线

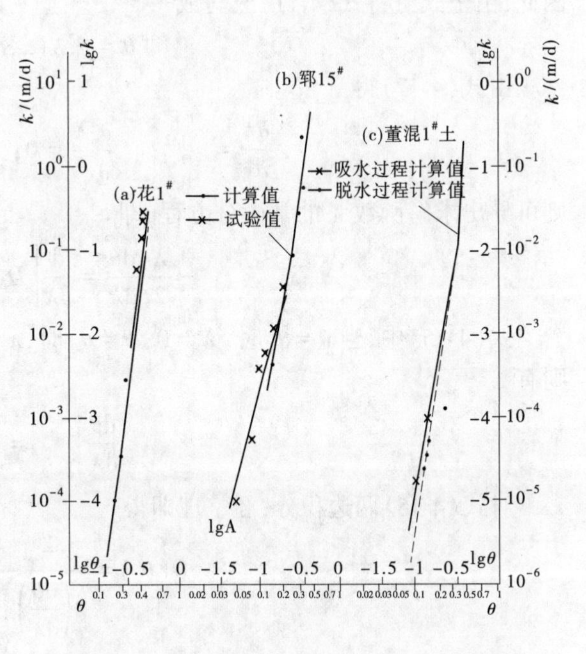

图 4-8　花 1#、郓 15#、董混 1# $\lg k-\lg\theta$ 关系线

4.1.3.3 非饱和土扩散率试验

本试验是采用水平土柱法测定扩散率 $D(\theta)$，即进行水平土柱的入渗试验。

$$D(\theta)=\frac{k(\theta)}{c(\theta)}=\frac{k(\theta)}{\dfrac{\mathrm{d}\theta}{\mathrm{d}h}} \tag{4-7}$$

1. 试验原理、装置和方法

试验用水平土柱法在非稳定条件下测定扩散率 $D(\theta)$ 值。

试验忽略重力作用，看作一维水平流动问题，其微分方程及定解条件为

$$\frac{\partial\theta}{\partial t}=\frac{\partial}{\partial x}\left[D(\theta)\frac{\partial\theta}{\partial x}\right] \tag{4-8}$$

定解条件：

$$\theta(x,t)=\theta_0,x>0,t=0 \tag{4-9}$$

$$\theta(x,t)=\theta_s,x=0,t>0 \tag{4-10}$$

式中 t——时间；

x——水平距离。

式(4-9)表明土柱初始时具有均匀含水量 θ_0。式(4-10)为进水端条件，即边界上始终保持含水量 θ_s。式(4-8)是非线性偏微分方式，需转换为常微分方程来求解。为此，令

$$\theta=f(\lambda) \tag{4-11}$$

式中 λ——x 和 t 的函数，于是给出 Boltzmann 变换

$$\lambda=xt^{-1/2} \tag{4-12}$$

因此，由上式可将式(4-11)改写成

$$\theta=f[\lambda(x,t)] \tag{4-13}$$

由式(4-12)得

$$\frac{\partial\lambda}{\partial x}=t^{-1/2};\quad \frac{\partial^2\lambda}{\partial x^2}=0;\quad \frac{\partial\lambda}{\partial t}=-\frac{1}{2}\frac{\lambda}{t} \tag{4-14}$$

则可导出求解函数 λ 的常微分方程，即

$$-\frac{\lambda}{2}\frac{\mathrm{d}\theta}{\mathrm{d}\lambda}=\frac{\mathrm{d}}{\mathrm{d}\lambda}\left[D(\theta)\frac{\mathrm{d}\theta}{\mathrm{d}\lambda}\right] \tag{4-15}$$

式(4-15)中，当 $\theta=\theta_s$ 时，$\lambda=0$；$\theta=\theta_0$ 时，$\lambda=\infty$。可以认为 θ 对 λ 的变化是连续的，则有

$$\left.\frac{\mathrm{d}\theta}{\mathrm{d}\lambda}\right|_{\theta=\theta_0}=0$$

对式(4-15)两边积分，经整理即得

$$D(\theta_x)=\frac{-1}{2\left(\dfrac{\mathrm{d}\theta}{\mathrm{d}\lambda}\right)_{\theta_x}}\int_{\theta_0}^{\theta_x}\lambda\,\mathrm{d}\theta \tag{4-16}$$

整个试验装置如图 4-9 所示。试样为过 1~2 mm 筛的风干土料，做成厚度较小的长方形水平土柱，密实度均一且有均匀的初始含水量；进水端有固定的边界含水量，使水分

在长方形土柱中作水平入渗。通过测土柱中的 θ 和用式(4-12)计算的 λ 值,作出 $\theta-\lambda$ 关系曲线。由式(4-16)可知,对某一含水量 θ_x,用图解积分或数值积分可求出 $\int_{\theta_0}^{\theta_x}\lambda\,\mathrm{d}\theta$,又从 $\theta-\lambda$ 曲线上求出相应于 θ_x 的 $\mathrm{d}\theta/\mathrm{d}\lambda$ 值,于是 $D(\theta_x)$ 即可计算出来。按以上步骤取一系列的 θ 值,可得出 $D-\theta$ 关系曲线。

图 4-9　扩散率试验装置

如图 4-9 所示,水平土柱的试验装置是有机玻璃水平槽,槽宽 20 cm,高 10 cm,总长 100 cm,分三段:水室段长 10 cm,滤层段长 10 cm,装填反滤料并用金属网或多孔透水板与土柱相隔;试验段长 80 cm。按试验要求装填成长方形水平土柱。试验过程中用马里奥特瓶装置控制与土柱同高的水头并自动供水。试验结束时,记录试验时间,并测量土柱含水量随水平距离的变化,用烘干法测定含水量。

2. 试验成果及分析

按上述方法及装置对黄河典型堤段的黏性土及砂性土,进行了 14 组试验。试验情况及基本数据列于表 4-3。

根据试验测得的含水量分布资料,绘制 $\theta-\lambda$ 关系曲线,然后用式(4-16)计算出 $D(\theta)$ 值。计算得 $D-\theta$ 关系绘于图 4-10、图 4-11。由图 4-10 可知,在干容重相同情况下,土质越黏湿润锋移动的速度越小,扩散率也就小。因此,黏土、粉质黏土的 $D-\theta$ 线在下面,粉质壤土的 $D-\theta$ 线在中间,而极细砂的 $D-\theta$ 线在上面。

由图 4-11 可看出不同干容重对扩散率的影响。在 θ 值相同时,同为粉质黏土的 Y–19、Y–30,干容重愈大,D 值愈小。但是,含砂粒的黏性土(Y–31)虽然干容重比不含砂粒的黏性土(Y–30)大,但前者的 D 值仍大于后者,说明砂粒含量也是重要的影响因素。

一般认为,非饱和土 k 和 θ 的关系,受滞后作用的影响较小,但 h 和 θ 的关系则受滞后影响。而 $c(\theta)=\mathrm{d}\theta/\mathrm{d}h$,即持水曲线上 θ 处曲线的斜率,因此 D 和 θ 的关系是存在滞后影响的,即吸水过程和脱水过程有不同的 $D(\theta)$ 值。本次试验是对风干土吸水过程进行测定的扩散率。

另外,在不同温度下,做了 6 组扩散率试验,试验成果如表 4-4 所示。从表 4-4 中可知,不同温度所产生的差值比为−0.67~4.00,总体看温度高时扩散率也大。根据常规的饱和渗透试验可能产生的试验误差来看,温度对扩散率试验的影响一般可忽略不计。

表 4-3　各组试验基本数据汇总

试验组次	试样		塑性指数	干容重/(g/cm³)	孔隙率	初始体积含水量 θ_0	试验时间/min	湿润锋前进距离/cm
	土号	室内定名						
D-4	郓 15#	细砂		1.50	0.442	0.058	62	47.5
Y-5	花 2#	粉质黏土	16.7	1.40	0.485	0.047	2 714	41.0
Y-14	御混 2#	中粉质壤土	10.5	1.40	0.483	0.044	725	43.0
Y-17	董混 2#	轻粉质壤土	8.0	1.40	0.478	0.019	358	42.5
Y-18	洛混 3#	重粉质壤土	12.5	1.30	0.520	0.037	885	31.3
Y-19	单 1#	粉质黏土	24.7	1.50	0.453	0.063	1 249	22.5
Y-20	董混 1#	轻粉质壤土	8.8	1.30	0.517	0.020	358	53.3
Y-22	董 4#	极细砂		1.40	0.472	0.015	84	48.0
Y-25	洛混 1#	重粉质壤土	9.5	1.40	0.482	0.032	610	42.5
Y-26	花 4#	黏土	28.5	1.40	0.487	0.039	3 410	36.5
Y-27	洛混 2#	中粉质壤土	14.7	1.50	0.442	0.029	514	51.0
Y-29	单 4#	轻壤土	15.4	1.40	0.482	0.011	186	42.5
Y-30	单 3#	粉质黏土	21.5	1.30	0.526	0.033	1 990	47.3
Y-31	单混 1#	砂质黏土	14.5	1.37	0.500	0.020	603	53.9

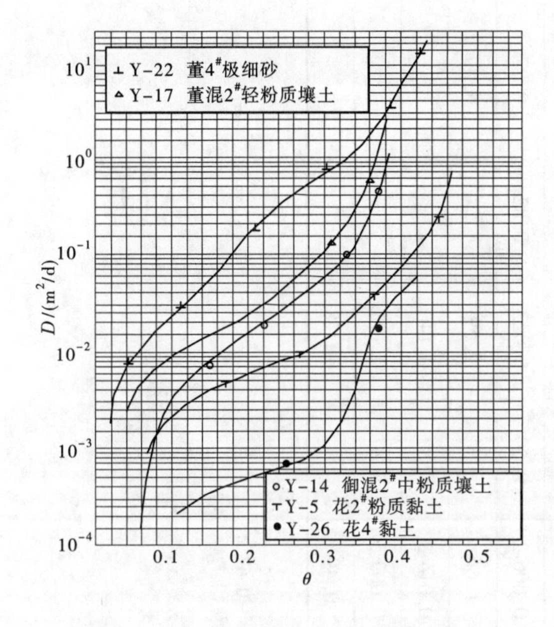

图 4-10　不同类土的 $D-\theta$ 关系曲线

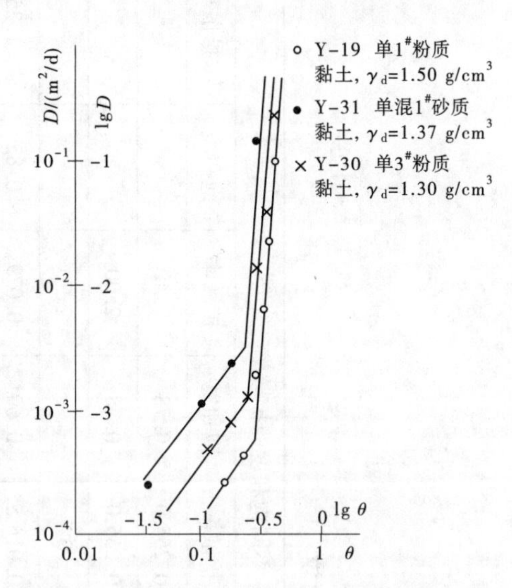

图 4-11　不同干容重土的 $\lg D-\lg\theta$ 关系曲线

4.1.3.4　**由持水曲线和扩散率计算 $k(\theta)$**

如果土的持水曲线 h-θ 和扩散率 $D(\theta)$ 已经测出，则可由式(4-7)计算 $k(\theta)$ 值，即

$$k(\theta)=c(\theta)D(\theta) \tag{4-17}$$

具体做法是，将散状土进行相同干容重下的持水曲线及扩散率试验。由于 $D(\theta)$ 是吸水过程的扩散率，因此按吸水过程的持水曲线求出 $c(\theta)$ 值。然后由式(4-17)便可算出 $k(\theta)$ 值。按上述方法计算出几种不同土类的 $k-\theta$ 关系，并将计算结果绘于图 4-6~图 4-8。从图中可以看出，计算得来的 $\lg k-\lg\theta$ 关系线，与瞬时剖面法试验得到的关系线非常接近。此外，图 4-8 中的郓 15# 土 $\lg k-\lg\theta$ 关系线，与图 4-11 中 $\lg D-\lg\theta$ 关系线相类似，均为由二段直线组成的一条折线。当含水量 θ 小于某一值时，$\lg k-\lg\theta$ 线为一条较缓的直线；而含水量 θ 大于某一值时，则为一较陡的直线。又从图 4-8 中董混 1# 土可以看出，由持水曲线的脱水过程和吸水过程所计算出的 $\lg k-\lg\theta$ 关系线很接近，说明可持水曲线两个过程对 $k(\theta)$ 值影响甚小。

总之，图 4-6~图 4-8 均显示出，用式(4-17)计算所得 $\lg k-\lg\theta$ 关系线是符合非饱和土渗流规律的，即随着含水量 θ 值的减小，k 值迅速降低。为了进一步说明其变化规律，利用计算的 $\lg k-\lg\theta$ 线外延到高含水量，以推求饱和时渗透系数值 k_s^1，与按《土工试验规程》(SL 237—1999)测定的渗透系数值 k_s^2 进行比较，如表 4-5 所示。表中 k_s^1/k_s^2 的比值表明，两者的倍比为 1.0~11.9。经分析，其原因主要是 θ 趋近于 n 时，$\lg k\sim\lg\theta$ 不再是直线，而是斜率逐渐递减的曲线。所以，延长直线定出的 k_s^1 大于实测的 k_s^2，宜以试验结果为准。

表 4-4 不同温度下扩散率试验值比较

试验组次	土号	土名	试验温度/℃	不同饱和度的扩散率							
				饱和度	扩散率	饱和度	扩散率	饱和度	扩散率	饱和度	扩散率
No. D-6	孙口 15#	粉砂	29.5	0.33	0.009 2	0.62	0.255 0	0.78	7.40		
No. D-9	孙口 15#	粉砂	15.0	0.33	0.028 0	0.62	0.255 0	0.78	2.00		
差值比					-0.67		0		2.70		
No. Y-11	御混 2#	中粉质壤土	26.0	0.18	0.008 8	0.30	0.016 5	0.60	0.079	0.82	1.35
No. Y-19-14	御混 2#	中粉质壤土	12.5	0.18	0.003 4	0.30	0.006 2	0.60	0.022	0.82	0.27
差值比					1.59		1.66		2.59		4.00
No. Y-9	单混 2#	粉质黏土	26.0	0.34	0.003 1	0.58	0.014 2	0.87	0.140		
No. Y-16	单混 2#	粉质黏土	16.5	0.34	0.001 5	0.58	0.009 5	0.87	0.195		
差值比					1.07		0.49		-0.28		

注:1. 干容重均为 1.40 g/cm^3;扩散率(D_1、D_2)单位是 m^2/d。

2. 若 D_1=0.009 2 m^2/d,D_2=0.028 0 m^2/d,则差值比=(D_1-D_2)/D_2=(0.009 2-0.028 0)/0.028 0=-0.67。

表 4-5　计算与试验饱和渗透系数比较

土号	室内定名	k_s^1/(m/d)	k_s^2/(m/d)	k_s^1/k_s^2	备注
董 4#	极细砂	1.90	0.38	5.0	
郓 15#	细砂	4.80	0.57	8.4	k_s^1 由式(4-17)计算得到；k_s^2 按《土工试验规程》(SL 237—1999)测定
洛混 2#	中粉质壤土	0.64	0.07	9.1	
花 1#	中粉质壤土	0.21	0.06	3.5	
花 2#	粉质黏土	0.07	0.07	1.0	
董混 1#	轻粉质壤土	0.95	0.08	11.9	

如前所述，非饱和土持水曲线和扩散率均存在滞后现象。然而用式(4-17)计算时，$c(\theta)$ 值是从吸水过程持水曲线求得的，而 $D(\theta)$ 值也是吸水过程中测定的。根据图 4-6～图 4-8 中计算和试验的 $\lg k - \lg\theta$ 关系线比较，以及表 4-5 中计算与试验求出的饱和渗透系数比较可以看出，按吸水过程确定非饱和渗透系数是能满足渗流分析要求的。

4.1.4　小结

(1)非饱和土力学在理论上有很大的发展，已经取得了很多公认的成果，但非饱和土的模型参数测量周期长，它的处理与分析方法比饱和土复杂，导致非饱和土力学的应用落后于理论的研究。

(2)由于土体孔隙水的变化容易引起土体性质的改变，非饱和土存在很多不确定性和可预测性较差等问题。气候变化使土体处于干燥或润湿状态，在蒸发干燥过程中，随着土体含水量的变小，孔隙水压力随之变小，基质吸力却随之增加。在降雨湿润过程中，孔隙水压力随着土体含水量的增加而增加，而基质吸力随之减小。土体含水量或基质吸力的变化使得土体性质和力学行为发生变化，从而导致一些自然灾害的发生或施工问题的产生。

(3)近年来，国内外对非饱和土渗透系数的测试研究得较多，并取得了一些成果，可用于实际工程的渗流分析。

4.2　饱和-非饱和渗流数学模型

4.2.1　运动方程

达西定律可推广用于非饱和流动，但此时的渗透系数 k 不再是常数，而是含水率 θ(或吸力 h)的函数，可记作

$$k = k(\theta) = k(h) = k_r(h)k_s$$

这是由于含水率减小时，一部分空隙被空气充填，导致过水断面减小，渗流途径的弯曲度增加，因而渗透系数也相应地减小。$k_r(h)$ 为相对非饱和渗透系数，即为非饱和渗透

系数与饱和渗透系数 k_s 之比。

一般来说,非饱和带中的水和空气是两种不相混溶的流体,在孔隙中同时发生流动。此时,水为湿润相,空气为非湿润相。一般情况下,可假定空气处于静止状态,只计算水的运动,则可写出水的运动方程为

$$v_i = -k_i(\theta)\frac{\partial H}{\partial x_i} \tag{4-18}$$

式中 v_i——达西流速。

4.2.2 连续性方程

根据质量守恒原理可以得到非饱和流动的连续性方程。在空间上取一个确定的体积,其形状是任意的,但一经取定以后,这个体积的形状和位置在整个时间过程中则保持不变,这样一个体积称为控制体。控制体的表面为闭合曲面,称为控制面。控制体内流体的数量和性质可以随时间变化。现在来研究一个控制体内流体的质量守恒。显然,在 Δt 时间内,通过控制面进入控制体的净流入质量加上控制体内源汇项所产生(或吸收)的质量,应等于该期间控制体内的质量变化。因而有

$$\frac{\partial}{\partial x}(\rho v_x) + \frac{\partial}{\partial y}(\rho v_y) + \frac{\partial}{\partial z}(\rho v_z) + \frac{\partial(\rho\theta)}{\partial t} = W \tag{4-19}$$

式中 ρ——水的密度;

v_i——达西流速;

θ——含水率,$\theta = nS_w$,n 为孔隙率,S_w 为饱和度;

W——单位时间内由源(或汇)产生(或吸收)的质量,如果控制体内没有源和汇,且不考虑流体的压缩性,则可得非饱和流动的连续性方程为

$$\frac{\partial}{\partial x}(v_x) + \frac{\partial}{\partial y}(v_y) + \frac{\partial}{\partial z}(v_z) = -\frac{\partial\theta}{\partial t} \tag{4-20}$$

4.2.3 基本微分方程

将运动方程式(4-18)代入连续性方程式(4-20)可得

$$\frac{\partial}{\partial x}(k_x\frac{\partial H}{\partial x}) + \frac{\partial}{\partial y}(k_y\frac{\partial H}{\partial y}) + \frac{\partial}{\partial z}(k_z\frac{\partial H}{\partial z}) = \frac{\partial\theta}{\partial t} \tag{4-21}$$

又

$$\frac{\partial\theta}{\partial t} = \frac{\partial(nS_w)}{\partial t} = n\frac{\partial S_w}{\partial t} + S_w\frac{\partial n}{\partial t} = n\frac{\partial S_w}{\partial t} + S_w\frac{\partial n}{\partial h}\frac{\partial h}{\partial t}$$

$$= n\frac{\partial S_w}{\partial h}\frac{\partial h}{\partial t} + S_wS_s\frac{\partial h}{\partial t} = (c(h) + S_wS_s)\frac{\partial h}{\partial t} = (\frac{d\theta}{dh} + S_wS_s)\frac{\partial H}{\partial t} \tag{4-22}$$

通常可取 $S_s = 0$,则式(4-21)可改写为

$$\frac{\partial}{\partial x}(k_x\frac{\partial H}{\partial x}) + \frac{\partial}{\partial y}(k_y\frac{\partial H}{\partial y}) + \frac{\partial}{\partial z}(k_z\frac{\partial H}{\partial z}) = c(h)\frac{\partial H}{\partial t} \tag{4-23}$$

显然对稳定渗流为

$$\frac{\partial}{\partial x}\left(k_x \frac{\partial H}{\partial x}\right) + \frac{\partial}{\partial y}\left(k_y \frac{\partial H}{\partial y}\right) + \frac{\partial}{\partial z}\left(k_z \frac{\partial H}{\partial z}\right) = 0 \tag{4-24}$$

4.2.4　定解条件

以三维问题为例,如图 4-12 所示。

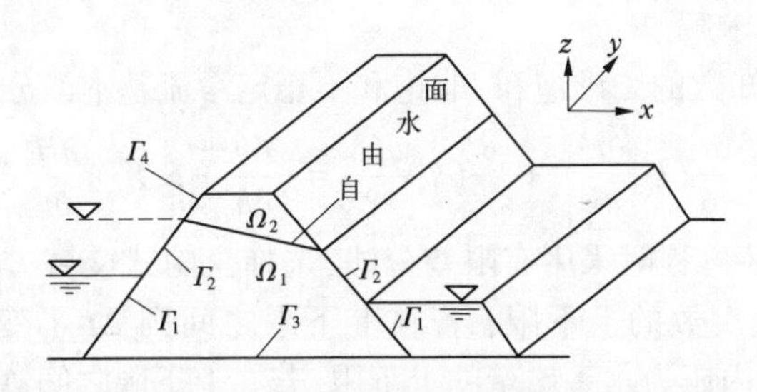

图 4-12　堤坝边界示意图

图 4-12 中,水头边界为 Γ_1、Γ_2,其中 Γ_1 为上、下游水位以下边界,Γ_2 为上、下游渗出段边界。流量边界为 Γ_3、Γ_4,其中 Γ_3 为不透水边界,Γ_4 为入渗、蒸发边界。

初始条件:

$$H(x,y,z,0) = H_0(x,y,z) \tag{4-25}$$

边界条件:

在 Γ_1 上
$$H(x,y,z,t) = H_b(x,y,z,t) \tag{4-26}$$

在 Γ_2 上
$$H(x,y,z,t) = z \tag{4-27}$$

在 Γ_3 上
$$k_x \frac{\partial H}{\partial x} n_x + k_y \frac{\partial H}{\partial y} n_y + k_z \frac{\partial H}{\partial z} n_z = 0 \tag{4-28}$$

在 Γ_4 上
$$k_x(h) \frac{\partial H}{\partial x} n_x + k_y(h) \frac{\partial H}{\partial y} n_y + k_z(h) \frac{\partial H}{\partial z} n_z = I - E \tag{4-29}$$

式中　$k_x(h)$、$k_y(h)$、$k_z(h)$——x、y、z 向的主渗透系数;

n_x、n_y、n_z——相应边界的 x、y、z 向的外法线余弦;

E——单位时间内在单位面积土上蒸发的水量(蒸发率);

I——单位时间内在单位面积土上入渗降雨量(入渗率)。

当入渗率与蒸发率相等时,$I-E=0$,下面的分析均以此假定为主。

以上边界条件可概括为:

第一类边界 $\Gamma_H(\Gamma_H=\Gamma_1+\Gamma_2)$上

$$H = \overline{H} \tag{4-30}$$

第二类边界 $\Gamma_q(\Gamma_q=\Gamma_3+\Gamma_4)$上

$$(\boldsymbol{k}\,\nabla H)^{\mathrm{T}} \boldsymbol{n} = -\overline{q}_{\mathrm{n}} \tag{4-31}$$

注意到方程式(4-23)的求解域不但包括饱和区 Ω_1,而且也包括非饱和区 Ω_2,零压力线即是浸润线(自由面)。这样自由面不再作为自由边界处理,而只是等压力面中的零压力面。

4.3 数学模型求解的有限差分法和伽辽金有限元法

4.3.1 二维模型求解的有限差分法

4.3.1.1 数学模型及求解

以全水头 H 为未知数的二维饱和-非饱和不稳定渗流基本微分方程为

$$\frac{\partial}{\partial x}\left(k_x\frac{\partial H}{\partial x}\right)+\frac{\partial}{\partial z}\left(k_z\frac{\partial H}{\partial z}\right)=\left(\frac{\mathrm{d}\theta}{\mathrm{d}h}+S_w S_s\right)\frac{\partial H}{\partial t} \tag{4-32}$$

高骥等在求解上述方程时采用有限差分法，选择全隐式交替方向迭代法。在选择时间步长时，先给出迭代次数的上下限，若在上下限之间则 Δt 不变，若超过上限则改用 $\Delta t/2$。再给出每个 Δt 内压力水头增量的上下限，若在上下限之间 Δt 不变，若超过上限则改用 $\Delta t/2$。当迭代次数、压力水头增量均小于其下限时改用 $1.5\Delta t$。若用 $\Delta t/2$，则将原结果废弃而用缩小后的 Δt 重新计算。有关的上下限值由数值试验确定。考虑到水位升降期，水头变化急剧，在计算的不同阶段，尚需确定 Δt 的上下限，以免 Δt 过小或过大，影响计算精度和速度。

4.3.1.2 土坝上游坝壳三角形断面算例

土坝上游坝壳部分三角形断面，高 2 800 cm，底宽 8 000 cm，右边为直立式不透水心墙。坝壳土的孔隙率 $n=0.32$，贮水率 $S_s=0$，饱和渗透系数 $k_s=4\times10^{-4}$ cm/s，非饱和土的持水曲线与相对渗透系数曲线见图 4-13。初始条件是上游水位 1 600 cm 的稳定态，在 1 d 内，水位由 1 600 cm 骤降到 70 cm。计算域剖分为矩形网络，为了便于计算，斜边上三角形网格用矩形网格近似代替，同时对左下和右上的三角形也做了近似处理。此算例与驹田广也等的黏滞模型试验条件相同。计算结果与试验比较见图 4-14。

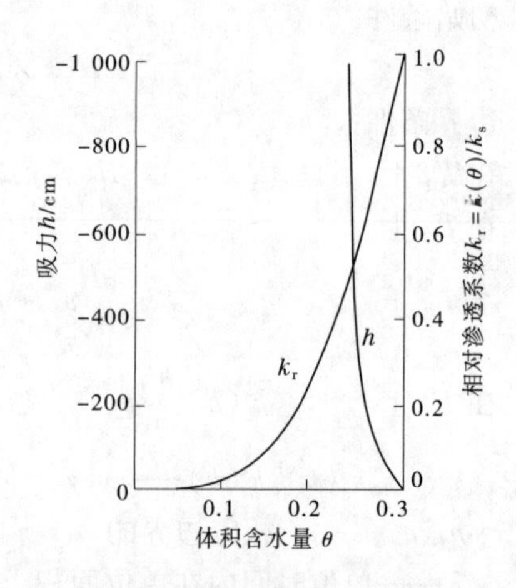

图 4-13 坝壳非饱和土特性曲线

从图 4-14 看出，水位骤降时，自由水面形状呈凸形曲线，自由水面的数值解与试验结果基本上一致，水面线的发展变化趋势反映出正常的规律性。图 4-15 表明，水位骤降阶段，靠近上游坡脚一带的等水头线密集、等压线弯曲，说明坝内水头压力急剧变化。

4.3.2 三维模型求解的伽辽金有限元法

4.3.2.1 数学模型及求解

假设水体不可压缩，在无内部源的情况下，以全水头 H 为未知数的三维饱和-非饱和土渗流的基本方程可以表示为

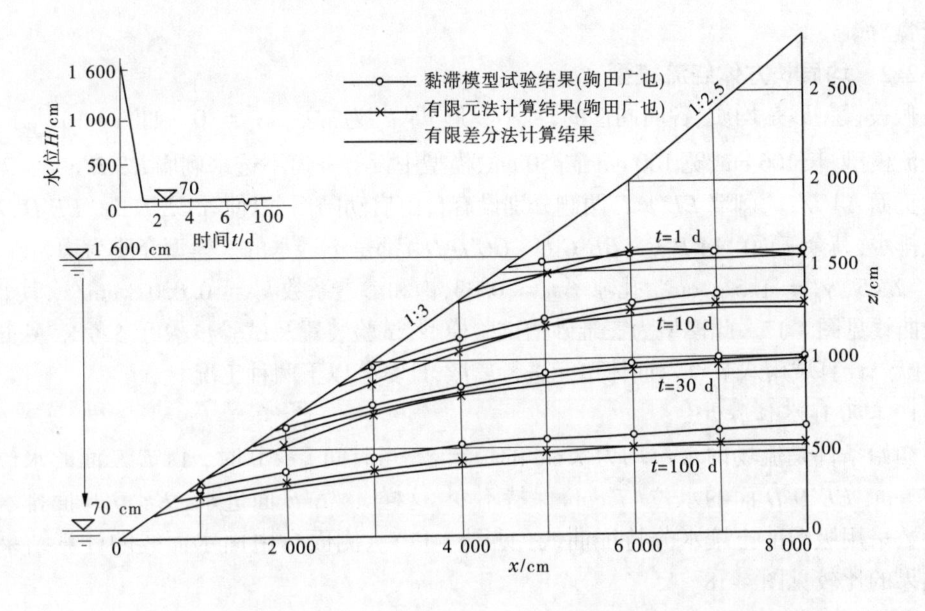

图 4-14　自由水面有限差分法数值解与黏滞模型试验及有限元计算结果比较

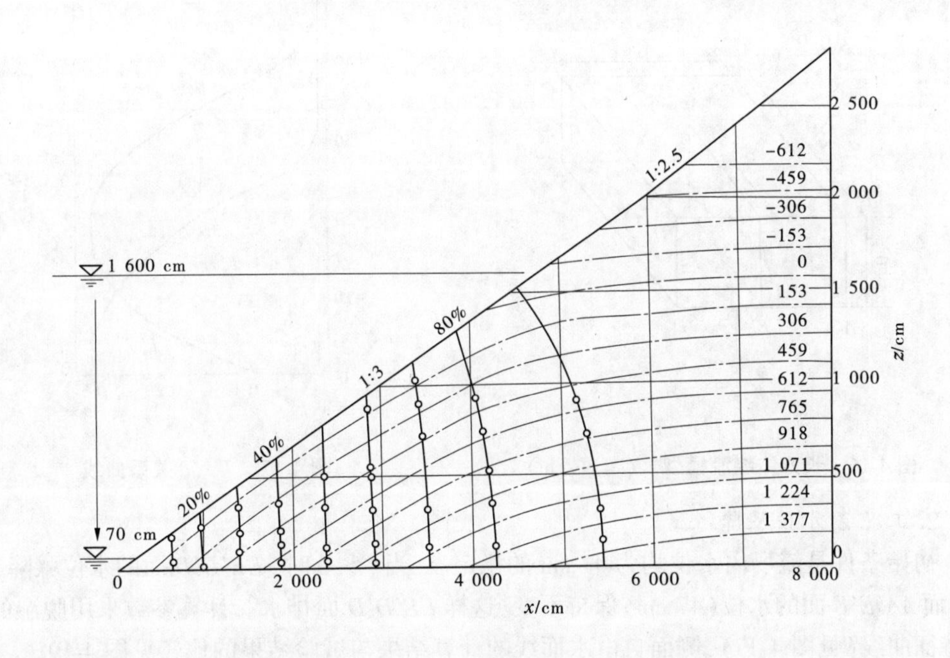

图 4-15　时间 $t=1$ d 的等压线及等水头线分布

$$\frac{\partial}{\partial x}\left(k_x \frac{\partial H}{\partial x}\right)+\frac{\partial}{\partial y}\left(k_y \frac{\partial H}{\partial y}\right)+\frac{\partial}{\partial z}\left(k_z \frac{\partial H}{\partial z}\right)=\left(\frac{\mathrm{d}\theta}{\mathrm{d}h}+S_w S_s\right)\frac{\partial H}{\partial t} \tag{4-33}$$

李信等应用伽辽金有限元法对三维饱和-非饱和土渗流问题进行计算,研究了数值方法和主要计算公式,给出了典型算例的计算结果,并与前人的试验资料进行比较,两者符合良好。

4.3.2.2　均质长方体绕流模型

假设模型砂是均质、各向同性的，且不变形，即 k_s 为常数，$S_s = 0$。如图 4-16 所示，长方体绕流模型，长 106 cm、宽 100 cm、高 50 cm，模型中设有一道不透水刺墙 $EE'F'F$，长 70 cm。砂槽正面 $AA'D'D$、刺墙 $EE'F'F$ 两侧分别设有自由启动闸门，以便 $AA'E'E$ 面、$EE'D'D$ 面进水或排水，其余三面（$AA'B'B$、$BB'C'C$、$CC'D'D$）都是不透水的。模型介质为均匀砂，比重 $G_s = 2.65$，$\gamma_d = 1.5\ g/cm^3$，孔隙率 $n = 0.33$，饱和渗透系数 $k_s = 0.020\ 8\ cm/s$，其非饱和参数曲线见图 4-17。此模型为三维砂槽试验模型，试验装置及试验步骤可参考 K. Akai 的有关文献。计算域用八节点六面体单元进行离散，计算分以下两种工况。

1. 工况 1：水位骤升

初始条件是流场内水位均为 7 cm 的稳定态，当时间 $t > 0$ 时，$AA'E'E$ 面的水位骤升至 47 cm，$EE'D'D$ 面的水位（7 cm）保持不变，这样 $AA'E'E$ 面进水，$EE'D'D$ 面排水。计算参数采用吸湿的土壤水分特征曲线（见图 4-17）。侧面自由面水面线的计算结果与试验结果的比较见图 4-18。

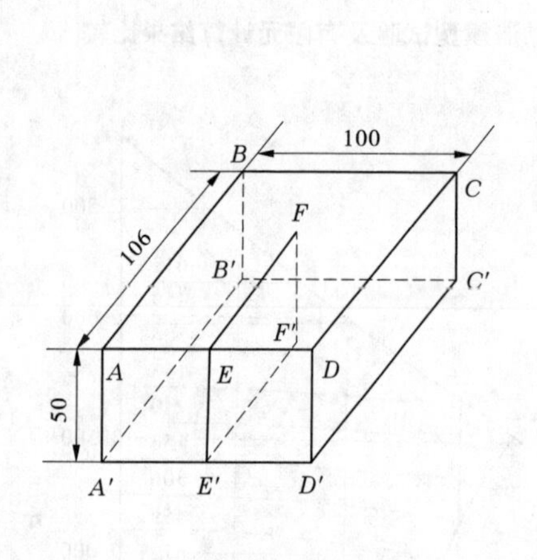

图 4-16　长方体绕流模型　（单位：cm）

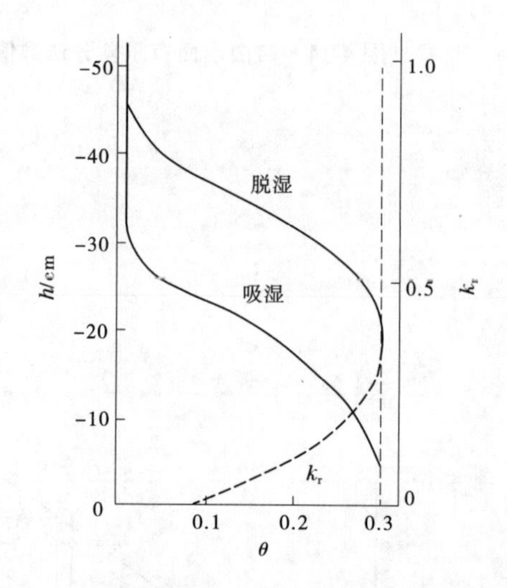

图 4-17　$h - \theta$ 关系曲线

2. 工况 2：水位骤降

初始条件是流场内水位均为 47 cm 的稳定态，当 $t > 0$ 时，$EE'D'D$ 面的水位骤降至 7 cm，而 $AA'E'E$ 面的水位（47 cm）保持不变，这样 $EE'D'D$ 面排水。计算参数采用脱湿的水分特征曲线（见图 4-17），侧面自由水面线的计算结果与试验结果的比较见图 4-19。

从图 4-18、图 4-19 可以看出，自由面水面线的数值解与试验结果符合良好，其变化趋势也反映出正常的规律性。另外，图 4-18 中 $t = 120$ min 与图 4-19 中 $t = 60$ min 时的自由水面线位置很接近，说明此时流场已基本达到稳定状态，且降水过程比升水过程达到稳定所需时间短。

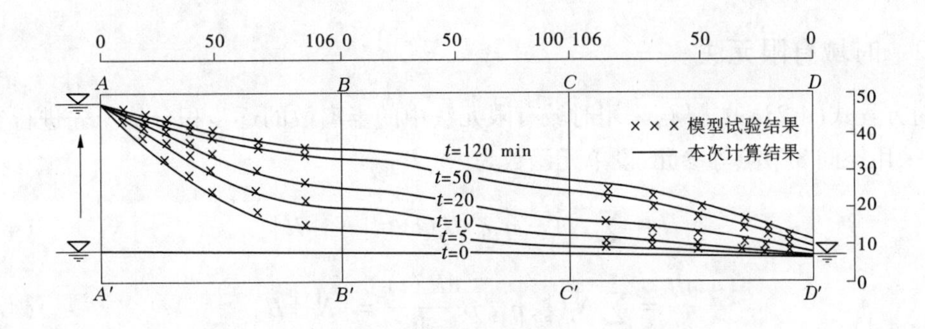

图4-18　水位骤升时自由面水面线计算结果与试验结果的对比

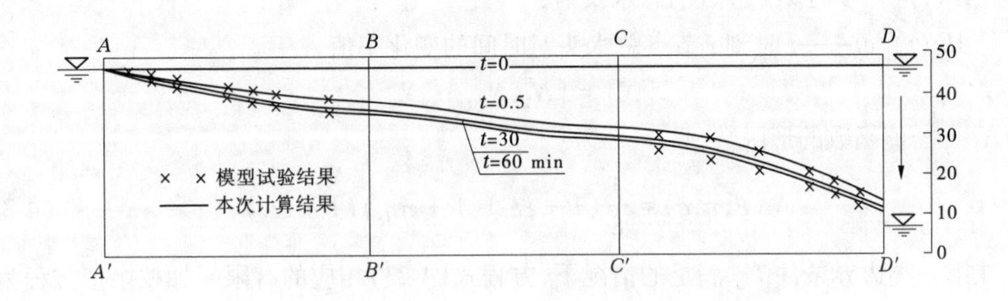

图4-19　水位骤降时自由面水面线计算结果与试验结果的对比

4.4　三维数学模型求解的不动网格-高斯点有限元法

4.4.1　不动网格-高斯点法的基本思想

方程式(4-23)的求解域是整个域 $\Omega=\Omega_1\cup\Omega_2$，方程式(4-23)中的系数也相应定义为：

$$k(h)=\begin{cases}k_s & \text{在 } \Omega_1 \text{ 域内}(h\geqslant 0)\\ k_r k_s & \text{在 } \Omega_2 \text{ 域内}(h<0)\end{cases}\tag{4-34}$$

$$c(h)=\begin{cases}0 & \text{在 } \Omega_1 \text{ 域内}\\ \mathrm{d}\theta/\mathrm{d}h & \text{在 } \Omega_2 \text{ 域内}\end{cases}\tag{4-35}$$

式中　k_s——饱和渗透系数；

k_r——相对非饱和渗透系数($0\leqslant k_r\leqslant 1$)；

$c(h)$——与毛细管压力有关的容水度。

在计算过程中，保持有限元剖分网格不变。而在计算单元刚度阵时，采用高斯数值积分法，并根据各高斯点处 h 值由式(4-34)和式(4-35)根据试验曲线分别选取 k_r、$c(h)$值，这样，非饱和渗流各点计算参数不同的特点就通过各高斯点处计算参数的分别选取表现出来，即单元内非饱和渗透参数的差异表现为各高斯点处的计算参数不同。这就是不动网格-高斯点法的基本思想。

4.4.2 时域有限元法

对方程式(4-23)的求解,采用时域有限元法中的半离散的逐步积分法。先进行空间离散,采用空间 8 节点等参元,设单元函数为

$$H = \sum_{i=1}^{8} N_i(\xi,\eta,\zeta) H_i(t) = [N][H] \tag{4-36}$$

$$\frac{\partial H}{\partial t} = \sum_{i=1}^{8} N_i(\xi,\eta,\zeta) \frac{\mathrm{d}H_i(t)}{\mathrm{d}t} = [N][\dot{H}] \tag{4-37}$$

式中 ξ、η 、ζ——等参坐标;

$H_i(t)$——t 时刻 i 节点的总水头值;

$\mathrm{d}H_i(t)/\mathrm{d}t$——$t$ 时刻 i 节点总水头对时间的变化率值。

$$[N] = [N_1, N_2, \cdots, N_8]$$

N_i 为插值函数的形函数,且

$$N_i(\xi,\eta,\zeta) = \frac{1}{8}(1 + \xi\xi_i)(1 + \eta\eta_i)(1 + \zeta\zeta_i) \tag{4-38}$$

在第一类边界条件 Γ_H 满足的情况下,方程式(4-23)相应的有限元加权余值方程为

$$\int_{\Omega}\left[\nabla^{\mathrm{T}}(\boldsymbol{k}\nabla H) - c(h)\frac{\partial H}{\partial t}\right] W_j^* \mathrm{d}\Omega - \int_{\Gamma q}[(\boldsymbol{k}\nabla H)^{\mathrm{T}}\boldsymbol{n} + \bar{q}_n] W_j^* \mathrm{d}\Gamma = 0 \tag{4-39}$$

式中 W_j^*——加权函数。

在方程式(4-37)中引入式(4-38),按有限元剖分有 $\Omega = \sum_e \Omega_e$,按伽辽金有限元法,加权函数 W_j^* 取为单元函数 N_j,并假定入渗率、蒸发率相等,此时 $\bar{q}_n \equiv 0$,则有

$$\sum_e \int_{\Omega_e} \{[N]^{\mathrm{T}} c(h)[N][\dot{H}] + [B]^{\mathrm{T}}[k][B][H]\} \mathrm{d}\Omega_e = 0 \tag{4-40}$$

式(4-40)又可写为

$$[C][\dot{H}] + [K][H] = 0 \tag{4-41}$$

式中,$[C] = \sum_e [C]^{(e)}$,$[K] = \sum_e [K]^{(e)}$,按单元求得

$$[C]^{(e)} = \int_{\Omega_e} [N]^{\mathrm{T}} c(h)[N] \mathrm{d}\Omega_e = \iiint_{-1}^{+1} [N]^{\mathrm{T}} c(h)[N] |J| \mathrm{d}\xi \mathrm{d}\eta \mathrm{d}\zeta \tag{4-42}$$

$$[K]^{(e)} = \int_{\Omega_e} [B]^{\mathrm{T}}[k][B] \mathrm{d}\Omega_e = \iiint_{-1}^{+1} [B]^{\mathrm{T}}[k][B] |J| \mathrm{d}\xi \mathrm{d}\eta \mathrm{d}\zeta \tag{4-43}$$

式中

$$[k] = \begin{bmatrix} k_x & 0 & 0 \\ 0 & k_y & 0 \\ 0 & 0 & k_z \end{bmatrix}$$

$$[B]=\begin{bmatrix}\dfrac{\partial N_1}{\partial x} & \dfrac{\partial N_2}{\partial x} & \cdots & \dfrac{\partial N_8}{\partial x}\\ \dfrac{\partial N_1}{\partial y} & \dfrac{\partial N_2}{\partial y} & & \dfrac{\partial N_8}{\partial y}\\ \dfrac{\partial N_1}{\partial z} & \dfrac{\partial N_2}{\partial z} & \cdots & \dfrac{\partial N_8}{\partial z}\end{bmatrix}$$

$$|J|=\begin{vmatrix}J_{11} & J_{12} & J_{13}\\ J_{21} & J_{22} & J_{23}\\ J_{31} & J_{32} & J_{33}\end{vmatrix}=\begin{vmatrix}\dfrac{\partial x}{\partial \xi} & \dfrac{\partial y}{\partial \xi} & \dfrac{\partial z}{\partial \xi}\\ \dfrac{\partial x}{\partial \eta} & \dfrac{\partial y}{\partial \eta} & \dfrac{\partial z}{\partial \eta}\\ \dfrac{\partial x}{\partial \zeta} & \dfrac{\partial y}{\partial \zeta} & \dfrac{\partial z}{\partial \zeta}\end{vmatrix}$$

单元的几何等参变换为

$$x=\sum_{i=1}^{8}N_i(\xi,\eta,\zeta)x_i=[N]\ [X]$$

$$y=\sum_{i=1}^{8}N_i(\xi,\eta,\zeta)y_i=[N]\ [Y]$$

$$z=\sum_{i=1}^{8}N_i(\xi,\eta,\zeta)z_i=[N]\ [Z]$$

其中

$$[X]=[x_1,x_2,\cdots,x_8]^{\mathrm{T}}$$

$$[Y]=[y_1,y_2,\cdots,y_8]^{\mathrm{T}}$$

$$[Z]=[z_1,z_2,\cdots,z_8]^{\mathrm{T}}$$

下面进行时间域的离散,采用后差分格式,即方程式(4-41)在 $t+\Delta t$ 时刻成立,在 $t+\Delta t$ 时间步假定为

$$[H]=[H]_{t+\Delta t}$$

$$[\dot{H}]=\frac{[H]_{t+\Delta t}-[H]_t}{\Delta t}$$

则有

$$\left\{\frac{[C]_{t+\Delta t}^{(i-1)}}{\Delta t}+[K]_{t+\Delta t}^{(i-1)}\right\}[H]_{t+\Delta t}^{(i)}=\frac{[C]_{t+\Delta t}^{(i-1)}}{\Delta t}[H]_t \tag{4-44}$$

方程式(4-44)表示在每个时间步长内都需要迭代求解,其中上标 i 表示第 i 次迭代结果,下标 $t+\Delta t$ 表示 $t+\Delta t$ 时刻的值。方程式(4-44)即是在 $t+\Delta t$ 时间步的迭代格式。

稳态渗流时相应的格式为

$$[K]^{(i-1)}[H]^{(i)}=0 \tag{4-45}$$

计算起步时,可假设所有节点水头值为上、下游水头的平均值,然后根据求得的 $[H]$ 值不断调整计算参数,直至满足收敛标准,便得到相应时刻的结果。

4.5 SUSAP 软件研发及使用说明

4.5.1 软件开发内容及程序编制说明

根据4.4数学模型和求解方法,采用FORTRAN-77语言编制了相应的计算软件包SUSAP。软件包可分为两大部分:①二维饱和-非饱和渗流分析程序,其主程序为TSAP2;②三维饱和-非饱和渗流分析程序,其主程序为TSAP3。程序按功能分为前处理程序、主程序、后处理程序。各程序相对独立,程序之间由数据文件相传递,每个程序又分为若干个子程序模块。前处理程序包括网格自动剖分、计算控制参数准备等,主程序为渗流计算;后处理程序包括渗流计算结果的数据处理和图形处理,如等压线、等势线的计算和绘制。对程序编制中若干问题说明如下:

(1)自由面位置。迭代收敛后 $H=z$ 的点所连成的线即为所求时刻的自由面,这由后处理程序完成。

(2)收敛标准。按相邻两次迭代的节点水头值的变化范围的平均值确定,即收敛时应有:

$$\frac{1}{\mathrm{ND}}\sum_{j=1}^{\mathrm{ND}}\left|H_j^{(i)} - H_j^{(i-1)}\right| \leqslant \varepsilon \tag{4-46}$$

式中 ND——节点总数;

i——迭代序数;

ε——给定的精度。

(3)渗出段及其边界条件的处理。由于在可能渗出段 Γ_2 上处处满足 $H=z$ 的条件,因此渗出点是个奇点。本程序对下游边界点 j,采用其相邻的水平向内部节点的压力 p_{jn} 值来判断渗出点的大致位置,只要 $p_{jn} \leqslant 0$,即认为 j 节点在渗出段以上,即 $p_j<0$,相应的 j 节点即不作为强加边界条件处理,对上游边界节点也做类似处理。这样就解决了渗出段节点的可逆转换问题。相对应地,在网格剖分时也应注意将上游侧放在左边。

(4)高斯点数目的选择及网格的剖分。由于本程序的计算参数是随高斯点变化的,因此采用较密的高斯点,对三维问题用 $3\times3\times3=27$(个)来进行数值积分,而网格相应稀些,这样既可节省计算量,又不过多影响精度。

(5)时间步长的选择。对瞬态渗流这类时域内非线性问题,Δt 既有上限,也有下限,否则可能会出现所计算出的水头高出可能最高值的"超界"现象。

(6)双精度的使用。由于该问题既是非线性,又是时域,而且还是三维问题,因此采用双精度计算是非常必要的。

(7)计算参数的处理。对稳态问题,计算参数的连续性不重要;但对瞬态问题,计算参数的连续性就较为重要,否则容易引起振荡。

4.5.2 主程序的特点及编制框图

4.5.2.1 主程序的特点

由于不稳定渗流计算的复杂性,为便于模拟计算中的边界条件和及时处理计算中存在的问题,在程序编制中考虑了以下问题:

(1)程序可以随时中断,并查看最新计算结果。中断后可以修改控制参数接着计算或重新计算。

(2)根据非饱和渗流的特点,程序允许对指定的节点的水头值进行人为控制,同时也允许对选定单元进行“舍弃”处理。这对计算域内内部存在排渗体情况的处理非常方便。

(3)程序数据准备中对边界点只分上游边界和下游边界,对水位以下或以上的渗出段及非渗出段节点的判别均由程序自动完成,避开了对渗出段范围的判断要求。

(4)时间步长可调,打印、存盘可做到有选择地进行。

(5)节点编号的优化:三维问题的节点较多,其编号顺序直接影响着计算速度,因此本程序在前处理中引入节点优化程序,并将有关数据进行了转换,在后处理中再进行逆转换。优化时达到最优所需的时间太长,故不一定用最优的结果,满足一定存贮量要求即可。

4.5.2.2 主程序的编制框图

以二维不稳定渗流分析程序 TSAP2 为例,其框图见图 4-20。

4.5.3 二维渗流分析程序使用说明

4.5.3.1 软件组成及运行框图

1. 软件组成

二维渗流分析软件 TSAP2 可计算饱和-非饱和二维稳定/非稳定渗流问题,并配有前后处理程序。程序主要由以下几部分组成:

(1)原始数据文件两个,即“ABC”和“2-D”。其中“ABC”文件为网格剖分准备数据文件;“2-D”为计算参数和计算控制条件数据文件。

(2)前处理程序包括两个,即网格自动剖分程序 BF2-D、数据转换程序 BB2-D。其中,BF2-D 程序运行后生成 JKL0、ZBC 文件;BB2-D 运行后生成 TAO. DAT、XZN. DAT 文件。

(3)主程序 TSAP2。运行后生成 FAD. DAT、FD. DAT 等数据文件。

(4)后处理程序包括 6 个。等压线、等势线计算程序 PR2-D,运行后生成 ZLL. DAT 文件。与 CAD 绘图相匹配的接口及转换软件,包括 CH2-3、HZJ30、BB01、PR3 及 WT 等 5 个程序。

2. 软件运行框图

软件运行框图包括 2 个,即计算框图和 CAD 绘图框图,见图 4-21。

4.5.3.2 网格剖分控制文件 ABC 准备

ABC. DAT 文件主要是为网格剖分准备数据,包括计算域几何参数、边界信息和单元信息及网格稀疏的控制参数,须在运行 BF2-D 程序前准备好。其具体填写要求如下:

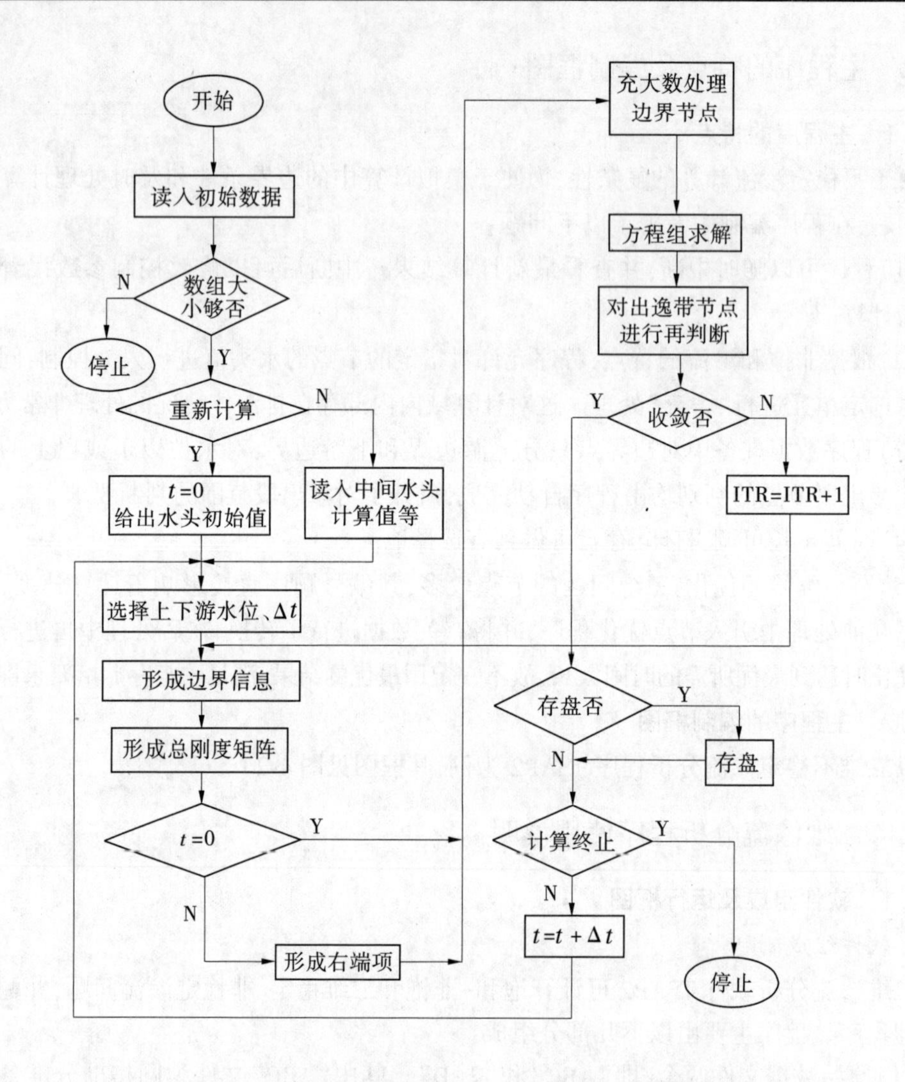

图 4-20　饱和-非饱和不稳定渗流分析程序编制框图

① NDB　NDD　NUMAT　0　0　0

注:NDB 为人工剖分大块个数;NDD 为人工剖分节点个数;NUMAT 为渗透系数种类数。

② K_{X1}　K_{Z1},…,K_{Xi}　K_{Zi},…,K_{XNUMAT}　K_{ZNUMAT}

注:K_{Xi}、K_{Zi} 为第 i 种材料 X、Z 向的饱和渗透系数。

③ N11　N12　N13　N14　B11　B12　B13　B14　NBM1

…

Ni1　Ni2　Ni3　Ni4　Bi1　Bi2　Bi3　Bi4　NBMi

…

$N_{NDB}1$　$N_{NDB}2$　$N_{NDB}3$　$N_{NDB}4$　$B_{NDB}1$　$B_{NDB}2$　$B_{NDB}3$　$B_{NDB}4$　NBM_{NDB}

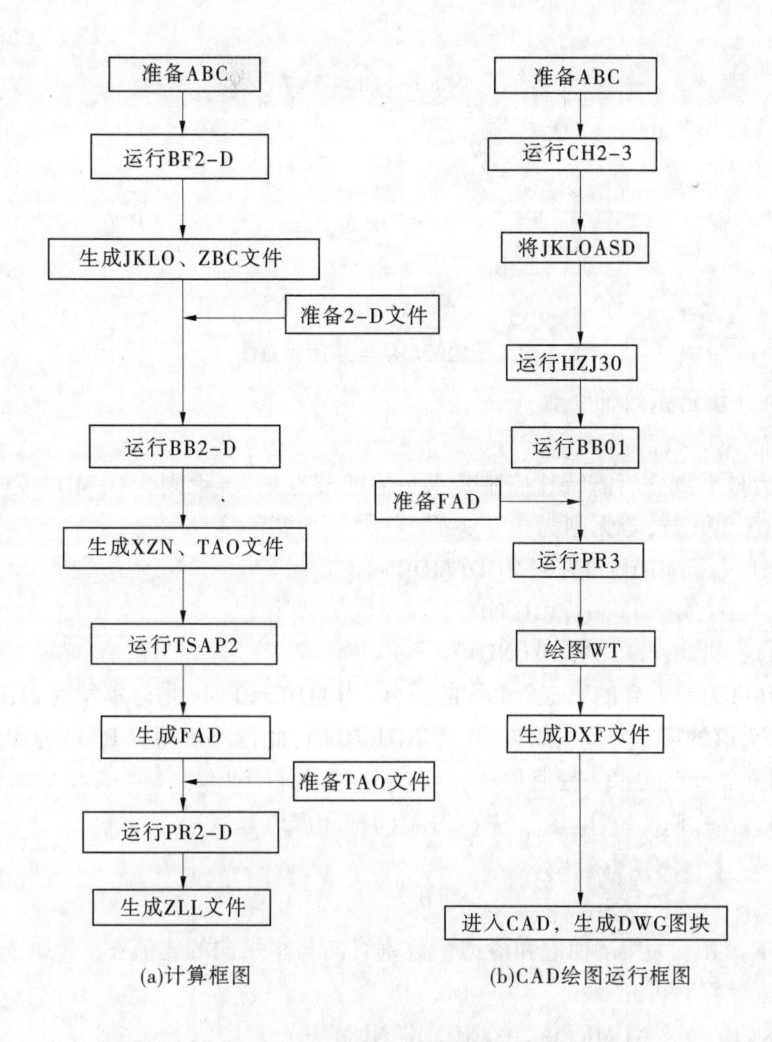

图 4-21　软件运行框图

注：Ni1、Ni2、Ni3、Ni4 为第 i 块的四条边的节点编号，顺时针向排列（见图 4-22 示）；Bi1、Bi2、Bi3、Bi4 为第 i 块的四条边加密剖分信息（整数），顺时针向排列（见图 4-22 示）；NBMi 为第 i 块的渗透系数和边界控制信息，其中末位数为渗透系数种类信息，其余为四条边的边界信息，顺时针排列，其中上游边界为 1，下游边界为 2，非边界为 0。

④ X_1　Z_1，…，X_i　Z_i，…，X_{NDD}　Z_{NDD}

注：X_i、Z_i 分别为第 i 节点的坐标。

⑤ H_1　　H_2

注：H_1、H_2 分别为上、下游水位。

4.5.3.3　计算参数控制 2-D 文件准备

2-D. DAT 文件主要包括计算参数的选择和计算过程控制参数。包括各土层的非饱和渗透参数、水位过程线、计算精度、存储信息、计算终止条件等。具体填写如下：

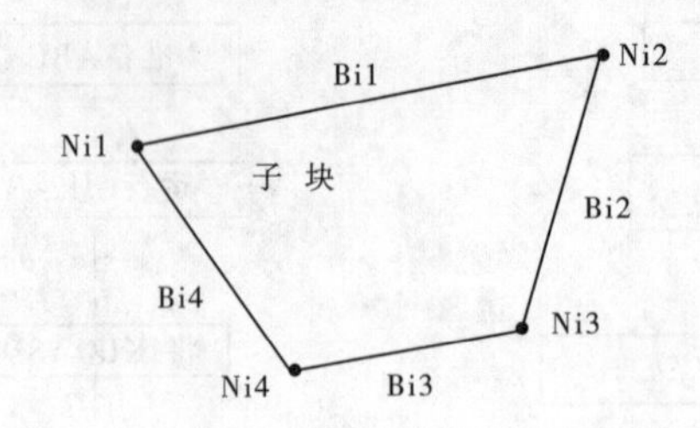

图 4-22　子块信息填写顺序示意图

① NUMAT(渗透系数种类数)

② ND1,MDE

注:ND1 为自动剖分后需特殊控制其水头值的节点数,若无则为 0;MDE 为自动剖分后需丢掉的特殊单元数,若无则为 0。

③ MDD(1),…,MDD(i),…,MDD(MDE)
MR(1),…,MR(i),…,MR(ND1)
UR(1),…,UR(i),…,UR(ND1)

注: MDD(i)为需丢弃的第 i 个单元的编号,当 MDE=0 时,此行不填写;MR(i)为需特殊控制其水头值的第 i 个节点的编号,当 ND1=0 时,此行不填写;UR(i)为需特殊控制其水头值的第 i 个节点的水头控制值,当 ND1=0 时,此行不填写。

④ $K_{X1},K_{X2},\cdots,K_{Xi},\cdots,K_{XNUMAT}$($K_{Xi}$ 为 X 向饱和渗透系数)
$K_{ZX1},K_{ZX2},\cdots,K_{ZXi},\cdots,K_{ZXNUMAT}$
$S_{S1},S_{S2},\cdots,S_{Si},\cdots,S_{SNUMAT}$

注:$K_{ZXi}=K_{Zi}/K_{Xi}$,为第 i 种饱和渗透系数垂直向与水平向的比值;S_{Si} 为第 i 种介质的贮水率,稳定流计算时可充 0。

⑤ NUMK(1),…, NUMK(i),…,NUMK(NUMAT)
NUMP(1),…, NUMP(i),…,NUMP(NUMAT)
NUMC(1),…, NUMC(i),…,NUMC(NUMAT)

注:NUMK(i)为第 i 种介质的 $\theta-K_r$ 曲线的控制点数;NUMP(i)为第 i 种介质的 $\theta-h$ 曲线的控制点数;NUMC(i)为第 i 种介质的 $h-c(h)$ 曲线的控制点数。

⑥ $\theta_{11}\quad K_{r11},\cdots,\theta_{1i}\quad K_{r1i},\cdots,\theta_{1NUMK(1)}\quad K_{r1NUMK(1)}$
$\theta_{11}\quad h_{11},\cdots,\theta_{1i}\quad h_{1i},\cdots,\theta_{1NUMP(1)}\quad h_{1NUMP(1)}$
$h_{11}\quad c_{11},\cdots,h_{1i}\quad c_{1i},\cdots,h_{1NUMC(1)}\quad c_{1NUMC(1)}$
…
$\theta_{j1}\quad K_{rj1},\cdots,\theta_{ji}\quad K_{rji},\cdots,\theta_{jNUMK(j)}\quad K_{rjNUMK(j)}$
$\theta_{j1}\quad h_{j1},\cdots,\theta_{ji}\quad h_{ji},\cdots,\theta_{jNUMP(j)}\quad h_{jNUMP(j)}$
$h_{j1}\quad c_{j1},\cdots,h_{ji}\quad c_{ji},\cdots,h_{jNUMC(j)}\quad c_{jNUMC(j)}$
…
$\theta_{NUMAT1}\quad K_{rNUMAT1},\cdots,\theta_{NUMATi}\quad K_{rNUMATi},\cdots,\theta_{NUMAT,NUMK(NUMAT)}\quad K_{rNUMAT,NUMK(NUMAT)}$

θ_{NUMAT1}　h_{NUMAT1}，…，θ_{NUMATi}　h_{NUMATi}，…，$\theta_{NUMAT,NUMP(NUMAT)}$　$h_{NUMAT,NUMP(NUMAT)}$

h_{NUMAT1}　c_{NUMAT1}，…，h_{NUMATi}　c_{NUMATi}，…，$h_{NUMAT,NUMC(NUMAT)}$　$c_{NUMAT,NUMC(NUMAT)}$

注：θ_{ji}、K_{rji}、h_{ji}、c_{ji} 分别为第 j 种介质第 i 个控制点的土体体积含水率、相对非饱和渗透系数、压力(吸力)及容水度。

⑦ MTU，MTD，MDT，MP，TD，EPS，KH

注：MTU、MTD 分别为上、下游水位过程线控制点数；MDT 为时间步长 $t-\Delta t$ 曲线控制点数；MP 为所需存储计算结果的时刻数；TD 为计算终止时刻；EPS 为迭代收敛时相邻两次水头差的平均容许误差；KH 为容许的最大迭代次数。

⑧ TTU(1)，…，TTU(i)，…，TTU(MTU)

HTU(1)，…，HTU(i)，…，HTU(MTU)

TDU(1)，…，TDU(i)，…，TDU(MTD)

HDU(1)，…，HDU(i)，…，HDU(MTD)

注：TTU(i)、HTU(i)分别为上游水位过程线($t-H_u$)第 i 个控制点坐标值；TDU(i)、HDU(i)分别为下游水位过程线($t-H_d$)第 i 个控制点坐标值。

⑨ TT(1)，TT(2)，…，TT(i)，…，TT(MDT)

DT(1)，…，DT(i)，…，DT(MDT-1)

注：TT(i)为时间步长曲线 $t-\Delta t$ 第 i 个控制点的 t_i 坐标值；DT(i)为时间步长曲线 $t-\Delta t$ 中第 t_i-t_{i+1} 时段步长值。

⑩ TP(1)，…，TP(i)，…，TP(MP)

注：TP(i)为所需存储计算结果的第 i 个时刻值。

4.5.3.4　剖分结果存储文件 TAO 说明

TAO. DAT 文件是在运行 BB2-D 程序后自动生成的。该文件包括以下信息：①剖分后单元总节点数和总单元数，需处理的上下游边界点数；②组成单元的节点号及节点坐标。

此文件的另一个用途是为后处理提供原始文件。在运行计算等势线或等压线程序 PR2-D 时需用，如计算等势线，该文件不需改动；若计算等压线，须在文件开头增加以下数据(如只计算零压力线时可不加)：

① NP

注：NP 为需计算的等压线数。

② PRE(1)，…，PRE(i)，…，PRE(NP)

注：PRE(i)为需计算的等压线中第 i 到个压力值。

4.5.3.5　注意事项

1. 网格剖分

对渗流场的剖分，是根据渗流场内建筑物的轮廓、水文地质条件等因素进行离散化的一项重要工作。在剖分过程中，对场内位势分布比较集中、变化急剧和重点研究的区域，应设置密集一些的单元和节点；反之，可稀疏一些。

剖分时首先将渗流场划分成若干块，人工只给出块上四个角点的坐标，块的四条边上给出要求剖分的节点数及边界性质和介质参数的信息，然后由计算机形成块内的节点和单元。对于每一块，其块的角点的编号不受限制，但块的编号应从左到右依次进行，应上下贯通,由上到下连续编排,剖分时以块为单位,逐块进行。另外,还应注意以下两个问题:①每块内的饱和渗透系数必须相同,同一种渗透系数区域也可以划分成多块;②每块必须有四个角点四条边,若有两条边在同一直线上,则可在该线段上任取一点作为角点(如图 4-22 中的第 3 块)。

2. 上下游边界位置

鉴于程序中对边界点的特殊处理方法,上游边界应放在计算域的左侧,下游边界应放在计算域的右侧。

3. 主程序的运行

主程序运行时,主程序在计算过程中可随时中断,并且可以在中断后接着计算。主程序 TSAP2 开始运行时,屏幕上将出现输入 KEY 值,键盘输入“11”,表示从头计算,键盘输入其他值,则接着原来的计算继续进行。

4. 参数的单位

长度单位均为“米”,时间单位均为“天(24 h)”。

4.6 典型算例

4.6.1 均质坝算例

4.6.1.1 网格剖分

以图 4-23 所示的均质土坝为例,详细说明网格剖分 ABC 数据的具体填写方法。借用饱和渗流分析时的剖分图,对饱和-非饱和渗流,为减小计算工作量,不致对计算结果有太大影响,可取浸润线的可能最高点作为几何边界上限,如图 4-23 中 9—14 线。

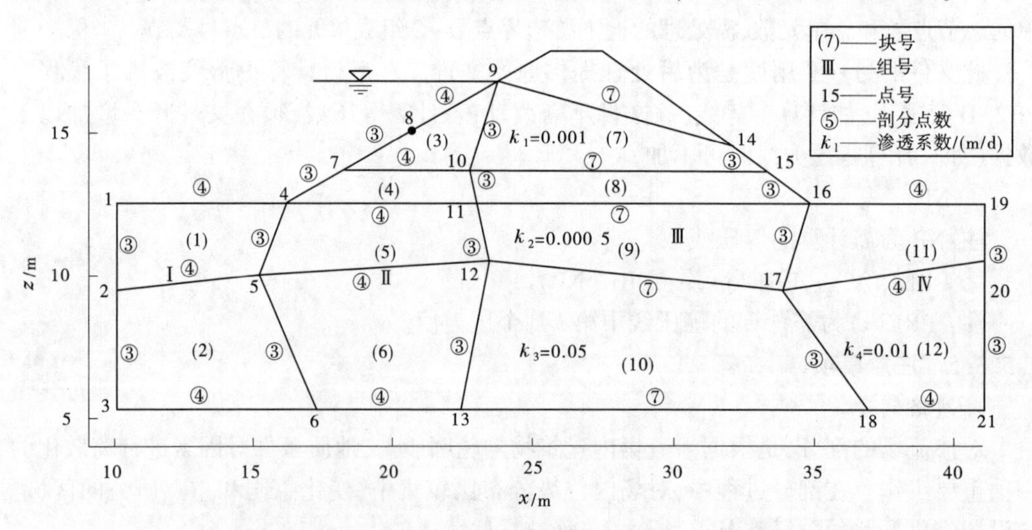

图 4-23　渗流场的人工分块图

1. ABC. DAT 文件及其格式

ABC. DAT 文件及其格式如下:

12　21　4　0　0　0

0.001　0.001　0.0005　0.0005　0.05　0.05　0.01　0.01

1　4　5　2　4　3　4　3　12

2　5　6　3　4　3　4　3　3

8　9　10　7　4　3　4　3　10011

7　10　11　4　4　3　4　3　10001

4　11　12　5　4　3　4　3　2

5　12　13　6　4　3　4　3　3

9　14　15　10　7　3　7　3　201

10　15　16　11　7　3　7　3　201

11　16　17　12　7　3　7　3　2

12　17　18　13　7　4　7　3　3

16　19　20　17　4　3　4　3　22

17　20　21　18　4　3　4　3　4

10.0　12.0　10.0　9.0　10.0　5.0

16.0　12.0　15.0　9.0　17.0　5.0

17.8　13.0　20.1　14.3　23.2　16.0

22.0　13.0　22.5　12.0　23.0　9.0

22.0　5.0　30.5　14.5　32.6　13.0

34.0　12.0　33.0　9.0　36.0　5.0

40.0　12.0　40.0　9.0　40.0　5.0

16.0　13.0

2. 网格剖分结果

渗流场网格剖分结果如图 4-24 所示，共剖分节点 120 个，单元 96 个。

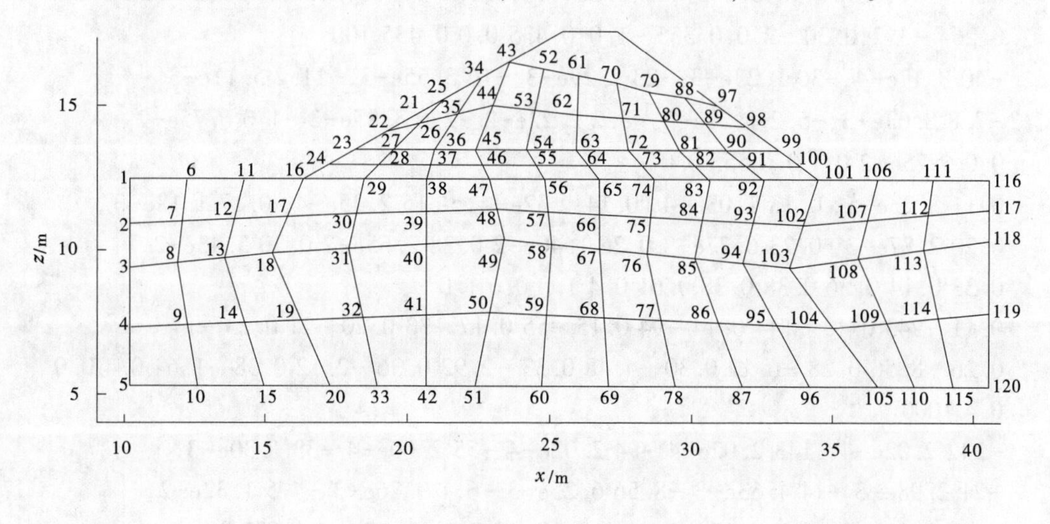

图 4-24　渗流场的自动剖分网格图

4.6.1.2　**计算参数控制文件** 2-D.DAT

结合图4-23所示的均质土坝,详细说明2-D数据进行不稳定渗流计算时的具体填写方法。假设蓄水位稳定在最高水位(16.0 m)后,在1 d时间内均匀降落2 m,水位至14.0 m。其2-D.DAT数据格式如下:

```
4
0.0  0.0
1e-3 5e-4  5e-2  1e-2
1.0 1.0 1.0 1.0
0.0 0.0 0.0 0.0
12  12 15  15
12  12 15  15
13  13 16  16
0.12 5.05e-5,0.13 9.22e-5,0.142 2.11e-4,0.16 4.53e-4,
0.18 8.41e-4,0.21 1.79e-3,0.23 3.70e-3,0.264 9.82e-3,
0.30 2.84e-2,0.355 1.78e-1,0.435 1.0 0.6 1.0
0.12 -40,0.13 -30,0.142 -23,0.16 -16,0.18 -11.2,0.207,-7.8,0.232 -5.2
0.264 -3.2,0.30 -2.0,0.355 -1.0,0.435 0.0 0.435 100
-40 8.17e-4,-30 1.23e-3,-23 2.29e-3,-16 3.55e-3,-11.2 5.11e-3
-7.8 8.63e-3,-5.2 1.22e-2,-3.2 2.22e-2 -2.0 3.85e-2 -1.0 6.75e-2
0.0 6.75e 2,0.1 0.0 555 0.0
0.12 5.05e-5,0.13 9.22e-5,0.142 2.11e-4,0.16 4.53e-4,
0.18 8.41e-4,0.21 1.79e-3,0.23 3.70e-3,0.264 9.82e-3,
0.30 2.84e-2,0.355 1.78e-1,0.435 1.0 0.6 1.0
0.12 -40,0.13 -30,0.142 -23,0.16 -16,0.18 -11.2,0.207,-7.8,0.232 -5.2
0.264 -3.2,0.30 -2.0,0.355 -1.0,0.435 0.0 0.435 100
-40 8.17e-4,-30 1.23e-3,-23 2.29e-3,-16 3.55e-3,-11.2 5.11e-3
-7.8 8.63e-3,-5.2 1.22e-2,-3.2 2.22e-2 -2.0 3.85e-2 -1.0 6.75e-2
0.0 6.75e-2 0.1 0.0 555 0.0
0.11 8.23e-5, 0.13 1.03e-4, 0.14 1.32e-4, 0.15 2.35e-4, 0.17 1.18e-3
0.20 2.87e-3, 0.23 6.27e-3 0.26 1.40e-2 0.28 2.65e-2 0.30 5.43e-2
0.33 0.14 0.36 0.38 0.38 0.61 0.4 1.0 0.6 1.0
0.11 -243 0.13 -144 0.14 -94 0.15 -55 0.17 -33 0.20 -21 0.23 -14
0.26 -8.56 0.28 -6.12 0.30 -4.48 0.33 -2.92 0.36 -2.12 0.38 -1.64 0.4 0.0
0.4 1000
-242 2.02e-4 -143 2.02e-4 -94 2.02e-4 -55 2.60e-4 -33 1.30e-3
-21 2.98e-3 -14 4.63e-3 -8.56 6.25e-3 -6.1 9.26e-3 -4.5 1.32e-2
-2.9 2.27e-2 -2.1 4.17e-2 -1.6 4.17e-2 0 4.35e-2 0.1 0 555 0
0.11 8.23e-5, 0.13 1.03e-4, 0.14 1.32e-4, 0.15 2.35e-4, 0.17 1.18e-3
```

```
0.20 2.87e-3, 0.23 6.27e-3,0.26 1.40e-2,0.28 2.65e-2,0.30 5.43e-2
0.33 0.14 0.36 0.38 0.38 0.61 0.4 1.0 0.6 1.0
0.11 -243 0.13 -144 0.14 -94 0.15 -55 0.17 -33 0.20 -21 0.23 -14
0.26 -8.56 0.28 -6.12 0.30 -4.48 0.33 -2.92 0.36 -2.12 0.38 -1.64 0.4 0.0
0.4 1000
-242 2.02e-4 -143 2.02e-4 -94 2.02e-4 -55 2.60e-4 -33 1.30e-3
-21 2.98e-3 -14 4.63e-3 -8.56 6.25e-3 -6.1 9.26e-3 -4.5 1.32e-2
-2.9 2.27e-2 -2.1 4.17e-2 -1.6 4.17e-2 0 4.35e-2 0.1 0 555 0
4  4  4  2  1  1e-3 30
-5.0  0.0  1.0  100.0
16.0 16.0  14.0  14.0
-5.0   0.0  1.0  100.0
13.0  13.0  13.0  13.0
-5.0  0.0  1.0  100
0.0  0.1  0.5
0.0  1.0
```

4.6.1.3 计算结果

稳定流计算结果等势线分布图见图4-25,水位降落过程的不稳定渗流计算结果见图4-26。

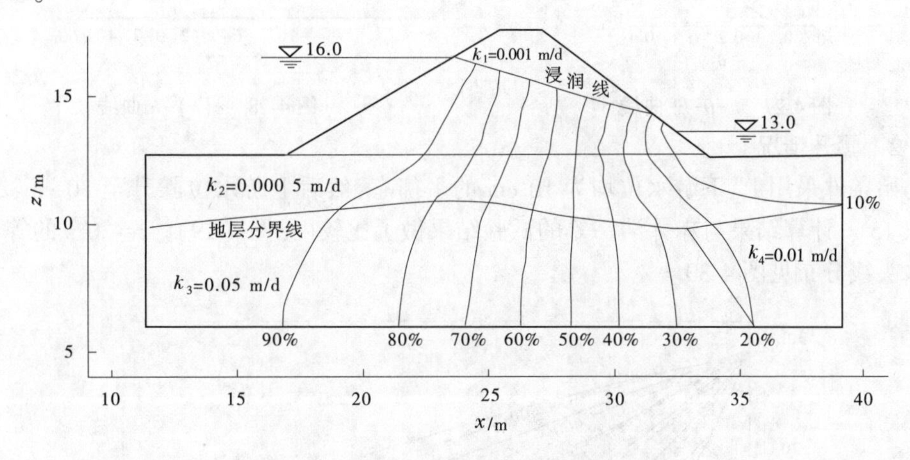

图4-25　稳定流计算结果等势线分布图

4.6.2 砂槽模型试验

4.6.2.1 模型尺寸及计算参数

矩形均质砂槽模型,长315 cm,宽23 cm,高33 cm。模型材料为均匀砂,孔隙率n=0.44,贮水率S_s=0,给水度选用μ=0.305,饱和渗透系数k_s=0.33 cm/s,h-θ-k_r曲线如图4-27所示,$c(h)$-h曲线(见图4-28)由试验曲线整理而得。由于问题的对称性,选取两个断面按三维问题计算。计算域内按矩形网格均匀剖分,计算节点总数ND=14×5×2=140(个);计算单元总数NE=13×4×1=52(个);单元尺寸Δx=24.23 cm,Δy=4.60 cm,Δz=8.25 cm。

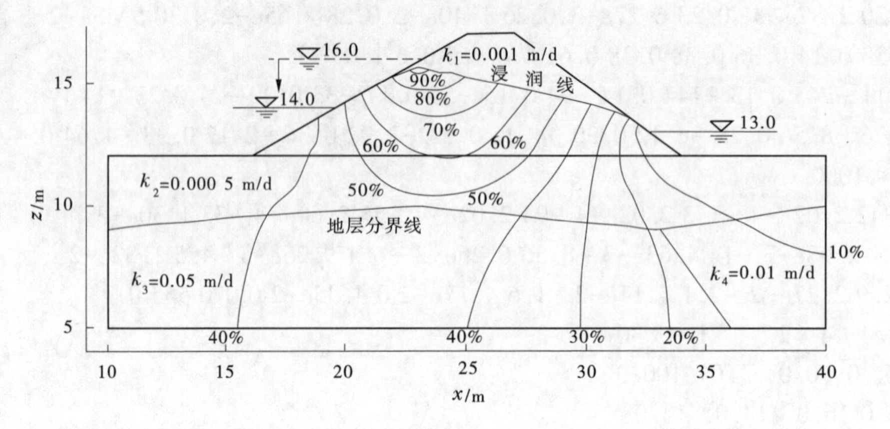

图 4-26　水位由 16 m 经 1 d 时间降至 14 m 时的不稳定渗流计算结果

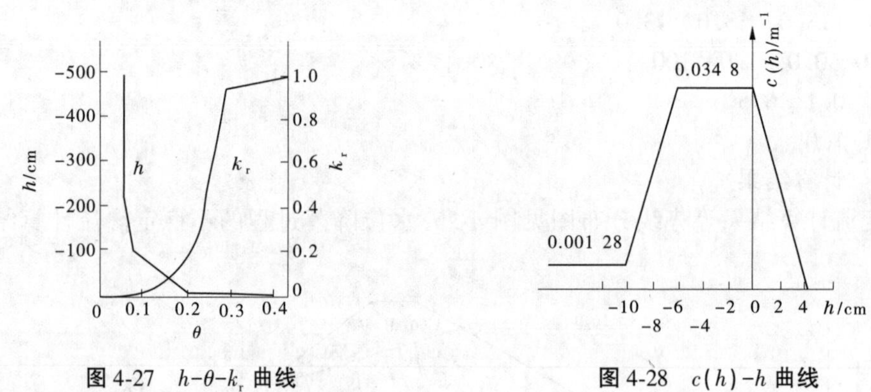

图 4-27　h-θ-k_r 曲线　　　　图 4-28　$c(h)-h$ 曲线

4.6.2.2　骤升情况

初始条件采用上、下游水位均为 10 cm 的平衡态，然后上游水位骤升至 30 cm，Δt 起步时取 15 s，计算结果与赤井浩一等的试验结果做了比较(见图 4-29)。$t=30$ s 的等压线与等水头线分布见图 4-30。

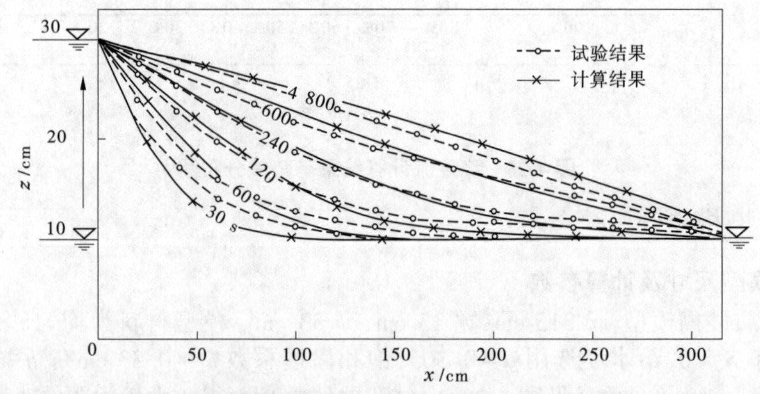

图 4-29　水位骤升时自由面数值解与砂槽模型试验结果对比(第一断面，$y=0$)

4.6.2.3　骤降情况

初始水位采用上、下游均为 30 cm 的平衡态，然后下游水位骤降至 10 cm，Δt 起步时取 15 s，计算结果与相应的试验结果做了比较(见图 4-31)。

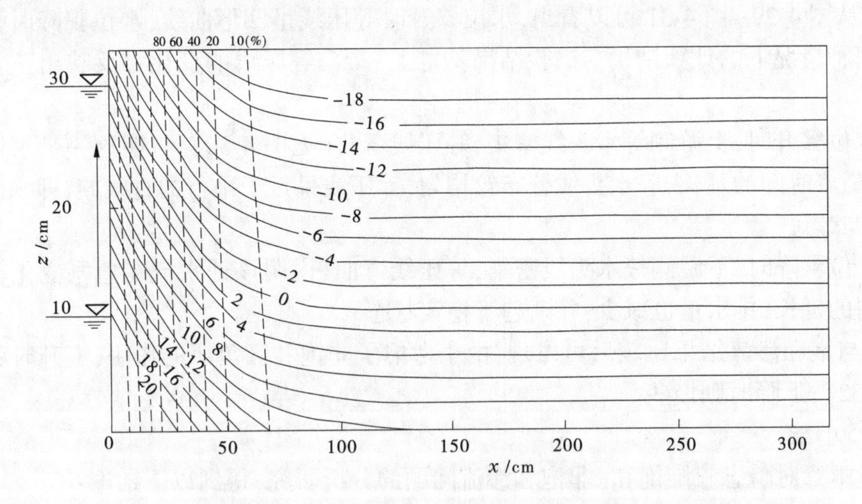

图 4-30　水位骤升后 $t=30$ s 的等压线及等水头线分布(第一断面，$y=0$)

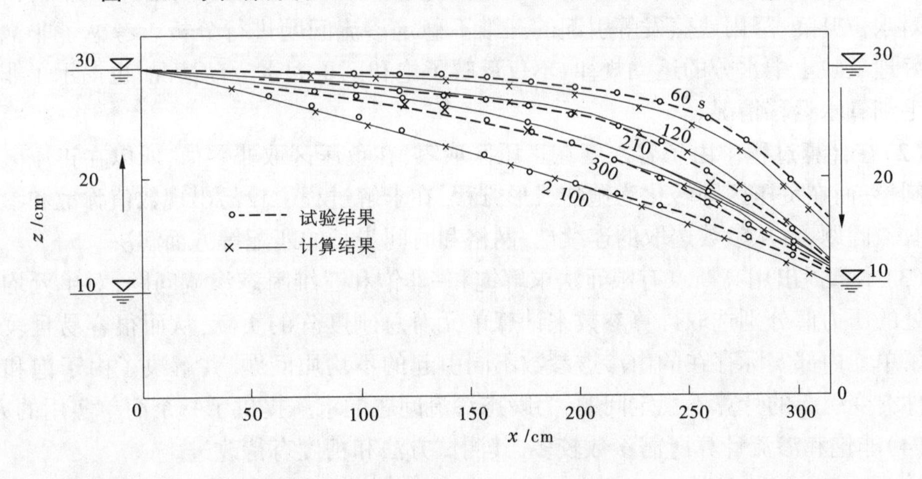

图 4-31　水位骤降时自由面数值解与砂槽模型试验比较(第二断面，$y=4.60$ cm)

4.6.2.4　与饱和渗流计算成果比较

将本章骤升计算结果与第 3 章中饱和渗流分析结果(见图 3-8)对比，见图 4-32。

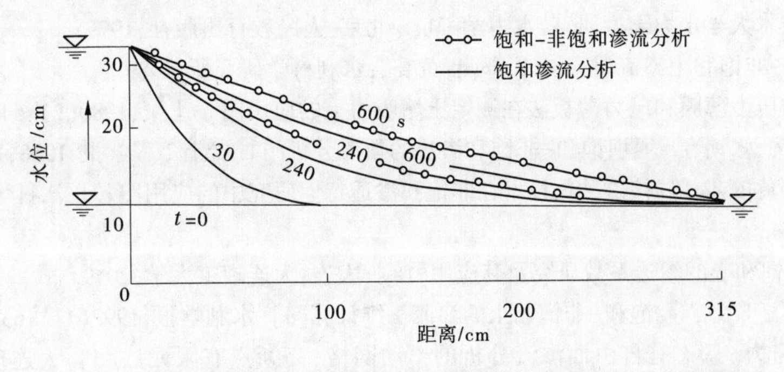

图 4-32　非饱和渗流计算与饱和渗流计算的自由面结果比较(骤升)

4.6.2.5 结果分析

(1)从图4-29~图4-31可以看出,水位骤升时等压线呈凹形曲线,水位骤降时呈凸形曲线。两种情况下的计算结果与试验结果基本上一致,等压线的变化都反映出正常的规律性。

当水位骤升时,上游侧等水头线密集,等压线弯曲(见图4-30),说明这一带水流变化急剧,而随着时间的延长,等水头线分布较均匀,等压线呈近于平行的直线族,即水流已近于平稳的状态。

当水位骤降时,下游侧等水头线密集,等压线弯曲,说明该处水流在急剧变化,同样,随着时间的延长,排水量也减少,并渐趋于稳定状态。

(2)与饱和渗流结果比较后可发现,由于考虑了非饱和区负压的作用,上升时就快些(见图4-32),下降时则慢些。

4.6.2.6 小结

通过本章对瞬态三维饱和-非饱和渗流问题的分析研究,得到以下结论:

(1)本章将饱和区与非饱和区耦合在一起分析,使得复杂的自由边界问题不再存在,并能对水位升降、降雨或蒸发等引起的三维不稳定渗流问题进行分析。考虑了非饱和区能更好地反映土中水分的运动规律,不仅反映了饱和区重力水运动情况,也揭示了非饱和区的毛细管水运移情况。

(2)在计算过程中由于容水度在正压区取零,在负压区取非零值,所以在正压区方程为椭圆形,而在负压区则转化为抛物线形方程,在求解过程中较易出现数值弥散和参数拟合不收敛问题,可从参数选取的连续性、网格和时间步长的匹配等方面解决。

(3)本章提出用高斯点有限元法求解饱和-非饱和三维瞬态渗流问题,对单元均按高斯点处的压力值分别选取计算参数来计算单元对总刚度阵的贡献,从而很容易且较好地解决了单元内部实际存在的由渗透参数不同引起的不均质问题,并解决了由于饱和区边界条件突变引起的计算不稳定问题,为瞬态渗流问题的求解提供了一个简单实用的方法。

(4)非饱和渗流计算所需参数较多,其测试方法和精度有待改进。

参考文献

[1] 德赛 C S,等. 岩土工程数值方法[M]. 北京:中国建筑工业出版社,1991.
[2] 成都科学技术大学水力学教研室. 水力学[M]. 北京:人民教育出版社,1979.
[3] 高骥. 饱和-非饱和土渗流研究[R]. 郑州:黄委会水利科学研究所,1989.
[4] 汪仁真,等. 压力薄膜和压力薄板法在测定土壤吸力上的应用[J]. 土壤,1980(2):64-67.
[5] 高骥,雷光耀,张锁春. 堤坝饱和-非饱和渗流的数值分析[J]. 岩土工程学报,1988,10(6):28-37.
[6] 陈宝,张康,黄依艺,等. 核磁共振技术在非饱和渗透特性研究中的应用[J]. 长江科学院院报,2018,35(3):59-64.
[7] 温天德. 非饱和土的渗透系数研究及其应用[D]. 大连:大连理工大学,2019.
[8] 李信,高骥,汪自力,等. 饱和-非饱和土的渗流三维计算[J]. 水利学报,1992(11):63-80.
[9] 陈万吉,汪自力. 瞬态有自由面渗流分析的不动网格-高斯点有限元法[J]. 大连理工大学学报,1991,31(5):537-543.

[10] 汪自力,高骥,李信,等.饱和-非饱和三维瞬态渗流的高斯点有限元分析[J].郑州工学院学报,1991,12(3):84-90.
[11] 高骥,潘恕,雷光耀,等.水位升降时堤坝不稳定渗流计算[J].人民黄河,1988(5):54-58.
[12] 雷光耀,张锁春,高骥.水位骤变时的饱和-不饱和渗流数值计算[J].计算物理,1984(2):237-244.
[13] 雷光耀,张锁春,高骥.饱和与不饱和土中的地下水渗流计算[J].水动力学研究与进展,1984(2):104-110.
[14] 张锁春,雷光耀,高骥.跳点法在地下水饱和-非饱和渗流计算中的应用[J].水利学报,1985(7):41-48.
[15] 雷光耀,张锁春,高骥.东平湖大堤蓄水与排水期的渗流数值模拟[J].水动力学研究与进展,1987(3):33-40.
[16] 赤井浩一,大西有三,西垣诚.基于有限元法的饱和与非饱和渗流计算分析[C]//土木学会论文报告集,1977.
[17] 驹田广也.饱和-非饱和土中非定常渗流分析[R].电力中央研究所报告,1978.
[18] Akai K, et al. Finite element analysis of three-dimensional flows in saturated-unsaturated soils[J]. 3rd Int. Conf. on Numerical Methods in Geomechanies, 1979.
[19] 驹田广也,等,填筑坝在库水位急降时不稳定渗流分析与稳定分析[J].水利水运科技情报,1978(S3):34-50.
[20] 汪自力.黄河大堤病险分析方法与抢险新技术[D].南京:河海大学,2009.
[21] 汪自力,张俊霞,李莉.SUSAP饱和-非饱和渗流分析软件的开发与应用[C]//第五届全国水利工程渗流学术研讨会论文集.南京,2006.

第 5 章　渗流计算参数的反演

渗流参数的选取对渗流计算结果影响较大,通过测压管(渗压计)实测值进行反演计算合理确定渗流参数是有效可行的方法。本章介绍了基于饱和-非饱和稳定渗流分析的计算参数反演方法,建立了与测压管实测水头相适应的优化模型,给出了数学规划中的复合形法求解步骤和算例。

5.1　问题的提出

在堤坝渗流问题的计算分析中,合理地选取土的渗流参数具有重要的意义。通常,土的渗透系数是通过现场勘探取样和室内试验确定的,然而由于钻探取样的局限性和土样在取土、运输过程中的扰动,现场和试验两者边界条件的差异,以及地基土分布的非均质性,由室内试验测定的参数往往与实际值存在较大的差异。在实际工程中不确定因素更多,因此除室内试验和现场观测外,还需要分析者具有丰富的实践经验加以判断,在进行大量的试算基础上来选定,常花费大量的时间、人力。尤其对已运行多年的工程,仅凭试验和分析者的经验判断还常常不够,有必要对计算参数反演问题进行研究。反分析法在土工领域的应用主要有三种方法,即逆分析法、间接分析法和概率统计法。其中,间接分析法对堤坝渗流问题的反演有较强的适用性。

反问题的研究开始较早,1877 年 Lord Rayleigh 首先给出了反问题的求解例证,即已知弦的振型求弦的质量分布。反问题的求解,主要有三方面的困难:①反问题的求解需要依赖于多次正演过程的迭代,计算量很大。因此,正问题的迅速准确求解,对于反问题来说是必不可少的。②对反演问题来说,更困难的是不适定问题。有时只要所量测得到的数据差之毫厘,反演结果就会失之千里,而量测仪器的误差、噪声、计算机的舍入误差是不可避免的,何况计算模型一般也不可能完全反映实际。③解的不唯一也是一个重要问题,即不同的原因导致的最终结果可能是相同的,这就需要增加更多的有用信息和约束条件来判断解的合理性。

本章以堤坝稳定渗流分析为基础,采取反问题求解的间接法,将有限元法和数学规划中的复合形法结合起来,通过计算自动修正土的渗透系数,使得一些测压管观测值与相应的计算值差异最小。算例表明了该法的有效性、可靠性,从而为较合理地选取土的渗透系数提供了一个简单而实用的工具。

5.2　优化模型及其求解思想

5.2.1　优化模型

目标函数：　$$F(\boldsymbol{K})=\frac{1}{2}\sum_{j=1}^{m}f_j^2(\boldsymbol{K})=\frac{1}{2}\sum_{j=1}^{m}(H_j-H_j^*)^2\rightarrow \min \tag{5-1}$$

约束条件：　$$k_{i\min}\leqslant k_i\leqslant k_{i\max}\quad (i=1,2,\cdots,n) \tag{5-2}$$

式中　m——观测点(渗压计或测压管)个数；

n——所划分土层的渗透系数种类总数；

H_j——第 j 测点与实测水头值 H_j^* 相应的计算水头值；

$\boldsymbol{K}$——一组渗透系数，即 $\boldsymbol{K}=[k_1,k_2,\cdots,k_n]^{\mathrm{T}}$；

$k_{i\min}$、$k_{i\max}$——第 i 种渗透系数的下限和上限。

这样渗透系数的反演问题就归结为求一组渗透系数 K，在满足约束条件(5-2)时使 $F(\boldsymbol{K})$ 值最小的优化问题。

5.2.2　优化模型的求解

本章先后采用三种优化算法求解上述的优化模型，即共轭梯度法、最小二乘法和复合形法，最终选择了复合形法。

复合形法是单纯形法对约束问题的推广，它与单纯形法的不同点在于各顶点的选择与替换不仅要使目标函数下降，而且必须是可行点。同时，为克服单纯形法容易产生退化的缺点，复合形法采用 N 个顶点($n+1\leqslant N\leqslant 2n$，$n$ 为渗透系数的种类数)，由于顶点个数 $N\geqslant n+1$，它们组成的凸体是由若干个单纯形组成的，故称该法为复合形法。

复合形法不需要计算导数，因此对目标函数要求低。同时，它也不需要进行一维搜索，处理约束容易，适用性较广，收敛速度要比随机试验法快，而且程序实现容易，并可较可靠地得到比初始点更好的改进解。所以，该法尤其适用于渗流这类导数不易求得、变量个数不多的非线性优化问题的求解。

由于渗流问题的非线性，需要进行迭代求解，而在反求参数时需多次调用正分析程序，因此在程序中设置相应的数组存贮最新一组渗透系数相对应的计算结果，以便下次调用时能在该计算结果的基础上进行迭代，以节约机时。

对稳定渗流来讲，不同渗透系数的组合仍能求出同一自由面或渗流量，因此仅凭测压管资料或渗流量资料所求的渗透系数是不唯一的。由于稳定渗流时，渗流场的水头函数分布与各土层的渗透系数之间的相对比值一般存在一一对应关系，据此就可根据测压管资料反求出各渗透系数之间的确定比例，用试验或其他手段确定其中之一的绝对值后，其他区域的渗透系数便可按比例确定。

对堤坝问题，采用测压管实测资料与相对应节点的计算水头差的平方和之 1/2 作为目标函数，以各土层土性渗透系数的上下限作为约束条件，确定优化模型，反演出各土层渗透系数后，计算出相应的渗流量，再用实测的渗流量校核，如误差不大，即认为所求渗透系数基本符合实际情况。

5.3 复合形法的求解步骤

(1)根据现场勘测和室内试验结果,将地质剖面按土质渗透性分为 n 个子区域,并给定各子区域渗透系数 k_i 的变化范围,整理出一个初始可行的内点 $\boldsymbol{K}^{(0)}$,并给定反射系数 α(可取 $\alpha=1.3$)及计算终止精度 ε_1、ε_2、ε_3,最大迭代次数 NK。另外,还要整理出测压管水头值 H_j^*。

(2)生成 N 个复合形初始可行顶点($n+1\leqslant N\leqslant 2n$),$\boldsymbol{K}^{(0)}$ 已给出,生成点 $K^{(j)}$($j=1,2,\cdots,N-1$)的方法为

$$k_i^{(j)} = k_{i\min} + (k_{i\max} - k_{i\min})r_i^{(j)} \quad (i=1,2,\cdots,n)$$

式中 $r_i^{(j)}$——在[0,1]区间上均匀分布的随机数,则 $K^{(j)}$ 均为可行内点。

(3)计算目标函数值 $F(\boldsymbol{K}^{(j)})$,($j=0,1,\cdots,N-1$)。

(4)进行反射:

①将 N 个顶点按目标函数值大小重新排序,最好点为 $\boldsymbol{K}^{(0)}$,最坏点 $\boldsymbol{K}^{(H)}$ 为 $\boldsymbol{K}^{(N-1)}$。

②计算除 $\boldsymbol{K}^{(H)}$ 外的 $N-1$ 个点的中心点 $\boldsymbol{K}^{(C)}$ 及反射点 $\boldsymbol{K}^{(R)}$:

$$\boldsymbol{K}^{C} = \frac{1}{N}\sum_{i=0}^{N-2}\boldsymbol{K}^{(i)}$$

$$\boldsymbol{K}^{(R)} = \boldsymbol{K}^{(C)} + \alpha(\boldsymbol{K}^{(C)} - \boldsymbol{K}^{(H)})$$

③判断 $\boldsymbol{K}^{(R)}$ 是否为可行点,若可行则转向步骤④,否则转向步骤⑥。

④计算 $F(\boldsymbol{K}^{(j)})$,并判断 $F(\boldsymbol{K}^{(j)})<F(\boldsymbol{K}^{(H)})$ 是否成立,若成立则转向步骤(5),否则转向步骤⑤。

⑤令 $\alpha=0.5\alpha$,即把 $\boldsymbol{K}^{(R)}$ 向中心点压缩一半距离,再进行步骤③④,反复进行,直至 $F(\boldsymbol{K}^{(j)})<F(\boldsymbol{K}^{(H)})$ 为止;若经过多次压缩 $\alpha<\varepsilon_1$,但仍未见效,则用次坏点代替 $\boldsymbol{K}^{(H)}$ 重新作反射与压缩。

⑥将不可行点调整为可行点,即

若 $k_i^{(R)}\leqslant k_{i\min}$,则令 $k_i^{(R)}=k_{i\min}$;

若 $k_i^{(R)}\geqslant k_{i\max}$,则令 $k_i^{(R)}=k_{i\max}$;

再转向步骤④。

(5)用反射点代替最坏点,即令 $\boldsymbol{K}^{(H)}=\boldsymbol{K}^{(R)}$,并按目标函数 F 值重新排序,并存盘,检查终止准则。即若迭代次数 $ITR>$NK,停止计算,否则:

①计算 $\overline{F} = \frac{1}{N}\sum_{j=0}^{N-1}F(\boldsymbol{K}^{(j)})$;$\overline{\boldsymbol{W}} = \frac{1}{N}\sum_{j=0}^{N-1}W^{(j)}$,其中 $\overline{\boldsymbol{W}} = [\overline{\omega}_1,\overline{\omega}_2,\cdots,\overline{\omega}_{n-1}]^{\mathrm{T}}$,$\boldsymbol{W}=[\omega_1,\omega_2,\cdots,\omega_{n-1}]^{\mathrm{T}}$,式中 ω 为一组渗透系数之间的相对比值,$\omega_i = k_{i+1}/k_1(i=1,2,\cdots,n-1)$。

②若 $\sum_{j=0}^{N-1}(F(\boldsymbol{K}^{(j)}) - \overline{F})^2 \leqslant \varepsilon_2$ 且 $\max_i\sum_{j=0}^{N-1}\parallel \omega_i^{(j)} - \overline{\omega}_i^{(j)} \parallel \leqslant \varepsilon_3$,则认为最优化解 $K^{(*)}=K^{(0)}$,停止计算;否则转向(4) 的 ②。

5.4　程序研发及使用说明

根据 5.2、5.3 模型,研制了相应的反求堤坝渗流计算参数的复合形法程序 IAPP。该程序是将渗流计算程序作为一个子程序,再在主程序中加入复合形法的内容,因此程序编制相对容易。另外程序允许中断后再接着计算,这样可根据中间结果好坏决定是否继续计算。由于渗流问题的非线性,因此需进行迭代求解。在反求参数时需多次调用正分析程序,故在程序中设置了相应的数组存贮最新一组渗透系数对应的计算结果,以便下次调用时能在该计算结果基础上进行迭代,以节约机时。

5.5　模型坝算例及结果分析

5.5.1　模型坝参数

为验证程序的可靠性,先对一假定模型坝进行计算。某模型为 4 m×4 m 的方形渗透区域,它由上下四层不同渗透特性的土层组成,如图 5-1 所示。上游 *AB* 边水位为 4.0 m,下游 *CD* 边无水,*BC* 边为不透水边界。现假设上下四层的吸力 h 与相对非饱和渗透系数 k_r 的关系相同(见表 5-1),而且在反演时也保持不变,需反求的只是土层的饱和渗透系数 k_s。

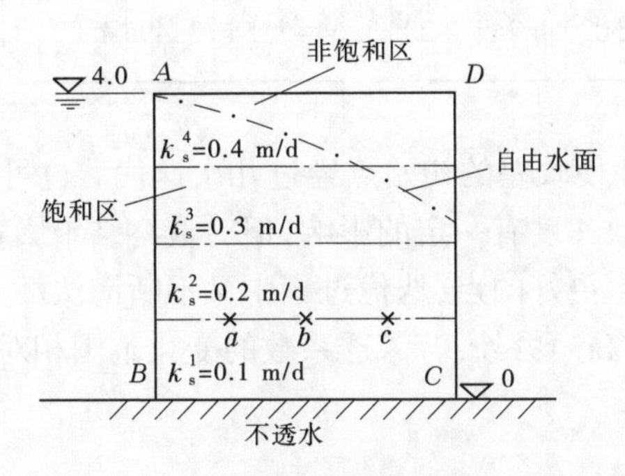

图 5-1　模型坝示意图

表 5-1　相对非饱和渗透系数取值

h/m	−8.56	−6.12	−4.48	−2.92	−2.12	−1.64	0
k_r	1.40×10^{-2}	2.65×10^{-2}	5.43×10^{-2}	0.14	0.38	0.61	1.0

为得出类似测压管的水头值,先进行正演计算,设自下层至上层的饱和渗透系数分别为 $k_s^1=0.1$ m/d、$k_s^2=0.2$ m/d、$k_s^3=0.3$ m/d、$k_s^4=0.4$ m/d,则可计算出测点 a、b、c 三点水头值分别为 3.474 m、2.890 m 、2.134 m,然后将这些水头值作为观测值来反求各土层的 k_s 值。可限定:0.05 m/d$\leqslant k_s^1\leqslant$0.15 m/d,0.16 m/d$\leqslant k_s^2\leqslant$0.25 m/d,0.26 m/d$\leqslant k_s^3\leqslant$0.35 m/d,0.36 m/d$\leqslant k_s^4\leqslant$0.45 m/d。

5.5.2 反演计算及结果分析

计算考虑两个初始点,一个为精确解,即初值Ⅰ,$\boldsymbol{K}^{(0)}=[0.1,0.2,0.3,0.4]^{T}$;另一个为偏离精确解较大的点,即初值Ⅱ,$\boldsymbol{K}^{(0)}=[0.14,0.17,0.34,0.41]^{T}$。由于程序允许中断后再接着计算,因此可比较不同迭代次数 ITR 下的计算结果,见表 5-2。

表 5-2 不同初始值在不同迭代次数 ITR 下的计算结果

初值	比值	迭代 6 次					迭代 11 次					收敛				
		$K^{(0)}$	$K^{(1)}$	$K^{(2)}$	$K^{(3)}$	$K^{(4)}$	$K^{(0)}$	$K^{(1)}$	$K^{(2)}$	$K^{(3)}$	$K^{(4)}$	$K^{(0)}$	$K^{(1)}$	$K^{(2)}$	$K^{(3)}$	$K^{(4)}$
初值Ⅰ	ω_1	2.00	2.29	1.72	1.85	2.10	2.00	2.12	1.82	2.29	2.19	2.00	2.00	2.00	2.00	2.01
	ω_2	3.00	3.32	2.66	2.84	3.13	3.00	3.10	2.86	3.32	3.17	3.00	3.00	3.00	3.00	3.02
	ω_3	4.00	3.49	4.14	3.51	4.67	4.00	3.69	4.30	3.49	4.19	4.00	4.00	4.00	4.00	3.96
初值Ⅱ	ω_1	2.15	2.29	1.72	2.50	2.43	1.96	2.15	2.13	2.29	2.22	2.00	2.00	2.00	2.00	2.00
	ω_2	3.14	3.32	2.66	3.40	3.41	3.03	3.14	3.13	3.32	3.22	2.99	2.98	2.98	2.98	2.97
	ω_3	3.64	3.49	4.14	4.07	4.24	4.20	3.64	3.54	3.49	4.02	4.00	4.00	4.01	4.02	4.00

从表 5-2 中可看出,即使较差的初始点经过几次迭代后也可得到较大的改善,由此可见,初始点的好坏虽对收敛速度有一定的影响,但对最终结果影响不大。因为其他顶点的选择是随机的,有可能产生更好的点,迭代过程中又不断淘汰坏点,产生较好的点,所以本算法对初始点的要求并不高。另外,若渗透系数的变化范围相对精确解基本对称,则会加快收敛速度。

5.6 黄河大堤渗透系数反演分析实例

5.6.1 大堤参数选择

在进行黄河大堤典型堤段渗流动态预报时,须确定大堤内部各土层的渗透系数。然而由于堤防在抢险和加固时所用材料及施工情况都比较复杂,加上现场勘探取样的局限性,凭借现场勘测资料和室内试验资料一般都不能准确地确定各土层的渗透系数。为确定渗透系数,应用上述理论及研制的参数反演程序 IAPP,对黄河大堤某堤段进行了实际分析,以证明该法及其所编程序的有效性、可靠性。这样就可根据所选定的渗透系数较准确地进行设计洪水位下堤防渗流动态预报,为堤防加固设计提供较可靠依据。

黄河大堤某堤段老口门全长约 1 510 m,背河侧原来为潭坑,后经淤背,将潭坑大多填平,堤身系人工填土,主要为粉土及粉质砂壤土。由于当时扒口后又堵口,因此堤基土层相当复杂,口门上部主要为石料及腐烂的秸料、柳枝等,且分布较广、渗透性高;临河侧及背河侧主要为黏土及亚黏土。该堤段选择安装有测压管的断面(桩号 12+800)为代表断面。观测资料为 1958 年测压管实测资料,经分析,可信度较高。根据 4 月 25 日前水位相对平稳而将临河水位及背河水位分别定为 91.51 m 和 89.65 m。

计算时,首先按勘探资料和室内试验结果将计算区域按土层渗透性划分为几个区域,共计 5 种渗透系数。对堤身土进行了相对非饱和渗透系数测试,其结果见表 5-3。在反演计算中,假定 k_r-h 关系不变,k_s 可做调整。由于堤身试验做得较多,因此取堤身渗透系数 k_1 为确定值,即其上、下限均为 0.43 m/d。其他土层渗透系数按其土类及室内试验结果分别取为 $100 \leqslant k_2 \leqslant 140$、$0.50 \leqslant k_3 \leqslant 1$、$25 \leqslant k_4 \leqslant 40$、$0.000\,1 \leqslant k_5 \leqslant 0.001$,单位为 m/d。

表 5-3　堤身土相对非饱和渗透系数

h/m	−19.5	−13.5	−9.0	−5.0	−2.3	−1.6	−1.0	−0.4	0
k_r	8.37×10^{-4}	1.79×10^{-3}	3.60×10^{-3}	8.19×10^{-3}	2.14×10^{-2}	3.58×10^{-2}	8.05×10^{-2}	0.316	1.0

5.6.2　反演计算及结果分析

计算初始值选 $K^{(0)}=[0.43,120,0.57,34.56,0.000\,6]^{\mathrm{T}}$。将计算域进行有限元网格剖分后,选择与测压管中水面最近的节点水头值作为 H_j,并与相应的观测水位 H_j^* 比较,这样,程序处理起来较为简单。在迭代过程中,将几组渗透系数按对应的目标函数值由小到大排序,即最好点为 $K^{(0)}$。将不同迭代次数时的各组渗透系数及相应的目标函数值列入表 5-4。由表 5-4 可见,经过 4 次迭代,结果有了较大改进。

表 5-4　不同迭代次数下计算结果比较　单位:m/d

	迭代 4 次						迭代 8 次					
	$K^{(0)}$	$K^{(1)}$	$K^{(2)}$	$K^{(3)}$	$K^{(4)}$	$K^{(5)}$	$K^{(0)}$	$K^{(1)}$	$K^{(2)}$	$K^{(3)}$	$K^{(4)}$	$K^{(5)}$
k_1	0.43	0.43	0.43	0.43	0.43	0.43	0.43	0.43	0.43	0.43	0.43	0.43
k_2	100.00	104.33	120.27	100.00	106.83	116.47	102.63	100.00	100.00	111.50	104.34	108.34
k_3	0.85	0.92	1.00	1.00	0.99	0.62	0.90	0.85	0.79	0.85	0.92	0.70
k_4	31.17	29.01	26.54	36.43	36.93	31.10	25.00	31.17	31.19	25.00	29.01	25.00
k_5	0.000 9	0.000 6	0.000 6	0.000 4	0.000 6	0.000 2	0.000 9	0.000 9	0.001	0.001	0.000 6	0.000 7
F	0.551	0.553	0.563	0.566	0.572	0.572	0.545	0.551	0.551	0.552	0.553	0.556

由反演结果,取迭代 8 次的一组渗透系数 $\boldsymbol{K}^{(0)}=[0.43,102.63,0.90,25.00,0.000\,9]^{\mathrm{T}}$ 进行正演计算,即可得到相应的渗流场分布,如图 5-2 所示;相应的测压管误差分析见表 5-5。有了渗透系数就可进一步预测设计洪水位下加固后断面的渗流场情况。

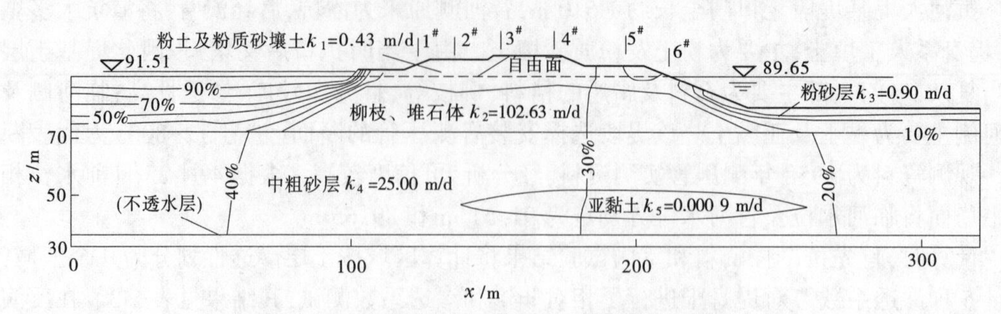

图 5-2 观测断面等压线、等势线分布图

表 5-5 测压管观测值与计算值误差分析 单位:m

管号	1#	2#	3#	4#	5#	6#
观测值	90.907	90.605	90.517	90.000	89.667	89.709
计算值	90.305	90.280	90.255	90.225	90.205	90.170
误差	0.602	0.325	0.262	-0.225	-0.538	-0.461

5.7 小 结

(1)通过模型坝算例及对黄河大堤某堤段代表断面渗流参数的反演分析可看出,用复合形法反求堤坝渗流参数既简单又可靠。该法可推广到三维稳定渗流计算参数的反求中,也可用于类似的工程问题中,因此该法为合理选取土的计算参数提供了一个简单实用的工具。

(2)对稳定渗流来讲,不同渗透系数的组合仍能求出同一自由面或渗流量,因此仅凭测压管资料或渗流量资料所求的渗透系数是不唯一的。由于稳定渗流时,渗流场的水头函数分布与各土层的渗透系数之间的相对比值存在一一对应关系,据此就可根据测压管资料反求出各渗透系数之间的确定比例,用试验或其他手段确定其中之一的绝对值后,其他区域的渗透系数便可按比例确定。

(3)对瞬态渗流计算参数的反演问题还有待研究。

参考文献

[1] 程耿东. 工程结构优化设计基础[M]. 北京:水利电力出版社,1984.

[2] 薛履中. 工程最优化技术[M]. 天津:天津大学出版社,1989.

[3] 汪自力,杨静熙. 堤坝渗流计算参数的反演问题研究[R]. 郑州:黄河水利科学研究院,1993.

[4] 汪自力,高骥,李信,等. 饱和-非饱和三维瞬态渗流的高斯点有限元分析[J]. 郑州工学院学报,1991. 12(3):84-90.

[5] 汪自力,杨静熙. 反求堤坝渗流计算参数的复合形法[J]. 大连理工大学学报,1993,33(S1):41-45.

[6] 汪自力,杨静熙. 黄河大堤渗透系数的反演分析[J]. 人民黄河,1994,17(10):13-15.
[7] 段小宁,刘继山. 各向异性连续介质渗透系数的反分析法及其应用[J]. 大连理工大学学报,1991,31(5):593-601.
[8] 鲁得浦,王成恩. 基于人工智能和有限元方法的传热学反问题[J]. 工业技术创新,2023,10(2):32-42.
[9] 江贺希,李同春,晁阳. 基于聚类算法的拱坝热学参数反演分析[J]. 水力发电,2023,49(5):64-70.
[10] 吴中如,顾冲时. 大坝原型反分析及其应用[M]. 南京:江苏科学技术出版社,2000.
[11] 顾冲时,吴中如. 大坝与坝基安全监控理论和方法及其应用[M]. 南京:河海大学出版社,2006.

第6章　渗流作用下边坡稳定性分析

本章将饱和-非饱和渗流计算的有限元法与边坡稳定分析的条分法相结合,并以渗透力代替土条周边孔隙水压力,使得在渗流计算后能用其计算网格接着进行边坡稳定分析。对滑动面、浸润线穿越的单元引入不动网格-高斯点有限元法思想,按高斯点位置选择相应的计算参数。本章介绍了该方法的特点和算例,并将该方法用于解决裂缝渗流作用下的边坡稳定分析问题。

6.1　问题的提出

6.1.1　渗流破坏形式

土质堤坝渗流破坏形式可分为两类:一类是因集中渗流和过大的出渗坡降使地基或坡面发生管涌或流土的局部渗流冲刷或渗透变形;另一类则是因渗流场普遍存在的孔隙水压力所造成的整个土体的滑坡。因而渗流破坏土体稳定性问题也可分为局部稳定性问题和整体稳定性问题。土体只有满足这两种稳定性的要求,方可认为是渗流稳定的。

根据渗流局部冲刷破坏和滑坡整体破坏情况,Charles(1985)调查了英国的71座失事土坝并引用美国Middlebrooks(1953)调查的200座失事土坝资料,统计结果如表6-1所示。

表6-1　Charles对土坝失事的统计(摘自本章文献[6])　　%

失事原因	美国调查	英国调查
漫顶外部冲刷	30	24
渗流内部冲刷	38	55
滑坡	15	14
其他	17	7

其他国家调查资料及包括我国1981年调查资料表明,由于渗流冲刷破坏失事的土坝高达40%,与渗流密切相关的滑坡破坏也占15%左右。由此可见,渗流作用对水利工程安全的重要性。在此仅对第二类整体破坏的渗流稳定性问题进行讨论,并对土质堤坝滑坡的稳定性问题提出分析方法。

6.1.2　渗流作用下滑坡稳定性分析方法概述

渗流作用下,土坡滑动的一般稳定性或整体稳定性和集中渗流冲刷破坏的局部稳定性是渗流破坏和控制的两大问题,同样都需要利用流网确定所研究部位的渗流水压力。这种土粒孔隙间的渗流水压力在分析坝坡稳定中常被称为孔隙水压力,即某点的测压管升高所代表的静水压力和超静水压力。当外荷载或自重增加使饱和土体压缩固结过程中所产生的非稳定的孔隙水流动则是土体变形中的非稳定渗流情况。

在一般的圆柱面滑动稳定性计算时,沿圆弧滑动面的孔隙水压力虽然都通过滑动圆心面不产生力矩,但能减少有效应力或滑动面的摩擦力并沿渗流方向产生渗透力促使滑动,因而对稳定有很大的影响。根据舍德葛伦对无黏性土的无限坡计算分析比较各力的影响程度得出的抗滑安全系数见表6-2。另外,对岳城水库黏性土筑坝的上游坡进行了库水位下降时的各种情况稳定性分析,结果如表6-3所示。由表列数据可以看出,渗流作用对坝坡稳定性的影响相当严重,因此设计时必须足够重视。

表6-2　无黏性土坡的稳定性分析(Cedergren,1977)

情况	干坡	干坡加地震	渗流饱和	饱和加地震
安全系数	1	0.7	0.5	0.25

表6-3　黏性土均质坝上游坡稳定性分析

情况	无渗流	有地震	有渗流	渗流加地震
安全系数	1.571	0.932	0.928	0.665

土坡的稳定性分析,实际应用中基于塑性极限平衡概念。首先假设一个破坏面,在破坏面上的极限平衡状态使其抗剪强度s与实际产生的剪应力τ相等,并定义s与τ的比值(即抗滑力与滑动力的比值)为安全系数,即

$$\eta = s/\tau \tag{6-1}$$

式(6-1)既适用于整个滑动面,也适用于任何一个单元体。因此,应用此安全系数可分析各种破坏面(包括圆弧滑动和非圆弧滑动)的安全度,为常用条分法分析和有限元分析法提供了有利条件。

在考虑孔隙压力的情况下,沿滑动破坏面的抗剪强度为

$$s = (\sigma - u)\tan\varphi' + c' \tag{6-2}$$

式中　σ——总的法向应力;

u——孔隙压力,饱和渗流时是孔隙水压力p;

$\sigma-u$——滑动面上的有效法向应力(土粒间压力);

φ'、c'——在一定状态下以有效应力表示的真实强度指标,φ'为土的内摩擦角,可由一系列的剪力试验确定,c'为土的黏聚力,可由圆柱压力试验确定。

滑坡稳定性分析方法大致可分为两类:①滑动面法;②单位应力法。滑动面法较为常用,它又可分为以毕肖普为代表的将滑动体分为垂直条块的方法与以伏罗里希为代表的将滑动体作为一个整体看待的方法。因前者可近似地应用于非均质土的计算,故在实际中经常采用。单位应力法应用弹塑性理论估算各点的应力分布,然后以面积内的单位剪应力与其剪应力强度相比较确定某处是否安全,现在此法也渐被应用。另外,结合常用的渗流计算有限元法,还可采用与其配套的三角形单元来代换条分,以更好地适应各种复杂土层分区的土石坝断面。下面就在对传统圆弧滑动的条分法分析的基础上,先介绍由南

京水科院完成的饱和渗流作用下边坡稳定分析的有限元法(三角形单元);再重点介绍本章研究成果饱和–非饱和渗流作用下的边坡稳定性分析(等参元),包括最小安全系数的优化算法以及相关的讨论。

6.2 常规条分法及其存在的问题

6.2.1 常用的条分法

划分滑动体为垂直土条的计算方法源于瑞典圆弧法。现以分析上游迎水坡的稳定性为例来介绍常用的条分方法。

迎水坡稳定性的最不利情况是在长期保持高水位后的下降过程。这时,由于从坝面逸出的非稳定流的渗透力作用与倾向迎水坡的浸润线以上滑动体部分的浮力消失,因而会使斜坡稳定性下降。另外,如果迎水坡面有弱透水可压缩黏土防渗层时,在上游水位骤降时,自重突然增加所造成的孔隙水压力对坡面的稳定性更不利。

在计算孔隙水压力情况下的坡面稳定性时,为方便起见,最好将渗流的流网换算成等压线图,即按照式 $p/\gamma=H-z$,由已知的水头 H 和位置高程 z 算出各点的压力水头。如图 6-1 所示的不透水岩基上的土坝,可用图 6-1(a)的流网换算成图 6-1(b)的渗流等压线或孔隙水压力等值线来研究上游坡在水位骤降后的稳定性。如图 6-2(a)所示,应用一般圆弧滑动法,并取滑动面 AB 分析其安全性。

从渗流等压线分布确定出沿滑动圆弧 AB 上孔隙水压力分布。对于细粒黏性土来说,浸润线以上的毛管水可以加速土的固结,增加安全性,计算可不考虑。按常规方法将圆弧 AB 以上的可能滑动体分成许多垂直条带(5~12,可取等宽),则每一垂直土条所受的作用力[见图 6-2(b)]如下。

(1)土条的重量 G(土粒和水)。

(2)底部滑动面上作用的法向力,即土粒间有效应力 $N=(\sigma-u)l$ 及孔隙水压力 $U=ul$,l 为土条底部的弧长。

(3)沿滑动面作用的切向力,即摩擦力与黏聚力,如果考虑式(6-1)定义的安全系数 η 为抗滑力与滑动力的比值时,则在极限平衡状态所取用或发挥的切向力应为:

$$T=\frac{N\tan\varphi'+c'l}{\eta} \tag{6-3}$$

式中,内摩擦角 φ' 与黏聚力 c' 都是对有效应力或土粒间的应力来说的。

(4)土条侧边土压力与水压力,可分解为水平和垂直两个分力,并用 $\Delta E_x=E_{x1}-E_{x2}$ 和 $\Delta E_z=E_{z1}-E_{z2}$ 表示左右两侧土压力的合力,用 $\Delta W=W_1-W_2$ 表示水平方向水压力的合力。

上述各力在平衡状态时构成一个闭合的力的多边形,如图 6-2(c)所示。这里所考虑的土(含水)一齐滑动的土条自重 G 应为土条内固相土粒重 $G_s=\gamma_s(1-n)V$ 与孔隙水重 nG_w 之和,或浮重 $G'=(\gamma_s-\gamma)(1-n)V$ 与土条体积 V 的水重 $G_w=\gamma V$ 之和,即

$$G=G_s+nG_w=G'+G_w$$

对于圆弧滑动面,其安全系数也就是抗滑力矩与滑动力矩之比。现在绕滑动圆弧中

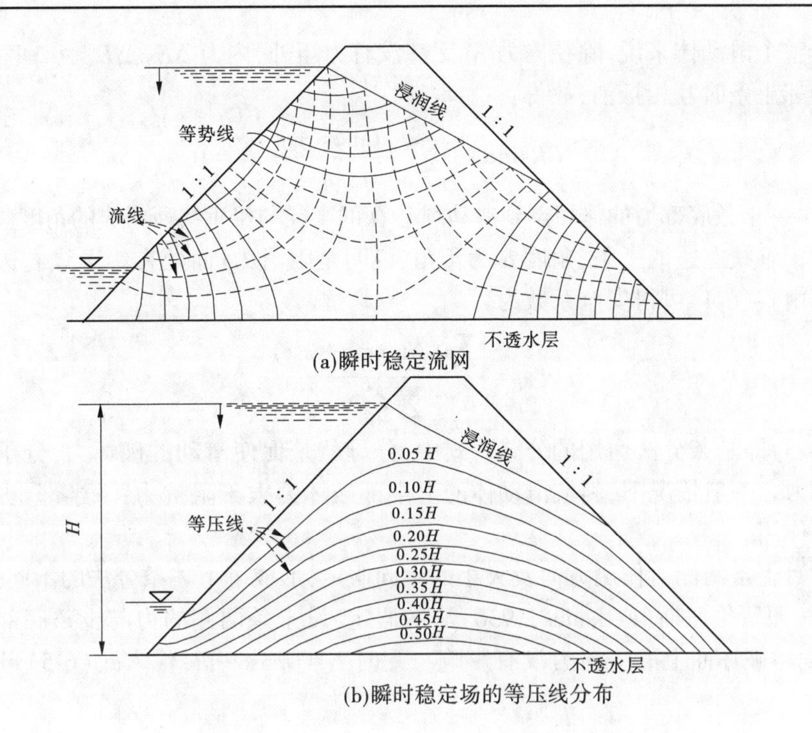

(a)瞬时稳定流网

(b)瞬时稳定场的等压线分布

图 6-1　上游水位骤降时的土坝内瞬时流场

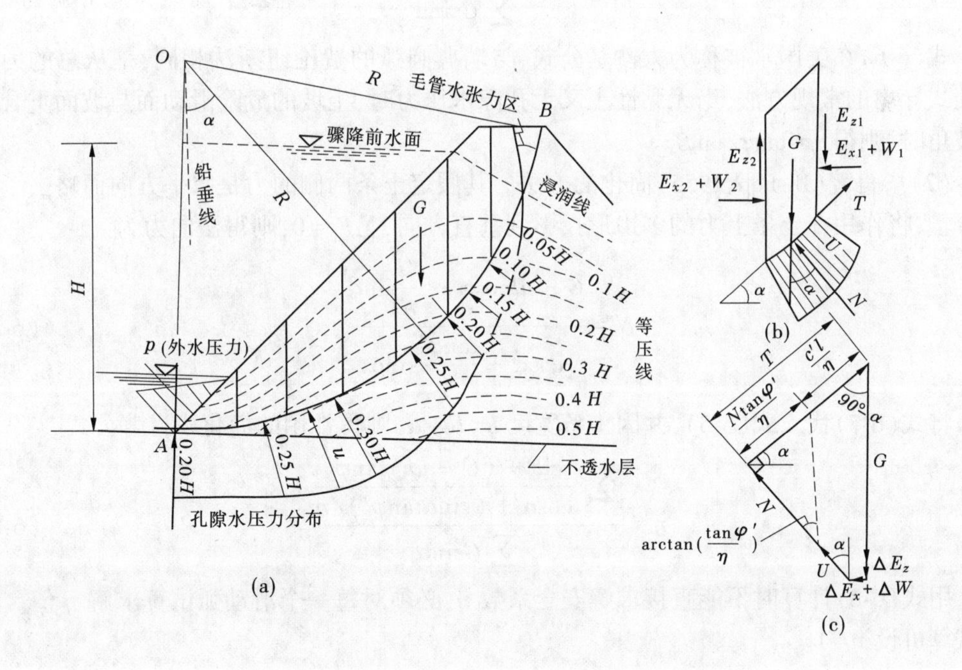

图 6-2　圆弧滑动条分法示意图及土条受力图示

心 O 写力矩平衡式，即

$$\sum M_O = 0$$

对于整个滑动体来说,除径向力 N 及 U 没有力矩外,内力 ΔE_x、ΔE_z 及 ΔW 的力矩,在取各个相邻土条时互相抵消,故得:

$$\sum GR\sin\alpha - \sum \frac{N\tan\varphi' + c'l}{\eta}R = 0 \tag{6-4}$$

式中 α——土条底部力的作用点到滑动圆心 O 的半径与铅垂线所组成的角度(见图6-2)。

处在铅垂线左边的土条,角度 α 为负角,说明是阻滑力;而处在铅垂线右边的土重是下滑力。由式(6-4)可得安全系数为

$$\eta = \frac{\sum (N\tan\varphi' + c'l)}{\sum G\sin\alpha} \tag{6-5}$$

式(6-5)即是条分法通用的公式。式中,分母就是促使滑动的破坏力,分子是抵制滑动的阻抗力。一般情况下,斜坡滑动体的上半部破坏力大于阻抗力;下半部土条则相反,起了阻滑作用。

根据对土条两侧力作用方向及大小的不同假定,形成了下述条分法的不同公式:

(1)按照费伦纽斯(Fellenius,1936)法的假定,设土条两侧的力与土条底部滑动破坏面平行,则对破坏面上的法向力没有影响。此时 $N=G\cos\alpha\ \ ul$,代入式(6-5)可得安全系数为

$$\eta = \frac{\sum [(G\cos\alpha - ul)\tan\varphi' + c'l]}{\sum G\sin\alpha} \tag{6-6}$$

式(6-6)在美国常被称为太沙基公式,与瑞典圆弧的费伦纽斯法相同,是从总的力矩平衡式导出的常规方法,当无黏性土又无孔隙水压力时,土坡的危险滑动面与坡面重合,β 为坡角时,则得 $\eta=\tan\varphi/\tan\beta$。

(2)毕肖普(Bishop,1955)简化的方法。其假定土条两侧的力是水平方向而略去了垂直分量,将作用在土条上力的多边形投影到垂直方向,$\sum F_z=0$,则得法向力为

$$N = \frac{G - ul\cos\alpha - \dfrac{c'l}{\eta}\sin\alpha}{\cos\alpha + \dfrac{\tan\varphi'}{\eta}\sin\alpha} \tag{6-7}$$

将式(6-7)代入式(6-5),并因土条宽度 $b=l\cos\alpha$,则得常用的简化毕肖普公式

$$\eta = \frac{\sum \dfrac{c'b + (G - ub)\tan\varphi'}{\cos\alpha + (\sin\alpha\tan\varphi')/\eta}}{\sum G\sin\alpha} \tag{6-8}$$

用式(6-8)计算时不能直接求解安全系数 η,必须对每一个滑动弧试算求解 η 值。开始试算可设 $\eta=1$。

(3)克雷-布瑞特(Krey-Breth)方法。该法在式(6-8)的基础上,又假定土的抗剪强度 c'、φ'都充分发挥,$\eta=1$,得出式(6-8)右端没有 η 项的相同公式。它的计算结果,当 $\eta>1$ 时,是介于常规法式(6-6)与毕肖普法式(6-8)之间,一般是毕肖普法的安全系数稍大于常规系数法或费伦纽斯法。常规法虽然对作用土条上各力的多边形不闭合,没有符合静力

学原理,但由于略去的侧边力是以不同的符号出现的,误差不大,而且在土坝设计中偏于安全的一面。

条分法的公式之所以很多,是由其问题的超定引起的。当划分 n 个土条而取每个土条的脱离体写其静力平衡方程时,其中有 5 个未知数,即土条边的切向力、垂直侧边的力及其作用点位置、土条底部的法向力及安全系数[参看式(6-3)及图 6-2(b)]。因此,n 个土条就有 $5n-n-2=4n-2$ 个未知数。但静力平衡式只有 $\sum F_x=0$、$\sum F_z=0$、$\sum M_0=0$ 三式,总共有 $3n$ 个方程式,少了 $n-2$ 个方程,因而问题是超定的(Husng,1984)。要想使问题是正定的求解,只有对土条间交界面上的力作某些假定使未知数减少或方程式增多。这就是一些学者给出不同滑坡计算公式的背景。例如:最古老或最简单的瑞典圆弧法或费伦纽斯法假定土条侧边力与破坏面平行且相等而略去,静力平衡只用了围绕滑动圆心的一个总的力矩式;毕肖普假定土条侧边力是水平方向而略去垂直分量,用总的力矩式并满足了垂直力平衡式。随后又有学者力图满足力矩和力的平衡式再作土条间作用力假定。例如:简布(Janbu,1954,1973)假定对土条侧边力作用位置或推力线的方法、莫根斯坦-普来斯(Morgenstern-Price,1965)假定侧边力是随着位置变化的数学函数关系的方法、斯宾塞(Spencer,1967)假定侧边剪力与法向力的比是一个固定常数关系的方法等。

以上所述方法,无论假定土条间作用力是水平向的还是互相平行的,或是平行于滑动面的,以及其他常数或函数关系等,根据计算经验,用简化毕肖普法与其他更复杂的方法比较,安全系数的差别很小,最大差 7%,一般小于 2%(Whitman 和 Bailey,1967)。当考虑地震力时,式(6-6)及式(6-8)中的分母应改为 $G\sin\alpha+\xi Ga/R$。即认为地震是一个作用在条块重心的水平力,地震系数 $\xi=0.03\sim0.27$,取决于所在地理位置。一般 7 度地震,$\xi=0.1$。a 为水平抛力绕圆心力矩的力臂;R 为圆弧半径。

上面讨论的圆弧滑动计算公式为有效应力法,是基于排水剪强度的有效应力指标 c' 及 φ'的。如果不计孔隙水压力,上述各式中的 $U=ul=0$,则可采用基于不排水剪强度的总应力法计算公式。这两种分析方法的主要区别是,是否需要知道孔隙水压力。安全系数 η 的选取,视分析方法与土力学指标的可靠性和工程性质而定,一般为 1.1~1.4。坝上游坡滑动的危害性较小,可用较小的安全系数;坝下游坡滑动的危害性较大,可用稍大的安全系数。有时还可对摩擦角取较小的 η_φ,而对黏聚力取较大的 η_c。

6.2.2　条分法计算中的问题

条分法为手算提供了某些方便,但在结合渗流场计算方面却有其难以克服的困难,以致必须作影响计算精度的一些假定。为了说明存在的问题,还应从渗流的作用力谈起。如图 6-3 所示的平行于斜坡的渗流情况,对于一个垂直土条所受各力处于平衡状态来说,土条饱和重必须与其周边各外力组成闭合的力多边形。其中,ΔE_x、ΔE_z 是土条两侧边所受土压力差额的水平分量和垂直分量,由于其值很小,累加各土条后有抵消趋势,影响很小,习惯上为求计算简单,都不考虑。此时可用下式的各力向量和来表示土条所受各作用力的平衡关系,即

$$(\boldsymbol{G}'+\boldsymbol{G}_{\mathrm{w}})+(\boldsymbol{W}_1-\boldsymbol{W}_2)+\boldsymbol{U}+\boldsymbol{N}+\boldsymbol{T}=0 \tag{6-9}$$

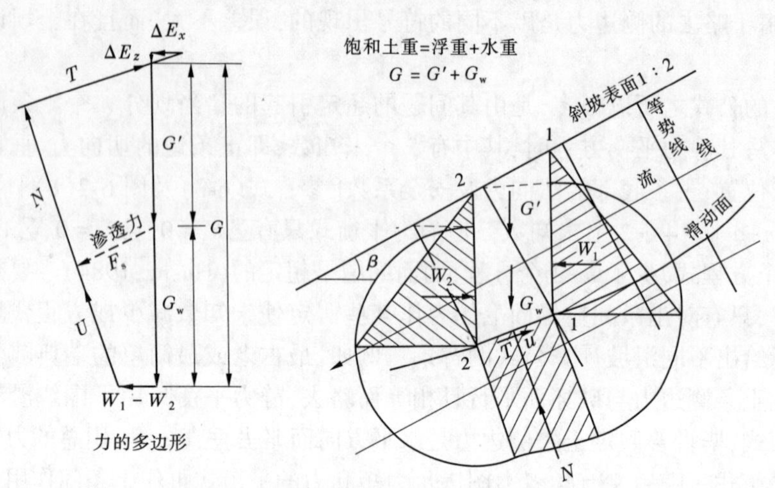

图 6-3　土条周边水压力与渗透力的关系

但从渗流作用力的两种表示方法来看，如图 6-4 所示的任意三角形土体单元，用体积力（渗透力 F_s 与静水浮力$-G_w$）和用周边的水压力 P 来表示渗流作用力是相同的。因为水对土的作用力 $\boldsymbol{F}=-\mathrm{grad}p$，$H=p/\gamma+z$，故有

$$
\begin{aligned}
F &= -\gamma\mathrm{grad}H+\gamma\mathrm{grad}z \\
\iint_\Delta f\mathrm{d}a &= F = F_s - G_w
\end{aligned}
\tag{6-10}
$$

式右边为两个分力：渗透力 $F_s=-\gamma\mathrm{grad}H=\gamma J$；浮力（与同体积的水重反向）$\boldsymbol{G}_w=\gamma\mathrm{grad}z=-\rho g$。所以，表面水压力的合力 $\boldsymbol{F}$ 可用两个体积力 $\boldsymbol{F}_s$ 与$-\boldsymbol{G}_w$ 表示。因此，对于土条上的渗流作用力，就有以下关系式（图 6-3 所示的力的多边形）：

$$\boldsymbol{F}=\boldsymbol{F}_s-\boldsymbol{G}_w=(\boldsymbol{W}_1-\boldsymbol{W}_2)+\boldsymbol{U}$$

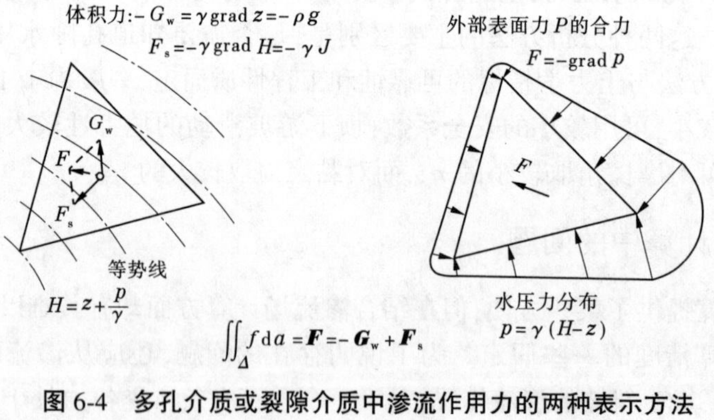

体积力：$-G_w=\gamma\,\mathrm{grad}\,z=-\rho g$

$F_s=-\gamma\,\mathrm{grad}\,H=-\gamma J$

外部表面力 P 的合力

$F=-\mathrm{grad}\,p$

G_w

F

F_s

F

等势线

$H=z+\dfrac{p}{\gamma}$

水压力分布

$p=\gamma(H-z)$

$\iint_\Delta f\,\mathrm{d}a=\boldsymbol{F}=-\boldsymbol{G}_w+\boldsymbol{F}_s$

图 6-4　多孔介质或裂隙介质中渗流作用力的两种表示方法

即

$$\boldsymbol{F}_s=\boldsymbol{G}_w+(\boldsymbol{W}_1-\boldsymbol{W}_2)+\boldsymbol{U}$$

则式(6-9)的平衡关系就可用其等价的渗透力与土体浮重的平衡关系来表示，即

$$\boldsymbol{G}'+\boldsymbol{F}_s+\boldsymbol{N}+\boldsymbol{T}=0 \tag{6-11}$$

因为渗透力 $\boldsymbol{F}_s$ 等价于所受浮力（与土条同体积的水重 G_w）与作用在土条周边各水压力的总和，所以把主体单元各边上的几个水压力转换为一个渗透力会使问题简单得多

(Gedergren,1977)。尤其是利用计算机在求得渗流场水头分布的同时计算渗透力,则对滑坡稳定分析更为方便。

由于 $\boldsymbol{G}_w=\boldsymbol{G}-\boldsymbol{G}'$,则式(6-10)可得

$$\boldsymbol{F}=\boldsymbol{F}_s-\boldsymbol{G}_w=\boldsymbol{F}_s-(\boldsymbol{G}-\boldsymbol{G}')$$

从而得

$$\boldsymbol{F}_s+\boldsymbol{G}'=\boldsymbol{F}+\boldsymbol{G} \tag{6-12}$$

因而得到在边坡稳定性计算中的重要法则;采用渗透力时就必须与土体浮容重相平衡;采用周边水压力时就必须与土体饱和容重相平衡。这两种算法是等价的,结果相同。

然而,目前应用的条分法仍然是采用土条周边的孔隙水压力考虑问题,由于难以正确估算,于是就只能考虑土条侧边水压力大小而忽略作用点所发生的力矩影响,甚至略去侧边的水压力而只计算土条底部滑动面上水压力,并作一些规定,例如:在上游坡计算中,规定浸润线以下,下降库水位以上的土采用饱和容重,库水位以下用土的浮容重计算;在下游坡计算中又规定滑动力用饱和容重,抗滑力用浮容重等。还有的考虑到由浸润线确定孔隙水压力而直接在计算公式中引用一个孔压比的参数(孔压与其上总荷重的比值)来近似修正浸润线以下土体所受浮力的作用。所有这些规定,不仅是很粗略的近似,而且概念混乱不清,容易造成错误。

6.3　饱和渗流作用下边坡稳定计算的有限元法

6.3.1　单元渗透力的引入

鉴于上述一般条分法存在的问题,提出滑坡稳定分析的有限元法。其主要目的是:要更好地结合有限元法计算,在电子计算机上连续求解,一次完成在渗流和地震等各种外力作用下的稳定分析计算;避免像上述的条分法那样,必须把流网的水头分布再化成压力水头作用到各垂直条块的底部滑动面;而可直接应用有限元法所划分的单元和计算的节点水头值进行滑坡分析计算。这里首先介绍饱和渗流作用下边坡稳定分析问题,其单元为三角形单元,如图 6-5 所示,当然也可以是包括上述条块划分在内的任意其他四边形(将在下文介绍)。总的目的是,根据渗流作用概念,将作用在滑动面上和划分土块的表面水压力转换为等价的体积力。换句话说,就是把各节点的水头值换算成各单元渗透力。这样,就不需要考虑各单元体接触边界上的孔隙水压力,避免了像一般条分法计算略去土条侧边水压力产生的误差;同时也不需要考虑边坡的外水压力,从而简化了力的计算过程。下面直接叙述计算方法,而不再介绍有限元法本身。

对于某一个典型三角形单元 ijm 来说,作用在其上的渗透力 $F_s=\gamma J\Delta$。F_s 分解为两个分量(见图 6-5),即

$$F_x=\gamma J_x\Delta$$
$$F_z=\gamma J_z\Delta$$

单元土体的有效自重为

$$G=\gamma_1\Delta \tag{6-13}$$

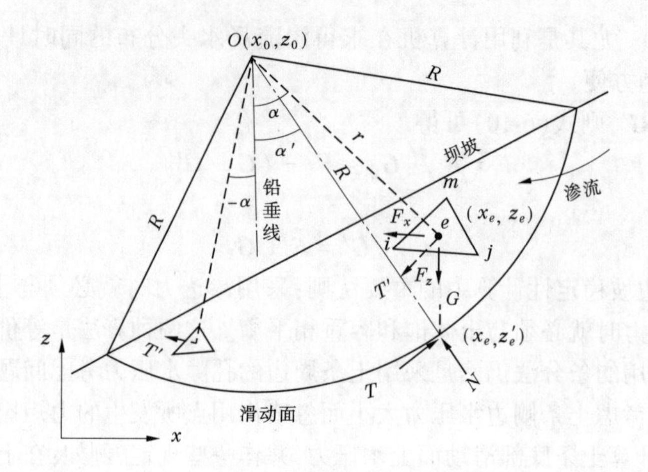

图 6-5　典型单元及其在滑动面上的力的图示

式中　γ——水容重；

γ_1——土体容重(浸润线以下为饱和区,取浮容重,浸润线以上为非饱和区,取自然容重)；

Δ——三角形单元面积,可以用其三节点的坐标表示,即

$$\Delta = \frac{1}{2}\begin{vmatrix} 1 & x_i & z_i \\ 1 & x_j & z_j \\ 1 & x_m & z_m \end{vmatrix} = \frac{1}{2}(b_i c_j - c_i b_j) \tag{6-14}$$

同样,单元渗透坡降 J 也可用其节点的坐标和水头值来表示。J 分解为两个分量即

$$\left.\begin{aligned} J_x &= -\frac{\partial h}{\partial x} = -\frac{1}{2\Delta}(b_i h_i + b_j h_j + b_m h_m) \\ J_z &= -\frac{\partial h}{\partial z} = -\frac{1}{2\Delta}(c_i h_i + c_j h_j + c_m h_m) \end{aligned}\right\} \tag{6-15}$$

式中:$b_i = z_j - z_m$;$c_i = x_m - x_j$;其他系数按照 i、j、m 的次序轮换排列。i、j、m 次序按逆时针循环,以避免计算面积时出现负值的现象。此外,还要注意计算坡降 J 的符号,它和渗透力一致,都取决于所取坐标轴的方向,可以规定沿破坏力方向的取正值。这样规定,一般情况下,渗透力或渗透坡降 J 都是正值。

如果已经有了流网,还可直接在流网图上近似确定各单元的渗透坡降。同样,单元面积也可直接在单元图上计算。

6.3.2　圆弧滑动面安全系数的推导

现在采用圆弧滑动的常规分析方法进行总的力平衡式推导。如图 6-5 所示,各单元的渗透力和自重都作用在单元的重心上,且其在沿圆弧滑动方向的切向力为 T'。

该单元对滑动力的贡献,可直接由作用在单元重心上的切向分力 T' 乘其半径得到,即 $T'r$,其中

$$T' = [(\gamma_1 + \gamma J_z)\sin\alpha + \gamma J_x \cos\alpha]\Delta$$

该单元对抗滑力的贡献,可将作用在单元重心上的力垂直下移到滑弧上,注意到 F_z 在下移过程中对圆心的力矩效果不变,而 F_x 下移后则增加了力矩,这将在下面分析中予以修正,先暂不考虑。下移至滑弧后,再沿滑弧切向和法向进行分解,以求出相应的法向力 N,从而求出相应的抗滑力及抗滑力矩。其中

$$N = [(\gamma_1 + \gamma J_z)\cos\alpha' - \gamma J_x \sin\alpha']\Delta$$

应注意到上述抗滑力矩只是其中的一部分,还应考虑滑弧上的黏聚力产生的抗滑力。

像上述的条分法那样,围绕圆心写力矩的平衡式 $\sum M_O = 0$,可得

$$\sum T'r - R\left(\sum \frac{N\tan\varphi'}{\eta} + \sum \frac{c'l}{\eta}\right) = 0 \tag{6-16}$$

式(6-16)括号内为动用或所发挥的摩擦力和黏聚力,因此 η 应为安全系数。故得

$$\eta = \frac{R\left(\sum c'l + \sum N\tan\varphi'\right)}{\sum T'r} \tag{6-17}$$

将 N、T' 表达式代入式(6-17)即得

$$\eta = \frac{R\left\{\sum c'l + \sum [(\gamma_1 + \gamma J_z)\cos\alpha' - \gamma J_x \sin\alpha']\Delta \cdot \tan\varphi'\right\}}{\sum [(\gamma_1 + \gamma J_z)\sin\alpha + \gamma J_x \cos\alpha]\Delta \cdot r} \tag{6-18}$$

上面提到分子项的抗滑力矩的计算中,单元水平分力 $F_x = \gamma J_x \Delta$ 由单元重心移植到下面的滑动面上时(见图 6-6)被人为地增大了一个滑动力矩 $F_x(R\cos\alpha' - r\cos\alpha)$,此力矩可从分母项滑动力矩中减去来修正,则式(6-18)变为

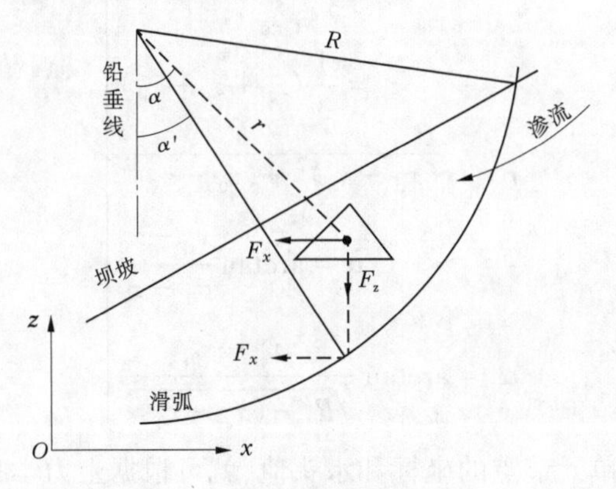

图 6-6　单元力移植的误差

$$\eta = \frac{R\left\{\sum c'l + \sum [(\gamma_1 + \gamma J_z)\cos\alpha' - \gamma J_x \sin\alpha']\Delta \cdot \tan\varphi'\right\}}{\sum [(\gamma_1 + \gamma J_z) r\sin\alpha + \gamma J_x (2r\cos\alpha - R\cos\alpha')]\Delta} \tag{6-19}$$

式中　R——滑动圆弧的半径;

r——计算单元重心的半径距;

α——计算单元重心半径距与铅垂线所成的角度;

α'——单元重心正下方滑动面上交点的半径与其垂线所成的角度,在铅垂线左边的角度应取负值(见图 6-5),一般情况下 $\alpha' < \alpha$;

γ——水的容重；

γ_1——土的容重，γ_1 在饱和区取浮容重，在渗流自由面以上的非饱和区取自然容重；

c'、φ'——滑动面土体的有效强度指标。

式(6-19)为考虑渗流作用力的坝坡稳定性有限元法计算公式。分子项为滑弧上的抗滑力矩，分母项为滑动土体的滑动力矩。分子中的第一项求和 $\sum c'l$ 为圆弧滑动面所交不同土质黏聚力的相加；第二项求和为滑动土体内所有单元在滑动面上产生的抗滑力的累加，其中摩擦角 φ' 应为计算单元重心正下方交在滑动面上那一种土质的摩擦角，而不是单元所在土质的。分母项的求和为滑动体内各单元力矩的累加。

应当指出，条分法的常规计算中都没有考虑上述水平力移植所产生的力矩差值，即没有考虑相当条块两侧水压力不等时或不在同一作用线上时所产生的力矩差额。因此，在渗流作用下，特别是在库水位骤降时，条分法计算就会产生较大的误差。如果将各条块侧边水压力进行力矩差额补偿，就可得到与有限元法完全相同的结果（见6.4.6）。

式(6-19)中的各值计算，除单元的渗透坡降 J_x、J_z 由式(6-15)计算和三角形单元面积 Δ 由式(6-14)计算外，单元重心 (x_e, z_e) 离开滑动圆心 (x_0, z_0) 半径距 r、偏离铅垂线的角度 α 及单元下方在滑动面上交点的偏离角度 α' 等均可用坐标位置来表示，即

$$\left.\begin{aligned} x_e &= \frac{1}{3}(x_i + x_j + x_m) \\ z_e &= \frac{1}{3}(z_i + z_j + z_m) \\ r &= \sqrt{(x_0 - x_e)^2 + (z_0 - z_e)^2} \\ \alpha &= \arctan\frac{x_e - x_0}{z_0 - z_e} \\ \alpha' &= \arctan\frac{x_e - x_0}{\sqrt{R^2 - (x_e - x_0)^2}} \end{aligned}\right\} \tag{6-20}$$

因此，只要有了各单元节点的坐标和水头值，就可根据土力学指标计算滑动面的稳定性安全系数。特别对于库水位下降过程中的非稳定渗流，直接结合有限元法计算得出节点水头值，去核算各级下降水位时边坡的抗滑稳定性是很方便的。由于较完善地考虑了渗流作用力的大小、方向和作用点，在精度上也就有所提高，而且将表面力转换为单元体积力，也就不需要计算土坝上下游的水压力，只要区别采用相应的浮容重与自然容重即可，概念清楚，计算方便。

若以 X 和 Z 代表每个三角形单元的体积力分量，则可将式(6-19)写成下式

$$\eta = \frac{R\left[\sum c'l + \sum (Z\cos\alpha' - X\sin\alpha')\tan\varphi'\right]}{\sum\left[Zr\sin\alpha + X(2r\cos\alpha - R\cos\alpha')\right]} \tag{6-21}$$

当考虑地震力影响时，可设地震力为

$$E = \begin{Bmatrix} E_x \\ E_z \end{Bmatrix} = \gamma_2 \Delta \begin{Bmatrix} \xi_x \\ \xi_z \end{Bmatrix} \tag{6-22}$$

式中　ξ——包括地震系数、地震加速度分布系数在内的一个综合系数，一般7度地震可取0.1；

γ_2——包括孔隙水在内的土容重（注意 γ_1 的取法，在饱和区是浮容重）。

在最不利的地震情况下可以认为地震力促使土体水平抛向坡外，即只取 E_x。因而在计算单元所受的作用力时，只需式(6-21)中渗透力项加入地震力项即可。如果有任意方向的地震波或用促使坝孔隙水压力上升等其他考虑地震力的方法等，同样能够很方便地引进公式计算单元所受的作用力。

同时考虑土有效自重、渗透力和地震力三种体积力时，式(6-21)中的三角形单元体积力的水平分量及垂直分量 X、Z 应为

$$\left.\begin{aligned} X &= (\gamma J_x + \gamma_2 \xi_x)\Delta \\ Z &= (\gamma_1 + \gamma J_z + \gamma_2 \xi_z)\Delta \end{aligned}\right\} \tag{6-23}$$

若考虑土坝顶兼作公路，则可按公路行车荷载作为等价均布荷载计算，或者直接用坝顶行车集中荷载 Q_z 计算，即在公式的分子项加上抗滑力矩 $Q_z R\cos\alpha'\tan\varphi'$ 及在分母项加上滑动力矩 $Q_z r\sin\alpha$ 即可。

如果没有渗流和地震的影响，式(6-21)就简化为

$$\eta = \frac{R\left(\sum c'l + \sum \gamma_1 \Delta\cos\alpha'\tan\varphi'\right)}{\sum \gamma_1 \Delta \cdot r\sin\alpha} \tag{6-24}$$

如果只有渗流的浸润线位置而没有流网或水头分布，对于土坝的下游坡稳定分析，则可近似地假定渗流是水平向的，即 $J_z=0$，$J=J_x$。此时式(6-19)就简化为

$$\eta = \frac{R\left[\sum c'l + \sum (\gamma_1\cos\alpha' - \gamma J\sin\alpha')\Delta \cdot \tan\varphi'\right]}{\sum \left[\gamma_1 r\sin\alpha + rJ(2r\cos\alpha - R\cos\alpha')\right] \cdot \Delta} \tag{6-25}$$

将上述有关公式编入渗流场的有限元法计算程序，即可连续地算出渗流场水头分布及危险滑动面的安全系数。

6.4　饱和-非饱和渗流作用下边坡稳定性分析的有限元法

6.4.1　方法概述

由于降雨等引起的饱和-非饱和渗流作用下的边坡稳定问题时常遇到，而目前对此研究又不多，因此有必要开展有关问题研究。本节将在饱和-非饱和渗流及6.3节分析的基础上，利用渗流计算时的剖分网格（四边形单元）和计算结果，直接连续进行渗流作

用下的边坡稳定分析。

分析中也将作用在滑动面上和单元土体的表面水压力转换为等价的体积力,即把各节点的水头值换算成各单元渗透力,以不再考虑各单元体接触边界上的孔隙水压力,避免了像一般条分法计算中略去土条侧边水压力产生的误差;同时也不需要考虑边坡的外水压力,从而简化了计算过程。

在计算中,采用等参元计算方法,并引入不动网格-高斯点有限元法思想处理单元内部参数不一的问题。高斯数值积分时选用2×2=4(个)积分点,在一个单元内,根据每个高斯点所处的位置选取不同的计算参数以处理穿过零压力线或滑弧的单元。在寻找最小安全系数及其相应滑弧位置时,采用数学规划中的单纯形法实现了自动查找的目的。所编制的计算程序对算例进行了分析,并与其他算法结果进行了比较,结果表明该法可以作为饱和-非饱和不稳定渗流作用下的边坡稳定问题分析的一个实用工具。

6.4.2 基本假定

(1)对于黏粒含量较大的土,浸润线以上的毛细管水可以加速土的固结,增加安全性,通过计算非饱和区渗透力的大小和方向予以考虑,并假定渗透作用力的合力与单元重心重合。

(2)土坡的稳定分析,假设一个破坏面,在破坏面上的极限平衡状态使其抗剪强度 s 与导致滑动的剪应力 τ 相等,并定义 s 与实际产生的 τ 的比值为安全系数 η,此假定既适用于整个滑动面,也适用于任何一个单元体。

(3)作用在单元土体之间的压力大小相等、方向相反,从滑动体整体来看可认为相互抵消,对单元体分析时也不予考虑。

6.4.3 安全系数的计算

6.4.3.1 单元受力计算

可参看图6-5,对任意四边形单元来说,如不考虑单元土体间的作用力,则作用在其上的力只有自重和渗透力。

渗透力的两个分量如下:

单元土体的有效自重为

$$G = \iint_A \gamma_1 \mathrm{d}x\mathrm{d}z \tag{6-26}$$

$$F_x = \iint_A \gamma J_x \mathrm{d}a = -\iint_A \gamma \frac{\partial H}{\partial x}\mathrm{d}x\mathrm{d}z \tag{6-27}$$

$$F_z = \iint_A \gamma J_z \mathrm{d}a = -\iint_A \gamma \frac{\partial H}{\partial z}\mathrm{d}x\mathrm{d}z \tag{6-28}$$

单元的面积为

$$A = \iint_A \mathrm{d}x\mathrm{d}z \tag{6-29}$$

式中　γ——水容重；

γ_1——土体容重(零压线以下为饱和区,取浮容重,零压线以上为非饱和区,取自然容重)；

A——四边形单元面积；

H——总水头,$H=h+z=p/\gamma+z$,h 在饱和区为压力水头,在非饱和区为毛细管吸力水头。

此外,还规定计算坡降 J 沿破坏力方向的取正值。

积分采用等参元高斯点数值积分,并根据各高斯点所处的位置选取不同的计算参数。在计算单元各高斯点对单元的贡献时,先计算高斯点到滑弧圆心的距离 D,若 $D>R$,则说明该点不在滑动体内,不予计算。若 $D\leqslant R$,则接着计算该点的贡献。当计算单元体容重时,可先计算出高斯点处的孔隙水压力 p,若 $p>0$,则取浮容重,否则取自然容重。其他有关计算也做类似处理,从而在网格不动的情况下较容易地解决了穿过零压力线或滑动面单元的计算问题。

6.4.3.2　**滑动力矩计算**

假设各单元的渗透力与自重一样都作用在单元的重心上,并分解为沿圆弧滑动的切向分力 T'。滑动力作用在重心上,则相应单元对滑动力矩的贡献 $M_T=T'r$。

单元重心坐标为

$$x_e = \iint_A x\mathrm{d}x\mathrm{d}z/A \tag{6-30}$$

$$z_e = \iint_A z\mathrm{d}x\mathrm{d}z/A \tag{6-31}$$

滑动力为

$$T' = (F_z + G)\sin\alpha + F_x\cos\alpha$$

滑动力臂为

$$\left.\begin{aligned} r &= \sqrt{(x_0 - x_e)^2 + (z_0 - z_e)^2} \\ \alpha &= \arctan\frac{x_e - x_0}{z_0 - z_e} \\ \alpha' &= \arctan\frac{x_e - x_0}{\sqrt{R^2 - (x_e - x_0)^2}} \end{aligned}\right\} \tag{6-32}$$

6.4.3.3　**抗滑力矩的计算**

在考虑孔隙水压力的情况下,沿滑动破坏面的抗剪强度为

$$s = (\sigma - u)\tan\varphi' + c'$$

式中　σ——总的法向应力；

u——饱和渗流时为孔隙水压力,非饱和渗流时为毛细管吸力；

$(\sigma-u)$——滑动面上的有效法向应力(土粒间压力)；

φ'、c'——以有效应力表示的土的内摩擦角和黏聚力。

抗滑力作用在滑弧上,在极限平衡状态时所发挥的切向力为

$$T = sl/\eta = (\sigma - u)l \cdot \tan\varphi'/\eta + c'l/\eta = N\tan\varphi'/\eta + c'l/\eta$$

仍将单元受力下移至滑弧上可得每个单元对法向力的贡献为

$$N = (\sigma - u)l = (F_z + G)\cos\alpha' - F_x\sin\alpha'$$

对圆心的抗滑力矩为

$$M_s = (\sum N\tan\varphi' + \sum c'l)R/\eta$$

6.4.3.4 **安全系数的计算**

注意到在计算抗滑力矩时,将作用在单元重心的力垂直下移到相应的滑弧位置,力矩效果有所变化,其中垂直分力(F_z+G)力矩效果不变,而水平分力 F_x 则人为增加了滑动力矩 $\Delta M=F_x(R\cos\alpha'-r\cos\alpha)$,故在围绕圆心写力矩平衡方程$\sum M_O=0$时应予考虑:

$$M_s - M_r + \Delta M = 0$$

则可得出安全系数为

$$\eta = R\frac{\sum[(F_z + G)\cos\alpha' - F_x\sin\alpha']\tan\varphi' + \sum c'l}{\sum[(F_z + G)\sin\alpha + F_x\cos\alpha]r - \sum F_x(R\cos\alpha' - r\cos\alpha)} \tag{6-33}$$

6.4.4 最危险滑弧的寻找

6.4.4.1 **寻找方法**

从以上分析可看出,在渗流计算完成后,滑坡安全系数显然只与滑弧位置有关,即$\eta=F(K)$,K 为一组圆心坐标。为寻找最危险滑弧的位置,可采用数学规划中的单纯形法,即给定圆心,并给定滑弧通过的点(如坡脚)(x_d,z_d),这样滑弧位置即可在选定圆心后确定,接着即可算出相应滑弧的安全系数,再由程序根据计算的结果自动生成新的圆心点,重新计算,逐步寻找到最小安全系数。

6.4.4.2 **优化模型**

目标函数: $\eta=F(K)\rightarrow\min$

式中,K 为一组圆心坐标(x_i,z_i),并以 $K=[k_1,k_2]^T$ 表示;这样寻找最危险滑弧位置问题就归结为求一组圆心坐标 K,并通过特定点(x_d,z_d)使 $F(K)$值最小的优化问题。

上述优化模型的求解采用单纯形法。考虑到滑弧半径也是一个隐含的变量,故认为变量数 $n=3$。为克服单纯形法容易产生退化的缺点,采用 $N=n+1$ 个顶点。

6.4.4.3 **求解步骤**

(1)根据坝坡剖面情况,确定计算圆弧需经过的点的坐标(x_d,z_d)(如坡脚等),并给定一个圆心初始点 $K^{(0)}$。另外,还需给定反射系数 α(可取 α=1.2)及计算终止精度 ε_1、ε_2,最大迭代(反射)次数 NK;反射方向控制数 γ(先取 1 后取-1)。

(2)生成其余 n 个单纯形初始顶点($N=n+1$,这里 $N=4$),$K^{(0)}$已给出,生成点 $K^{(j)}$(j=

$1,2,\cdots,N-1$)的方法为

$$K^{(1)} = K^{(0)} + (p \quad q \quad q)^{\mathrm{T}}$$
$$K^{(2)} = K^{(0)} + (q \quad p \quad q)^{\mathrm{T}}$$
$$K^{(3)} = K^{(0)} + (q \quad q \quad p)^{\mathrm{T}}$$

$$p = \frac{A_0}{\sqrt{2}n}\left[(n-1) + \sqrt{n+1}\right]$$

$$q = \frac{A_0}{\sqrt{2}n}(\sqrt{n+1} - 1)$$

式中　A_0——单纯形的边长。

(3)计算目标函数值 $F(K^{(j)})(j=0,1,\cdots,n)$。

(4)进行反射:

①将 N 个顶点按目标函数值大小重新排序,最好点为 $K^{(0)}$,最坏点 $K^{(H)}$ 为 $K^{(N-1)}$。

②计算除 $K^{(H)}$ 外的 $N-1$ 个点的中心点 $K^{(C)}$:

$$K^{(C)} = \frac{1}{N-1}\sum_{j=0}^{N-2} K^{(j)}$$

③计算反射点 $K^{(R)}$:

$$K^{(R)} = K^{(C)} + \alpha\gamma(K^{(C)} - K^{(H)})$$

④计算 $F(K^{(R)})$,并判断 $F(K^{(R)})<F(K^{(H)})$ 是否成立,若成立则转向步骤(5),否则转向步骤⑤。

⑤ 令 $\alpha=0.5\alpha$,即把 $K^{(R)}$ 向中心点压缩一半距离,再进行步骤③④,反复进行,直至 $F(K^{(R)})<F(K^{(H)})$ 为止;若经过多次压缩 $\alpha<\varepsilon_1$,但仍未见效,则用次坏点代替 $K^{(H)}$ 重新作反射与压缩。如还不见效,则转向步骤⑥。

⑥ 令 $\gamma=-1$,即向相反方向反射,转向步骤③;经反复计算后如仍不见效,则停止计算,建议更改初始点或调整 A_0 值。

(5)用反射点代替最坏点,即令 $K^{(H)}=K^{(R)}$,并按目标函数 F 值大小重新排序,并存盘,检查终止准则。即若迭代次数 $ITR>NK$,停止计算,否则:

①计算 $\overline{F} = \frac{1}{N}\sum_{j=0}^{N-1} F(K^{(j)})$。

②若 $\frac{1}{N}\sqrt{\sum_{j=0}^{N-1}(F(K^{(j)}) - \overline{F})^2} \leqslant \varepsilon_2$,则认为最优化解 $K^{(*)}=K^{(0)}$,停止计算;否则转向步骤(4) 继续计算。

6.4.5　程序编制及说明

6.4.5.1　程序功能

根据以上理论和公式,用 FORTRAN-77 语言编制了相应的边坡稳定分析程序

STSSP。该程序是与4.5节所介绍的饱和-非饱和渗流分析程序TSAP2配套使用的。若与其他渗流程序结合使用,需进行数据转换。该程序有以下功能和特点:

(1)可用有效应力指标,也可用总应力指标;

(2)可与饱和-非饱和不稳定渗流分析程序配套使用;

(3)可考虑上部荷载的作用;

(4)可自动进行最危险边坡的查找。

6.4.5.2 程序组成

该程序以最危险滑弧寻找的单纯形法为主程序,还包含以下子程序:

(1)RXY子程序:给定圆心,求出通过给定点滑弧的半径;

(2)FANH子程序:给定滑弧求相应的安全系数;

(3)FSOR子程序:给定滑弧及各单元信息求出安全系数;

(4)XYP子程序:给定单元的某条边信息,求出与滑弧的交点坐标;

(5)YXZ子程序:对每个单元求出相应的渗透坡降、自重、形心坐标等;

(6)CFAI子程序:求出单元形心所在垂线与滑弧交点所在单元的信息;

(7)PX子程序:将每组滑弧按安全系数大小排序;

(8)XYCR子程序:通过单元形心投影到滑弧上点的水平线,与含有单元某条边的直线交点的横坐标计算;

(9)AQQ子程序:求出夹角α的正弦和余弦;

(10)QA12子程序:计算上履载荷引起的力矩。

6.4.5.3 程序编制中几个问题的处理

(1)当采用总应力法时,按瑞典圆弧法公式计算,即在计算下滑力时,将浸润线以下部分自重用饱和容重,而在计算抗滑力时用其浮容重。

(2)单元自重的计算。单元与滑弧相对位置有三类:在滑弧区以外、以内、相交。在计算单元自重时因采用的是高斯积分方法(高斯点数取4),故可将以上三种统一处理,即高斯点与圆心的距离如大于圆弧半径则取其权重为0,否则取1。对各点容重的选择也根据其所处位置的水头值判断其是否取浮容重。

(3)求各单元黏聚力的方法。先判断单元是否与滑弧相交,可将单元每条边的直线方程代入滑弧方程求解,如无解则说明两者不相交,应换边后再计算。如有解则判断该解是否在该边范围内,如在则将该解记下。对相交单元,对各边循环后则可求出单元边与滑弧的交点坐标,从而可求出滑弧在该单元内的长度,并求出相应的黏聚力$c'l$。

(4)上履载荷的考虑。考虑线性分布荷载q_1、q_2,根据滑动区内荷载分布计算其对滑动力矩和抗滑力矩的贡献。具体处理办法基本与单元自重的计算相同。

6.4.5.4 程序使用说明

(1)运行该程序前需完成渗流计算工作,并得到以下数据文件:XZN.DAT、FAD.DAT。另外,在渗流计算划分网格时不但要考虑到渗透系数分区,而且也要考虑力学性能指标分区。

(2)圆心初始值的确定及滑弧通过点的选择有一定的经验性。

(3)运行该程序前需准备滑坡稳定计算的数据文件 OPT. DAT、SLP. DAT,其填写格式分别见表 6-4、表 6-5。

表 6-4　OPT. DAT 文件填写格式

序号	填写内容表示符	说明
1	NK	最大反射次数
2	EPS1,EPS2,A_0	精度控制及单纯形边长初值
3	NQ,UX,UY,DX,DY	NQ:荷载控制数,取 0 时无分布荷载,取 1 时有;UX、UY 为计算边坡坡顶的两个坐标;DX、DY 为滑弧经过点的坐标
4	Q1,Q2,XQ1,XQ2	当 NQ=0 时不填写。Q1、Q2 分别为分布荷载两端的线荷载;XQ1、XQ2 分别为相对于 Q1、Q2 作用点的 X 向坐标
5	X(I,1)（I=1,N)	初始可行圆心坐标范围

表 6-5　SLP. DAT 文件填写格式

序号	填写内容表示符	说明
1	NU,GMW	NU,GMW 分别为计算断面所划分的土质种类数(应与渗流计算一致)、水的容重
2	CED(I)（I=1,NU)	不同土质的黏聚力
3	FED(I)（I=1,NU)	不同土质的内摩擦角(°)
4	GM(I)（I=1,NU)	不同土质的湿容重
5	GMF(I)（I=1,NU)	不同土质的浮容重

(4)程序运行后,屏幕提示输入“KEY”值,此时如是总应力指标则输入 1,如是有效应力指标则输入 2;接着屏幕又提示输入“NB”值,此为需要计算边坡稳定的相应不稳定渗流的时段数(与 FAD. DAT 对应)。按回车键后即开始计算,并在屏幕上显示有关中间计算结果。

(5)计算结果保存在“YOU. DAT”中,记录有计算过程中滑弧位置(圆心坐标、半径)及相应的安全系数,并显示最小安全系数相对应的有关信息。

6.4.6　算例分析

如图 6-7 所示的模型坝,坝高为 15 m,在 0.1 d 内上游水位从 112.0 m 骤降到 104.0 m,均质土坝的饱和渗透系数 $k_s=0.432$ m/d,已固结不可压缩 $S_s=0$,土体湿容重为 17.35 kN/m^3,浮容重为 8.624 kN/m^3, 有效应力指标 $c'=14.945$ kN/m^2,$\varphi'=21.2°$。根据黄河

大堤有关试验资料整理得到的有关非饱和计算参数如表 6-6 所示，其中，θ 为土体体积含水量，h 为压力水头（吸力），$k_r = k/k_s$ 为相对非饱和渗透系数（$0<k_r\leqslant 1.0$），$c=\mathrm{d}\theta/\mathrm{d}h$ 为容水度。

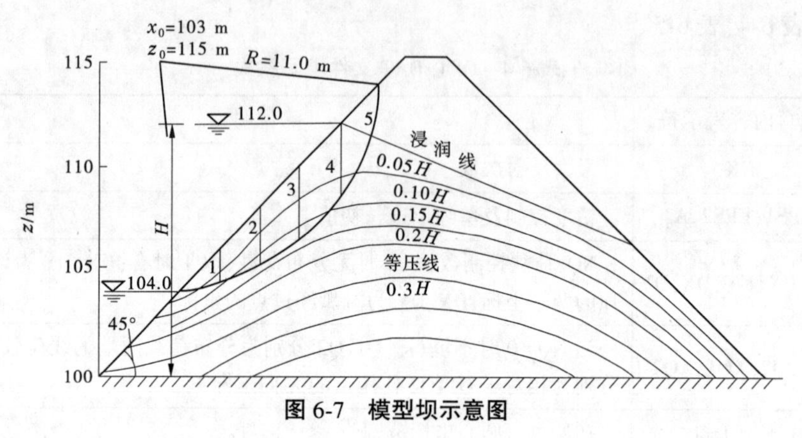

图 6-7　模型坝示意图

根据饱和-非饱和不稳定渗流分析数学模型及以上计算参数算出渗流场分布（图 6-7 只标出了等压线），再根据上述边坡稳定分析方法计算相应的安全系数。当圆心初始值选在（103,115），相应滑弧半径 R＝11.0 m 时，其计算安全系数为 1.116。李吉庆采用饱和渗流分析并用三角形单元离散的计算结果为 1.049；而用毕肖普条分法算得的安全系数为 1.345，若考虑土条两边水压力形成的力矩对滑动面的破坏作用的修正，则其结果为 1.052。因此，本节方法与上述两种方法的计算结果接近，且比饱和渗流分析的结果略大，这反映了非饱和区毛细管吸力的影响对边坡稳定的有利一面。

表 6-6　非饱和渗流计算参数一览

序号	θ	h/m	k_r	$c(h)$/m^{-1}
1	0.20	−19.6	8.37×10^{-4}	3.28×10^{-3}
2	0.22	−13.5	1.79×10^{-3}	3.28×10^{-3}
3	0.24	−9.0	3.60×10^{-3}	4.44×10^{-3}
4	0.27	−5.0	8.19×10^{-3}	6.50×10^{-3}
5	0.30	−2.3	2.14×10^{-2}	1.26×10^{-2}
6	0.32	−1.6	3.58×10^{-2}	2.86×10^{-2}
7	0.35	−1.0	8.05×10^{-2}	5.67×10^{-2}
8	0.42	−0.41	3.16×10^{-1}	1.12×10^{-1}
9	0.48	0	1.0	1.59×10^{-1}

假定最危险滑弧经过上游坝坡与水面交界点（104,104），则相应最小滑动安全系数的计算结果见表 6-7。表中 ITR 为迭代序号，从中可看出通过（104,104）滑弧的最小安全系数为 0.919（不稳定）。

表6-7 边坡稳定计算结果一览

--ITR--	---X0---	---Y0---	---R---	---Fs---
0	103.00	115.00	11.05	1.116
0	111.49	117.12	15.11	2.039
0	105.12	123.49	19.52	1.182
0	105.12	117.12	13.17	0.967
1	95.93	120.23	18.13	1.974
2	109.51	117.52	14.60	1.452
3	98.30	119.76	16.76	1.368
4	108.08	117.80	14.39	1.218
5	100.02	119.42	15.92	1.156
6	102.35	116.23	12.34	1.116
7	107.66	112.16	8.94	1.110
8	107.01	113.88	10.33	1.018
9	107.68	114.20	10.84	1.038
10	105.33	118.55	14.62	1.003
11	103.59	119.30	15.30	0.966
12	101.89	123.66	19.77	1.016
13	106.36	115.12	11.37	0.984
14	104.84	116.36	12.38	0.971
15	102.31	120.55	16.64	0.978
16	105.84	115.81	11.96	0.976
17	102.93	119.72	15.76	0.970
18	103.59	119.42	15.43	0.921
19	104.81	117.95	13.97	0.966
20	103.91	119.02	15.02	0.923
21	104.14	118.76	14.76	0.966
22	104.08	118.82	14.82	0.965
23	103.60	119.41	15.41	0.921
24	103.67	119.32	15.32	0.920
25	103.64	119.36	15.36	0.921
26	103.64	119.36	15.36	0.921
27	103.65	119.35	15.35	0.919
28	103.65	119.34	15.35	0.919
29	103.65	119.35	15.35	0.919
30	103.65	119.35	15.35	0.919
31	103.65	119.35	15.35	0.919
-----OPTIMUM RESULTS--- ITR= 31-----				
31	103.65	119.35	15.35	0.919
31	103.65	119.35	15.35	0.919
31	103.65	119.35	15.35	0.919
31	103.65	119.35	15.35	0.919

6.5 裂缝渗流作用下的边坡稳定性分析

6.5.1 裂缝渗流的概念

堆渣场、垃圾填埋场等土质边坡顶部,由于填土不密实、边坡偏陡等常存在裂缝,降雨等引起的表面积水灌入裂缝中并逐步在裂缝周围形成渗流,可简称为裂缝渗流。裂缝渗流作用有可能引起边坡失稳造成损失,如2003年5月11日,贵州省内一高速公路旁平溪特大桥3#墩附近弃渣场由于连日降雨发生滑坡,事故造成33人死亡。2015年12月20日,深圳光明新区红坳渣土受纳场出现大型滑坡,事故造成73人死亡,4人失踪,还有17人受伤,33栋房屋被摧毁、覆盖,滑坡造成直接经济损失高达8.61亿元,震惊全国。

据国务院对深圳"12·20"特别重大事故的调查,认定事故的直接原因是:红坳受纳场没有建设有效的导排水系统,受纳场内积水未能导出排泄,致使堆填的渣土含水过饱和,形成底部软弱滑动带;严重超量超高堆填加载,下滑推力逐渐增大、稳定性降低,导致渣土失稳滑出,体积庞大的高势能滑坡体形成了巨大冲击力,加之事发前险情处置错误,造成重大人员伤亡和财产损失。事故企业现场作业人员在事发当天发现受纳场堆填体多处出现裂缝、鼓胀开裂变形后,错误采用顶部填土方式进行处理,使已经开始失稳的堆填体后缘增加了下滑推力;在发现裂缝越来越大、堆填体第4级台阶发生鼓包且鼓包不断移动后,自行撤离作业平台。在此过程中,事故企业人员始终没有发出事故警示、未向当地政府和有关部门报告,贻误了下游工业园区和社区人员紧急避险的时机。

为加强对堆渣场的安全管理,在《水利部水土保持设施验收技术评估工作要点》(水保监便字〔2016〕第20号)中明确,弃渣场对水土流失情况评估的核查要求为:"通过查阅水土保持方案(含变更)、水土保持设施自验报告,开展现场核查,逐个复核弃渣场选址情况,评价水土保持措施的质量和效果。对堆渣量超过50万立方米或者最大堆渣高度超过20米的弃渣场,还应查阅建设单位提供的稳定性评估报告。"在对堆渣场进行稳定性评价时,涉及裂缝渗流问题但一直未得到很好处理,多是在措施方面加强观测,疏通排水通道,及时处理裂缝防止积水进入裂缝。

对于降雨、裂缝引起的边坡稳定问题的模拟难度较大,成为研究热点之一,并在降雨强度、降雨时长及裂缝位置、裂缝角度对边坡稳定影响等方面得出了一些有益的结论。如降雨强度越大、降雨时长越长,边坡稳定性越差,且相同降雨条件下,裂缝的存在影响边坡的稳定性。不同降雨强度下,裂缝位置对库岸边坡的影响相似,裂缝在坡中位置的边坡稳定性系数减小幅度最大,其次是坡脚位置,最后是坡顶位置,且均大于无裂缝边坡。裂隙作为优势入渗通道,使得降雨能快速渗入到滑面位置,或者与地下水接触,提高了滑面处的有效应力,降低了边坡的稳定性。同时,裂隙内水体入渗属于有压入渗,与土坡表面入渗相比,单位时间内影响的范围更大,这也意味着会加快坡体饱和的速度。

综上所述,裂缝渗流对边坡稳定性会产生较大影响,因此深入研究裂缝渗流作用下边坡失稳模拟方法并通过量化分析得出失稳规律,对于滑坡灾害的预测和预防有重要的现实意义。

6.5.2　裂缝渗流影响边坡稳定的机理与假定

6.5.2.1　影响机理

图 6-8 为裂缝水压作用下滑动面受力分析示意图，并将裂缝中静水压力 W 分解为平行于滑动面方向的力 W_1 与垂直于滑动面方向的力 W_2。W_1 会增加土体的滑动力，而 W_2 则使作用于滑动面上的正应力减小从而削弱了抗滑力。另外，裂缝中的水会逐渐入渗至边坡内部增加了土体自重 G，且使边坡潜在滑动面上的抗剪强度减小，同时增加孔隙水压力 u 使滑面上的有效应力减小进而使滑体抗滑力减小，降低了边坡的安全系数。也注意到在滑坡体左下部受力方向有所改变，局部起到阻滑作用，但整体看裂缝渗流对滑坡体的稳定是不利的。

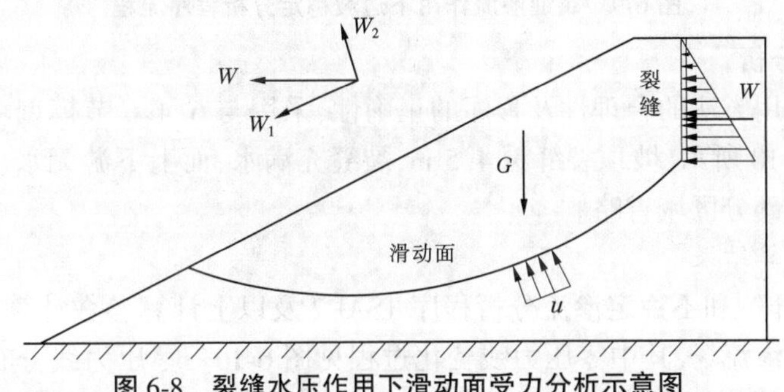

图 6-8　裂缝水压作用下滑动面受力分析示意图

6.5.2.2　计算假定

(1) 滑动面由通过裂缝底部的圆弧与裂缝组成，并在分析过程中裂缝不再发展。

(2) 只考虑短时强降雨坡顶积水引起的裂缝渗流，不考虑坡面降雨入渗影响。

6.5.3　裂缝渗流的模拟方法与程序实现

6.5.3.1　裂缝渗流模拟方法

(1) 等效渗透系数法。该法的基本思路是先假设不存在裂缝，对整个边坡区域进行网格划分，然后在裂缝位置根据裂缝的几何形状将裂缝区域划分为一系列小的薄层单元或网格，用强透水薄层单元的渗透性替代裂缝自身的渗透性。对于降雨入渗的情况，处理后也非常接近实际情况，其优点是不用改变非饱和土的渗流方程和边界条件，仅仅调整裂缝区单元的渗透系数即可实现，分析计算中也方便，收敛性较好。

(2) 把裂缝两侧作为水头边界处理。该法是将裂缝两侧当成水头边界直接模拟裂缝渗流，也是本节选用的方法。本节利用 TSAP2 有限元程序中可以控制内部节点水头的功能实现。裂缝的位置在剖分时直接考虑或通过调整节点坐标文件来实现。

6.5.3.2　程序实现

裂缝渗流作用下边坡稳定分析程序是在 6.4.5 节程序基础上改进的，主要体现在：一是将裂缝所在节点按水头边界处理，但考虑计算的收敛性，水头增高是逐步增加上去的，并与时间步长相匹配；二是滑动面由穿过裂缝底部的圆弧与裂缝组成，在裂缝段不再考虑黏聚力影响。裂缝渗流作用下边坡稳定分析程序流程见图 6-9。

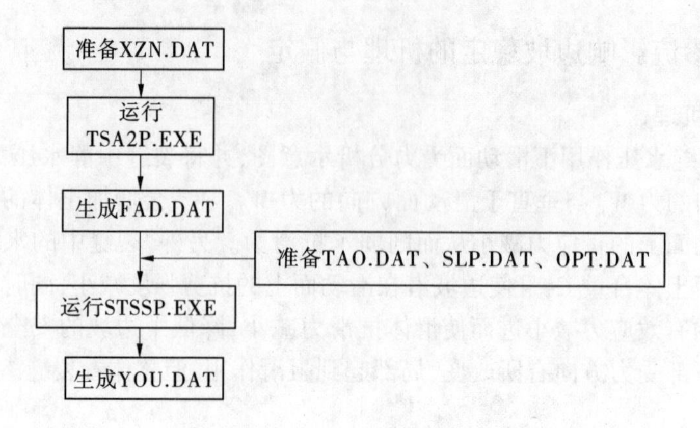

图 6-9　裂缝渗流作用下边坡稳定分析程序流程

6.5.3.3　算例分析

为了验证所用方法的合理性及程序的正确性,采用与 6.4.6 节模型坝计算参数相同的算例。如图 6-10 所示,坡顶裂缝深 4.5 m,裂缝充满水,而上下游无水。计算结果整理时将裂缝右端大部分区域省略。

1. 渗流场计算结果

根据饱和-非饱和不稳定渗流分析程序 TSAP2 及以上计算参数计算得到 0~15 d 裂缝水压作用下的渗流场,其中零压力线变化过程见图 6-10。零压力线分布反映了裂缝渗流变化的规律,初期在裂缝附近变化较快,后期在距离裂缝较远处变化较慢。

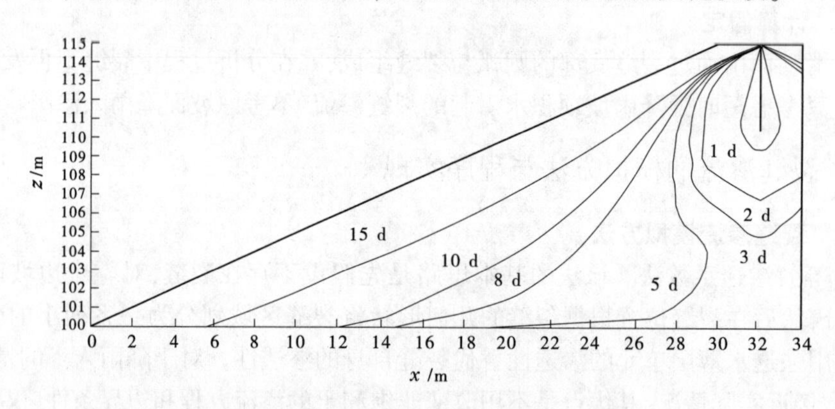

图 6-10　裂缝水压下边坡内部零压力线变化过程分布图

2. 不同时刻不同方法所算边坡稳定安全系数结果对比

根据上述渗流计算结果和改进后的边坡稳定分析程序,计算了不同时刻(t=0、1 d、2 d、3 d、5 d、8 d、10 d、15 d)边坡稳定安全系数。为便于不同方法、不同工况下安全系数的比较,下面选用同一圆弧(见图 6-11),其圆心在点(21.78,112.83),相应的滑弧半径为 10.48 m。另外,分别采用 SLOPE/W 模块中的 Spencer 法、Morgenstern-Price 法、Bishop 法、Janbu 法对不同时刻渗流作用下的边坡稳定系数进行了计算。计算结果见表 6-8、表 6-9、图 6-11。

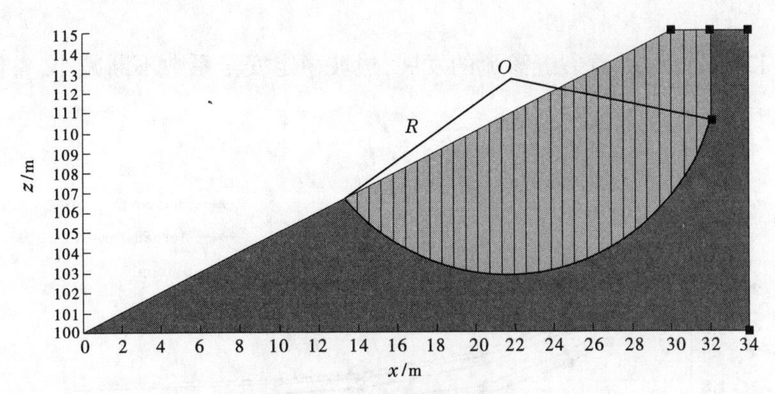

图 6-11　滑动面示意图

表 6-8　不同时刻不同方法安全系数计算结果

时间 t/d	本章方法	Spencer 法	Morgenstern-Price 法	Bishop 法	Janbu 法
0	2.391	2.458	2.497	2.516	2.351
1	2.146	2.211	2.235	2.239	2.079
2	1.998	2.051	2.083	2.106	1.953
3	1.921	1.991	2.015	2.035	1.886
5	1.811	1.879	1.912	1.926	1.775
8	1.763	1.801	1.835	1.851	1.718
10	1.736	1.783	1.813	1.831	1.692
15	1.711	1.756	1.796	1.811	1.683

表 6-9　其他方法计算安全系数与本章方法差值的相对值　%

时间 t/d	Spencer 法	Morgenstern-Price 法	Bishop 法	Janbu 法
0	2.80	4.43	5.23	-1.67
1	3.03	4.15	4.33	-3.12
2	2.60	4.25	5.41	-2.25
3	3.64	4.89	5.93	-1.82
5	3.80	5.47	6.35	-1.99
8	2.33	4.26	5.17	-2.39
10	2.71	4.44	5.47	-2.53
15	2.63	4.97	5.84	-1.64

从表 6-8、表 6-9 可看出,运用本章方法计算所得结果与几种常用的极限平衡法的计算结果非常接近,相差值不超过 7%,与 Bishop 法差值最大(6.35%),与 Janbu 法最接近(-3.12%)。所得滑坡安全系数均比 Spencer 法、Morgenstern-Price 法、Bishop 法小,而比

Janbu 法大。

从图 6-12 可看出,随着裂缝渗流的发展,边坡稳定安全系数不断减小,整体呈先急后缓态势。

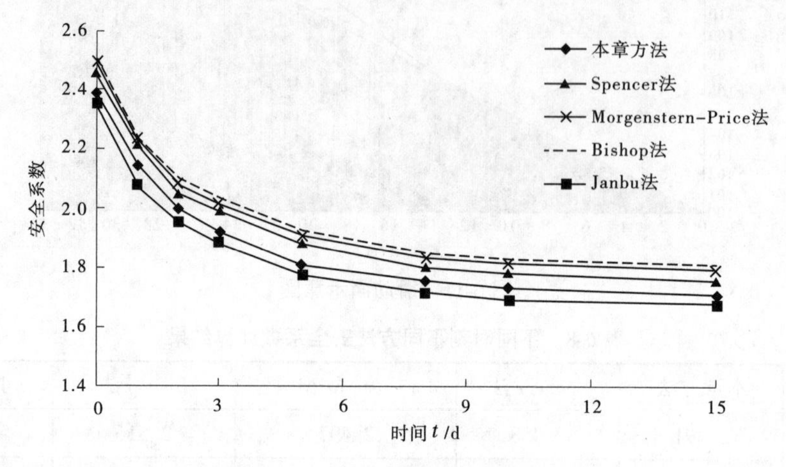

图 6-12 安全系数与时间的关系

6.5.4 参数变动对裂缝渗流作用下边坡稳定性的影响

6.5.4.1 计算断面与计算参数

计算断面与计算参数仍选用 6.5.3.3 的算例,深度仍为 4.5 m,所不同的是裂缝形状向左侧倾斜,圆弧在此也顺应裂缝走向(见图 6-13),计算时间延长到 20 d。计算得出的零压力线及安全系数的变化过程分别见图 6-13、图 6-14。由于裂缝走向偏左侧,导致零压力线在左侧坝坡较早出逸。随着裂缝渗流的扩散,所选滑动体安全系数逐渐减小。

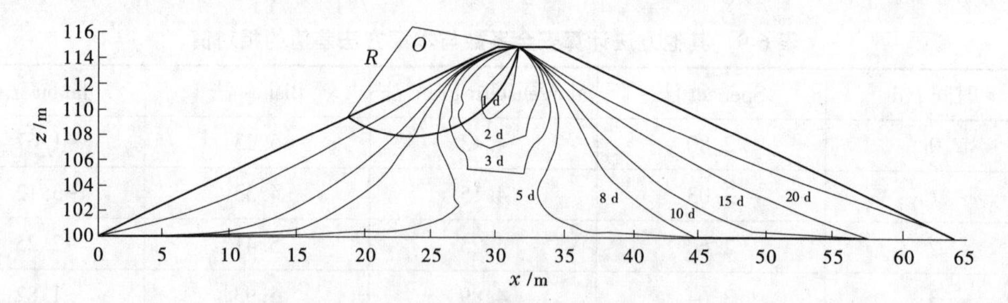

图 6-13 4.5 m 深裂缝零压力线变化过程

在此基础上,又分别考虑坝体渗透系数、裂缝深度、裂缝水位和边坡坡度等四种因素进行了计算分析。

6.5.4.2 渗透系数的影响

为探究土体渗透性等对边坡稳定性的影响,选取渗透系数、黏聚力和内摩擦角不同的 3 种坝体材料(见表 6-10,非饱和参数保持不变),计算裂缝渗流作用下边坡安全系数的变化。参数 1 的计算结果见图 6-13、图 6-14,参数 2、参数 3 零压力线计算结果见图 6-15、图 6-16,三种方案下所选滑动面安全系数随时间变化见图 6-17。

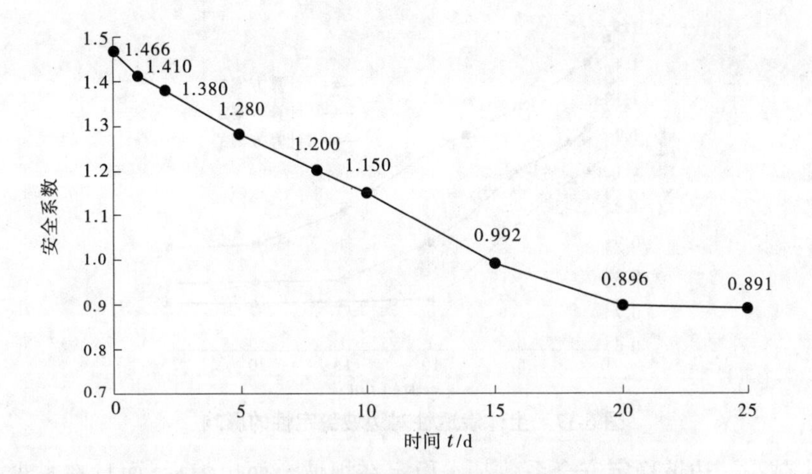

图 6-14　边坡稳定安全系数变化过程(4.5 m 深裂缝)

表 6-10　不同渗透性坝体计算方案

计算参数	渗透系数 k_s/(m/d)	黏聚力 c/kPa	内摩擦角 φ/(°)
1	0.432	14.945	21.2
2	0.648	14.520	17.2
3	0.864	14.210	15.0

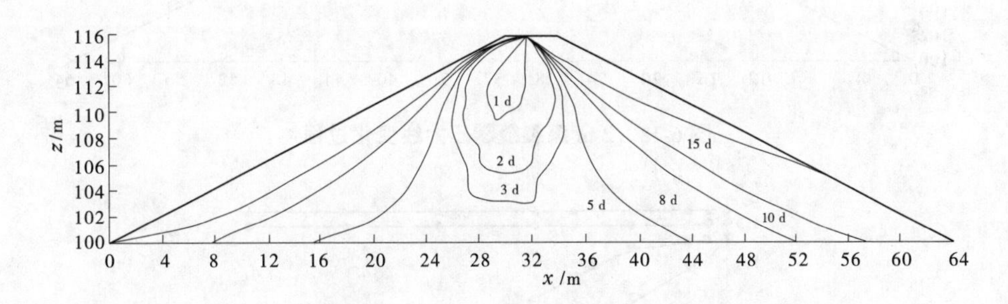

图 6-15　参数 2 零压力线变化过程

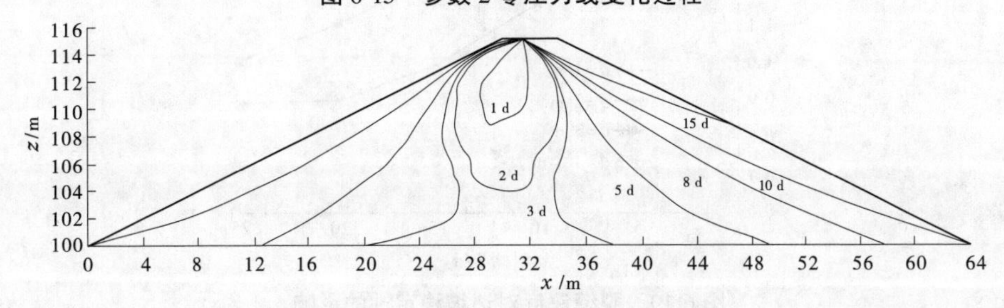

图 6-16　参数 3 零压力线变化过程

从图 6-13~图 6-17 可以看出,土体渗透性越强,边坡零压力线扩展越快,表示相同时间内裂缝水入渗对边坡渗流场的影响范围越大,边坡稳定安全系数下降的速度越快,最小

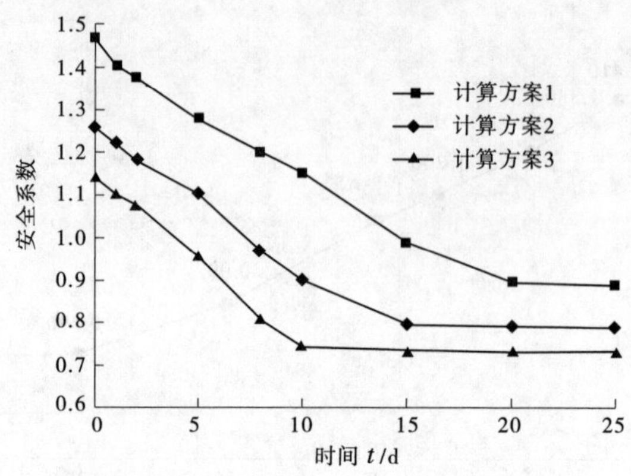

图 6-17　土体渗透性对边坡稳定性的影响

安全系数也越小。边坡稳定安全系数基本稳定在坝坡全面出渗后,而且在黏聚力基本相同情况下,内摩擦角越大,安全系数也越大。

6.5.4.3　裂缝深度的影响

考虑不同裂缝深度(d=1 m、2 m、3 m 及 4.5 m)对边坡稳定性的影响程度,计算结果如图 6-18、图 6-19 所示。

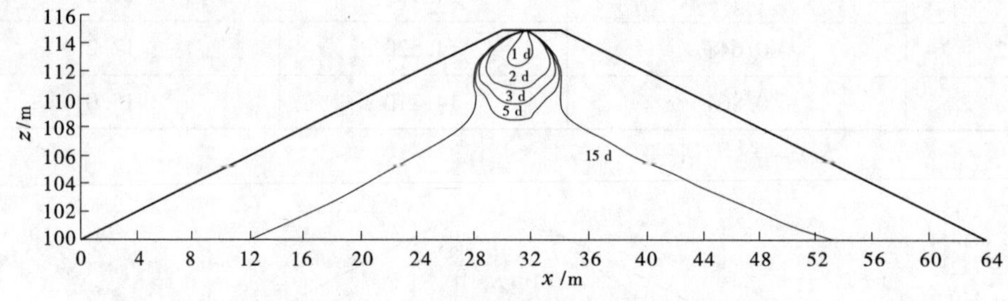

图 6-18　2 m 深裂缝零压力线变化过程

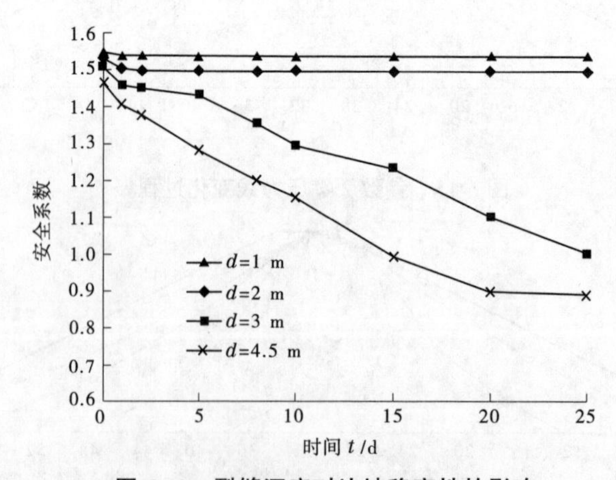

图 6-19　裂缝深度对边坡稳定性的影响

从图 6-19 中可看出,裂缝深度对边坡稳定性影响较大,在裂缝深度为 1 m、2 m 的情况下,裂缝渗水范围有限(见图 6-18),边坡安全系数下降值很小,短期内基本不会对边坡稳定性造成实际的影响。而在裂缝深度为 3 m 和 4.5 m 时,裂缝渗水扩散速度和范围较大,边坡安全系数下降较快,甚至在后半段下降至 1.0 以下(失稳)。

6.5.4.4　裂缝水位的影响

受降雨强度、降雨时长及周围积水的影响,裂缝中水不一定充满裂缝,因此考虑 4.5 m 深裂缝在不同裂缝水位(1.5 m、3 m 和 4.5 m)下的边坡稳定性。计算结果见图 6-20。

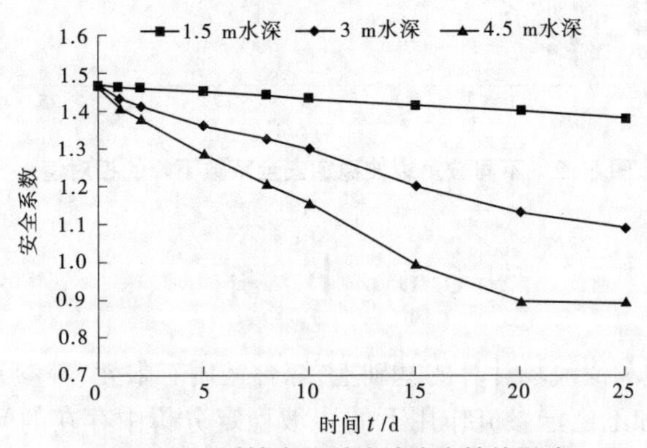

图 6-20　裂缝水位对边坡稳定性的影响

从图 6-20 中可看出,在裂缝水深为 1.5 m 的情况下,边坡安全系数下降缓慢,且降幅只有 5.9%。而当裂缝水深加至 3 m 时,安全系数降低速率较快,后期降幅达 25.6%。裂缝水深为 4.5 m 时,边坡安全系数在入渗后半段下降至 1.0 以下,将引起边坡失稳破坏。根本原因在于裂缝水深对周围渗流场变化的影响程度不一,较浅时,裂缝入渗只会对裂缝周围部分土体造成影响,短时间内对边坡整体稳定影响较小。

6.5.4.5　边坡坡度的影响

考虑不同边坡坡度(30°、40° 和 50°)在裂缝渗流作用下的稳定性,坡高仍为 15 m,裂缝仍位于坡顶但其深度均为 3 m,计算结果见图 6-21、图 6-22。

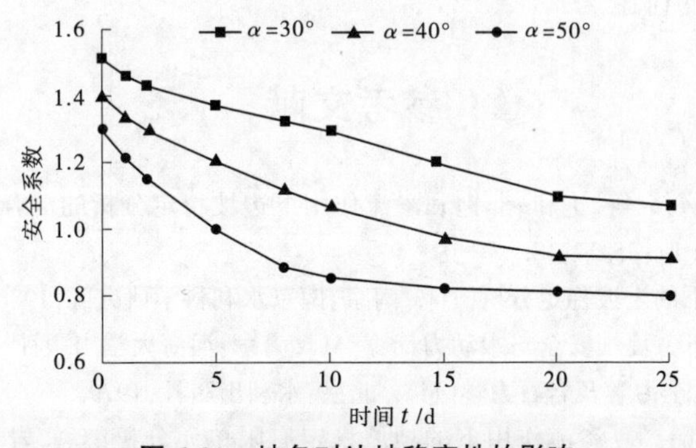

图 6-21　坡角对边坡稳定性的影响

从图 6-21 和图 6-22 可看出,在裂缝区雨水入渗过程中,坡角越大,边坡安全系数下降速率越快。50°的边坡安全系数下降幅度一直高于另两种小坡角边坡,其在第 8 天时,安全系数由 1.325 下降至 0.886(失稳),降幅达 33.1%。这是由于坡角越大,裂缝雨水入渗可以较快在坡面出渗,滑动体内非饱和区域趋于饱和,使稳定性本就不高的陡边坡的安全系数快速减小。

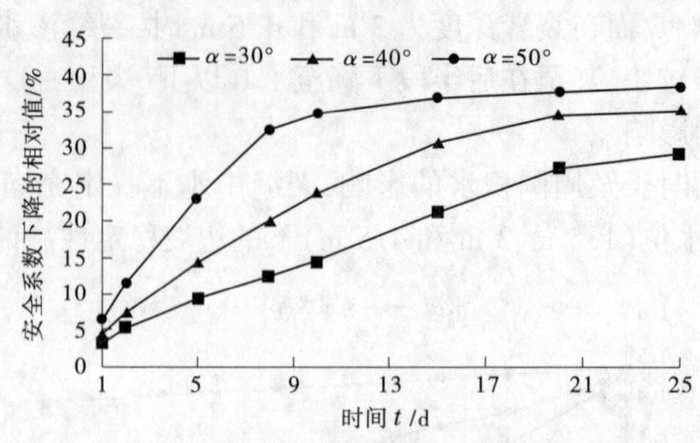

图 6-22　不同坡角边坡稳定安全系数下降的相对值

6.6 小　结

(1)在饱和-非饱和渗流场计算的基础上,综合运用有限元、等参元、单纯形法能够较好地处理饱和-非饱和不稳定渗流作用下的边坡稳定分析中存在的问题,可望在实际工程中得到应用。

(2)计算结果表明,考虑渗透力方向,对于长期蓄水后骤降引起的迎水面土坡的稳定性分析至关重要,安全系数较常规的条分法要小。其原因主要是:水位骤降时,由于孔隙水压力减小后气泡体积膨胀,并影响孔隙水排出,渗透力方向指向迎水坡,且将减少土的有效法向应力及剪应力,对边坡稳定不利。

(3)降雨对带有裂缝的土质堤坡稳定性影响较大,本章对于裂缝渗流引起的边坡失稳问题的模拟方法,可望用于降雨积水灌入裂缝条件下垃圾填埋场、施工堆渣场的边坡稳定分析中。

(4)关于渗透力的概念及应用,曾一度引起争论,有兴趣的可参看毛昶熙、沈珠江、陈祖煜、李广信等学者的讨论。

参考文献

[1] 汪自力,朱明霞,高青伟,等. 饱和-非饱和渗流作用下边坡稳定分析的混合法[J]. 郑州大学学报(工学版),2002,23(1):25-27,38.

[2] 李吉庆. 渗流作用下的土坡稳定分析[D]. 南京:南京水利科学研究院,1988.

[3] 毛昶熙,段祥宝,毛宁. 堤坝安全与水动力计算[M]. 南京:河海大学出版社,2012.

[4] 武汉水利电力学院. 土力学及岩石力学[M]. 北京:水利出版社,1979.

[5] 毛昶熙,陈平,李祖贻,等. 渗流作用下的坝坡稳定有限单元分析[J]. 岩土工程学报,1982(3):87-106.

[6] 毛昶熙,段祥宝,李祖贻,等. 渗流数值计算与程序应用[M]. 南京:河海大学出版社,1999.

[7] 毛昶熙,李吉庆,段祥宝. 渗流作用下土坡圆弧滑动有限元计算[J]. 岩土工程学报,2001,23(6):746-752.

[8] 刘保亮. 坡顶裂缝渗流作用下土坡稳定性分析混合法研究[D]. 南京:河海大学,2022.

[9] 连霍高速洛阳至三门峡(豫陕界)段改扩建工程弃渣场稳定性评估报告[R]. 郑州:黄河水利委员会

基本建设工程质量检测中心,2017.
[10] 中国水利水电勘测设计协会. 水利水电工程弃渣场稳定安全评估规范:T/CWHIDA 0018—2021[S]. 北京:中国水利水电出版社,2021.
[11] 陈铁林, 邓刚, 陈生水,等. 裂隙对非饱和土边坡稳定性的影响[J]. 岩土工程学报, 2006, 28(2):210-215.
[12] 袁俊平, 殷宗泽. 考虑裂隙非饱和膨胀土边坡入渗模型与数值模拟[J]. 岩土力学, 2004, 25(10):1581-1586.
[13] 徐学军, 王罗斌,何子杰. 坡顶竖向裂缝对边坡稳定性影响的研究[J]. 人民长江, 2009, 40(22):46-48.
[14] 邓东平, 李亮. 渗流条件下具有张裂缝边坡的稳定性分析[J]. 中南大学学报(自然科学版),2013,44(1):294-302.
[15] 邓东平, 李亮. 水力条件下具有张裂缝临河边坡稳定性分析[J]. 岩石力学与工程学报, 2011,30(9):1835-1847.
[16] 刘华磊, 徐则民, 张勇,等. 降雨条件下边坡裂缝的演化机制及对边坡稳定性影响[J]. 灾害学,2011, 26(1):26-29.
[17] 戴绘. 降雨条件下含裂缝岸坡渗流稳定特性研究[D]. 长沙: 长沙理工大学, 2015.
[18] 蒋泽锋, 朱大勇. 强降雨条件下具有张裂缝边坡临界滑动场[J]. 岩土力学, 2016, 37(S2):25-34.
[19] 李全文, 常金源, 徐文刚, 等. 降雨条件下含裂缝的边坡数值模拟分析[J]. 水利规划与设计,2019(1):97-100.
[20] 陈愈炯,陈祖煜,徐家海,等. 关于"渗流作用下的坝坡稳定有限单元分析"一文的讨论[J]. 岩土工程学报,1983(3):135-141.
[21] 毛昶熙,陈平,李祖贻. 关于"渗流作用下坝坡稳定有限元分析"一文的终结讨论[J]. 岩土工程学报,1984(5):96-100.
[22] 沈珠江. 莫把虚构当真实——岩土工程界概念混乱现象剖析[J]. 岩土工程学报,2003(6):767-768.
[23] 陈祖煜. 关于"渗流作用下土坡圆弧滑动有限元计算"的讨论之一[J]. 岩土工程学报, 2002(3):394-396.
[24] 陈立宏,李广信. 关于"渗流作用下土坡圆弧滑动有限元计算"的讨论之二——兼论边坡稳定分析中的渗流力[J]. 岩土工程学报,2002(3):396-397.
[25] 葛孝椿. 关于"渗流作用下土坡圆弧滑动有限元计算"的讨论之三[J]. 岩土工程学报,2002(3):398-399.
[26] 毛昶熙,李吉庆,段祥宝. 对"渗流作用下土坡圆弧滑动有限元计算"讨论的答复[J]. 岩土工程学报,2002(3):399-402.
[27] 毛昶熙,段祥宝. 关于渗流的力及其应用[J]. 岩土力学,2009(6):1569-1574,1582.
[28] 李广信. 论土骨架与渗透力[J]. 岩土工程学报, 2016,38(8):1522-1528.
[29] 毛昶熙,段祥宝. 关于"论土骨架与渗透力"的讨论[J]. 岩土工程学报,2017,39(2):385-386.
[30] 沈珠江. 非饱和土力学实用化之路探索[J]. 岩土工程学报,2006(2):256-259.
[31] 毛昶熙. 防洪抢险参考手册[M]. 郑州:黄河水利出版社,2021.
[32] 毛昶熙. 段祥宝,毛宁,等. 关于《建筑边坡工程技术规范》(GB 50330—2013)的讨论[J]. 岩土工程学报,2017,39(11):2147-2148.
[33] 李广信. 关于"关于《建筑边坡工程技术规范》(GB 50330—2013)的讨论"的讨论[J]. 岩土工程学报,2019,41(1):191-192.

第 7 章　堤防不稳定渗流计算分析

饱和-非饱和渗流分析的目的是进行黄河大堤渗流动态的分析,并得到水利水电科学基金、河南省自然科学基金资助。河道堤防洪水大多具有来去迅猛的特点,堤身在高水位下很难形成稳定渗流,但洪水所产生的渗流动态仍可能造成堤防发生渗水、管涌现象,严重威胁着大堤安全,因此有必要对其渗流动态规律进行研究。本章以黄河大堤典型堤段为例,介绍堤防二维渗流动态分析的实例,并对动态渗流控制方案进行了讨论。

7.1　研究背景

7.1.1　堤防渗流动态研究概述

截至 2021 年年底,全国已建 5 级以上江河堤防 33.1 万 km,累计达标堤防 24.8 万 km,达标率为 73.0%。其中,1 级、2 级达标长度 3.8 万 km,达标率为 84.3%。即使在达标的堤段,仍有一部分堤防堤身、堤基并未做防渗处理,其抗渗性能仍未达到规范要求,大多只是断面尺寸达标。对于河道堤防来去迅猛的洪水产生的渗流动态,经常使堤防发生渗水、管涌现象,常常威胁堤防工程安全。1998 年长江流域大水,沿江发生管涌、冒砂等险情 9 405 处,其中因渗漏问题出险的 7 548 处,出现了险情丛生的危险局面。长江中游 540 个重要堤防险情中有 90%是由堤基问题引起的,其中 90%又为管涌所致。

堤防设计区别于水库土坝, 因为河流水势涨落迅速洪峰过程较短, 而水库蓄水有较长时间的高水位, 所以堤防设计, 特别是北方及东南沿海省份的河堤, 高水位只有几天, 必须考虑河水涨落的非稳定渗流以求取最经济可靠的渗控措施。影响堤防渗流动态分析的因素较多,如何模拟并将分析成果用于指导工程实践引起国内外专家学者的关注。对非稳定渗流计算多依赖有限单元法等数值计算,毛昶熙曾推导一些简便的近似计算公式供初设引用。朱伟、山村和也等进行了原尺寸堤防的洪水渗透试验,对堤防内洪水渗透的过程和特征进行了观测,并通过饱和-非饱和渗流的有限元分析,研究了各种条件对河堤内渗流的影响。潘恕、赵寿刚、沈细中等鉴于堤身、堤基渗透性不均匀且分布随机性强的特点,利用可靠性理论对黄河堤防淤背设计的合理宽度问题进行了系统的分析,并充分考虑了黄河堤防土体参数的随机变异性。毛昶熙、张家发、丁留谦、陈建生等针对堤防不同深度截渗墙效果进行了室内试验和数值模拟,得出了一些有益的结论。

7.1.2　黄河大堤渗流问题

黄河下游除南岸邙山及东平湖至济南区间为低山丘陵外,其余全靠堤防约束洪水。现状下游临黄大堤总长 1 371.2 km,其中左岸长 747 km,右岸长 624.2 km。各河段堤防的设防流量分别为花园口 22 000 m^3/s,高村 20 000 m^3/s,孙口 17 500 m^3/s,艾山以下

11 000 m^3/s。黄河小浪底水利枢纽投入运用后，黄河下游防洪标准虽由不足 60 年一遇提高到 1 000 年一遇，并修筑了标准化堤防，但其堤身、堤基仍由砂性土组成且大多未作截渗处理。对于黄河下游“二级悬河”发育的堤段（见图 7-1），一旦洪水漫滩，除可能导致大堤顶冲外，还将会出现假堤洪水短期无法自行退去排泄问题，在历史高水位作用下堤身浸润线将逐步抬高，仍有发生管涌破坏的可能。

无论是来去迅猛的洪水，或是高水位长期作用，都涉及渗流在堤身堤基动态演化的过程，因此有必要研究堤防渗流动态变化的规律，为除险加固和应急抢护提供技术支撑。需要说明的是，该项工作是在 1990 年完成的，故当时的设计洪水位是以小浪底水库未投入运用、以 1995 年河道淤积水平，相应花园口站流量 22 000 m^3/s 的设防标准推算的。

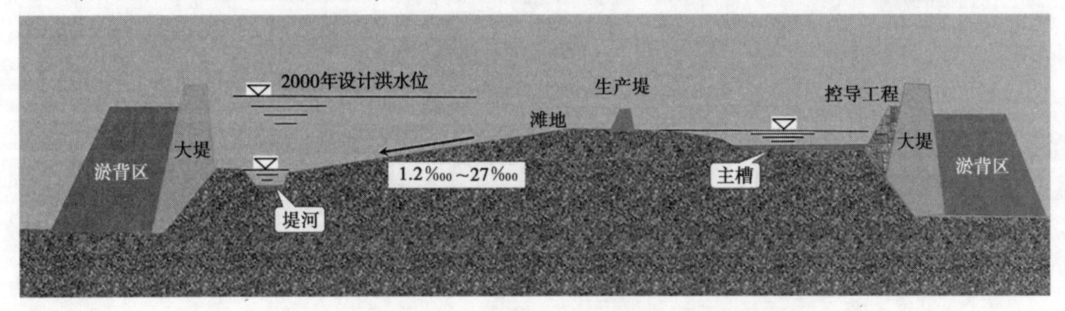

图 7-1　黄河下游“二级悬河”典型堤段断面示意图

7.2　研究方法

选取黄河下游有浸润线观测资料的断面为研究对象，以研发的饱和-非饱和二维非稳定渗流程序为分析工具，进行不同工况下的渗流计算。首先根据洪水过程线及测压管观测资料，对观测断面进行分析计算，以验证按勘测资料和室内试验确定的计算参数的可靠性，然后再对设计洪水位下的设计断面（即加固后的观测断面）的渗流动态进行预报。

先后对单东断面（桩号 5+000）、花园口断面（桩号 12+800）、御坝断面（桩号 74+650）的渗流动态进行了计算分析。计算模型与程序见 4.2、4.4，计算参数由室内试验得到（详见 4.1），其模拟结果与观测资料反映的动态规律基本一致。

7.3　典型堤段计算

7.3.1　单东堤段

7.3.1.1　基本情况

单东堤段位于黄河下游南岸郑州地段，该段背河 100 m 外地势较平坦，临河高于背河 1.5～2.0 m。据 1959 年地质勘探资料，堤身土质以粉细砂为主，夹有黏土和砂土，质量较差，透水性较强。背河沿堤一带地面潮湿，地下水埋深 1.5～2.0 m，部分地带沼泽化。该堤段选单东（桩号 5+000）断面为代表断面，并于 1959 年安装了 6 根堤身浸润线观测竹管进行观测。

7.3.1.2　观测断面

1. 计算工况与参数选取

单东观测断面地质情况见图 7-2，临河洪水过程线图 7-3 是根据 1960 年实测资料整理得来的。初始水位是根据 4 月 28 日前水位比较平稳而选定的，即 93.25 m，背河侧水位变化不大，约为 92.30 m。堤身非饱和渗流参数取值见表 7-1，是根据现场观测孔取样结果及室内试验结果整理得来的。计算开始时先按稳定渗流计算，然后再按洪水过程线进行渗流动态分析。计算结果见表 7-2 和图 7-4。

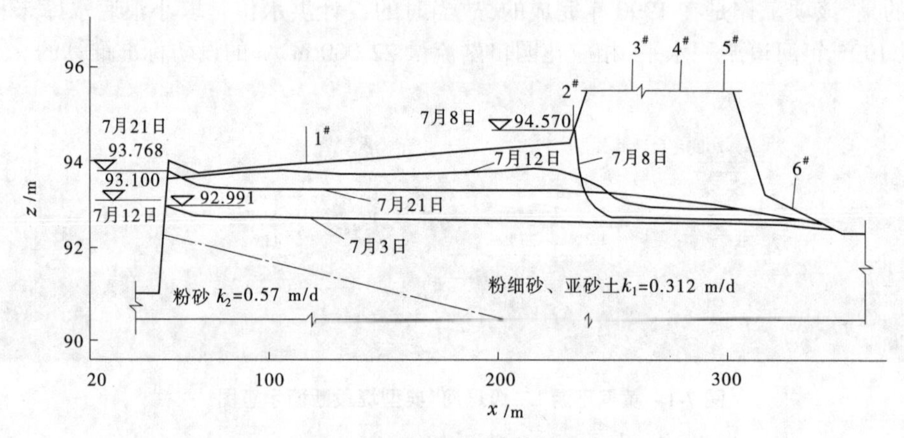

图 7-2　典型时刻计算浸润线图

2. 结果分析

从表 7-2 中可看出，计算结果与观测资料所反映的渗流动态变化基本上是一致的。从图 7-2 几个典型时刻浸润线比较可看出，洪峰前（7 月 3 日）的浸润线与洪峰时刻（7 月 8 日）的浸润线相比，浸润线只是在临河侧有较大的变化，而在背河侧变化很小。若按 7 月 8 日洪水位 94.57 m 作稳定渗流计算，背河侧浸润线将会升高。7 月 8 日浸润线反映的是升水过程，呈凹状；7 月 12 日浸润线反映的是洪峰过后的落水过程，因而呈凸状，且此时浸润线在临河侧虽有所下降，但背河侧却比 7 月 8 日的高；到 7 月 21 日临河侧浸润线继续下降，而背河侧浸润线基本无变化。这些结果反映了堤身渗流动态的变化过程，是稳态渗流计算所不能反映的。

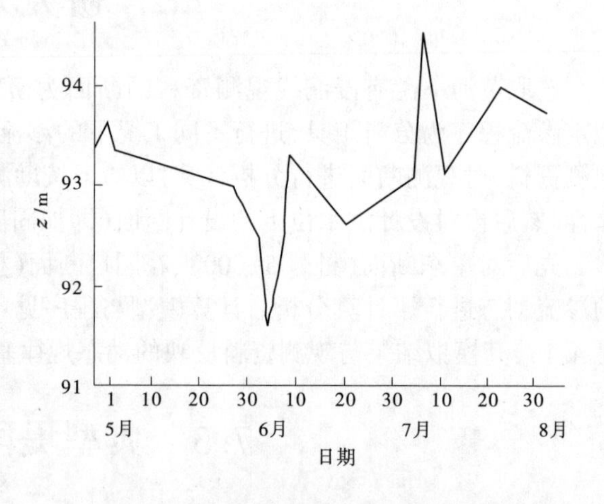

图 7-3　单东观测断面计算洪水过程线

图 7-4 反映的是最高洪水位（7 月 8 日）下的等压线、等势线分布图。因是升水过程，故等压线呈凹状。等势线在入渗点处较集中，表明此时该处水流变化急剧，而在离入渗点较远处分布较均匀，即水流较平稳。在土层界面处，等势线发生转折，反映了水头损失率（水力坡降）在介质分界面处是有突变的。

表7-1　单东堤身土非饱和渗流计算参数输入数据

序号	θ	h/m	$k(h)$/(m/d)	$k_r=k(h)/k_s$	$c(h)=\mathrm{d}\theta/\mathrm{d}h$/$\mathrm{m}^{-1}$
1	0.08	−15.0	4.52×10^{-6}	1.45×10^{-5}	2.0×10^{-5}
2	0.11	−7.8	2.43×10^{-5}	7.79×10^{-5}	7.5×10^{-5}
3	0.14	−4.7	5.63×10^{-5}	1.80×10^{-4}	1.3×10^{-4}
4	0.16	−3.3	9.76×10^{-5}	3.13×10^{-4}	2.0×10^{-4}
5	0.18	−2.7	1.66×10^{-4}	5.32×10^{-4}	3.0×10^{-4}
6	0.20	−2.1	2.48×10^{-4}	7.95×10^{-4}	4.0×10^{-4}
7	0.22	−1.6	1.99×10^{-3}	6.38×10^{-3}	5.0×10^{-4}
8	0.24	−1.2	3.66×10^{-3}	1.17×10^{-2}	6.0×10^{-4}
9	0.26	−1.0	1.47×10^{-2}	4.71×10^{-2}	1.0×10^{-3}
10	0.32	−0.5	1.05×10^{-1}	3.40×10^{-1}	1.0×10^{-3}
11	0.48	0	3.12×10^{-1}	1.00	3.1×10^{-1}

表7-2　计算与观测结果比较

项目		不同时间(月-日)观测断面水位/m						
		05-24	06-03	07-03	07-08	07-12	07-21	08-15
		临河水位						
		93.06	92.04	92.99	94.57	93.10	93.77	93.95
1#管	观测	92.50	91.87	92.65	缺	93.54	93.24	93.84
	计算	92.83	92.67	92.67		93.68	93.31	93.63
	误差	0.33	0.80	0.02		0.14	0.07	−0.21
2#管	观测	91.94	91.60	92.04	93.42	93.54	93.46	93.72
	计算	92.72	92.69	92.58	94.28	93.51	93.25	93.53
	误差	0.78	1.09	0.54	0.86	−0.03	−0.21	−0.19
3#管	观测	92.15	92.06	缺	缺	缺	缺	缺
	计算	92.69	92.66	92.56	92.68	92.93	93.03	93.31
	误差	0.54	0.60					
4#管	观测	92.18	92.10	91.96	92.10	92.10	92.16	92.33
	计算	92.69	92.65	92.56	92.66	92.88	92.96	93.22
	误差	0.51	0.55	0.60	0.56	0.78	0.80	0.89
5#管	观测	92.08	91.96	91.92	92.10	92.12	92.14	92.23
	计算	92.67	92.63	92.54	92.63	92.83	92.88	92.98
	误差	0.59	0.67	0.62	0.53	0.71	0.74	0.75
6#管	观测	91.92	91.72	91.89	92.18	92.22	92.24	92.36
	计算	92.55	92.51	92.46	92.60	92.60	92.60	92.64
	误差	0.63	0.79	0.57	0.42	0.38	0.36	0.28

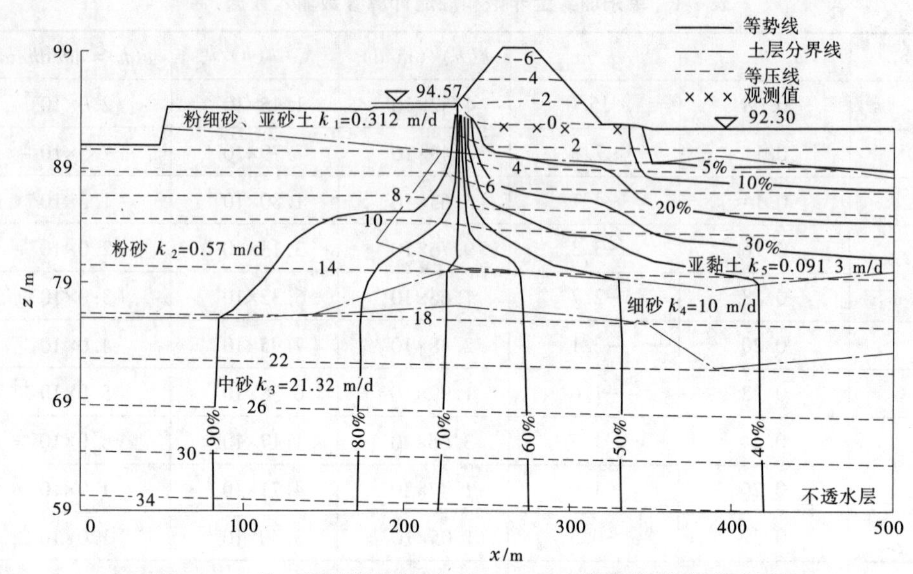

图 7-4　7 月 8 日洪峰时刻(水位 94.57 m)等压线、等势线分布图

7.3.1.3　设计断面

单东设计断面受背河铁路影响,堤身加高培厚后仍较单薄,堤顶宽只有 7 m。根据以上渗透参数和设计洪水过程线(见图 7-5),对设计断面进行了不稳定渗流计算分析,得出设计洪水过程下典型时刻浸润线,见图 7-6。洪水期浸润线在背河堤坡上出逸点高程为 93.3 m 左右,在最高洪水位下相应的背河堤脚渗透坡降为 0.1,小于堤基土的允许坡降,故该段发生渗透破坏的可能性很小。

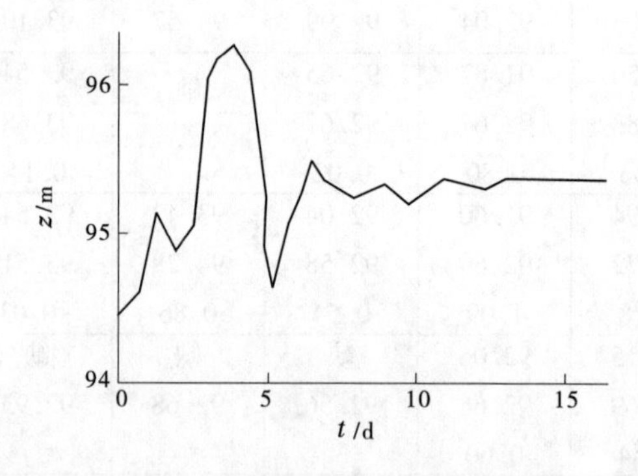

图 7-5　单东断面设计洪水过程线

7.3.2　花园口堤段

7.3.2.1　基本情况

花园口堤段选择老口门段,即 1938 年 6 月 9 日国民政府为阻挡日军进攻掘堤、1947 年 3 月 15 日立堵合龙处。该段全长 1 510 m,桩号 11+520~13+030。1956 年前,背河系潭坑,水深 6~8 m,后通过淤背将潭坑基本填平,堤身高约 8 m,系人工填筑土,主要为粉土及粉质砂壤土。因堵口造成该段堤基土层相当复杂,口门上部主要为石料及腐烂的秸

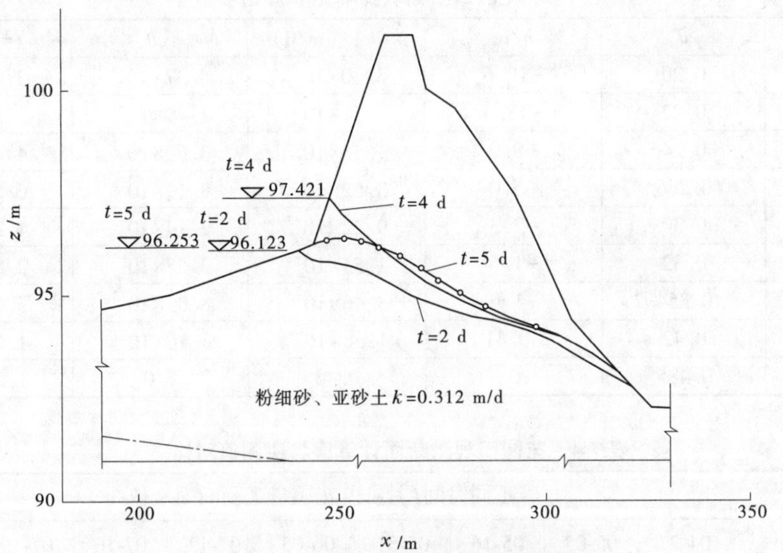

图 7-6 单东设计断面典型时刻浸润线

料、柳枝等,且分布较广,渗透性大。临河侧及背河侧主要为黏土及亚黏土。本堤段选择12+800 断面为代表断面。

7.3.2.2 观测断面

1. 计算参数与计算结果

临河水位过程线根据 1958 年实测资料整理而来(见图 7-7),堤身非饱和渗透参数取值见表 7-3。计算结果见表 7-4,图 7-8~图 7-10。

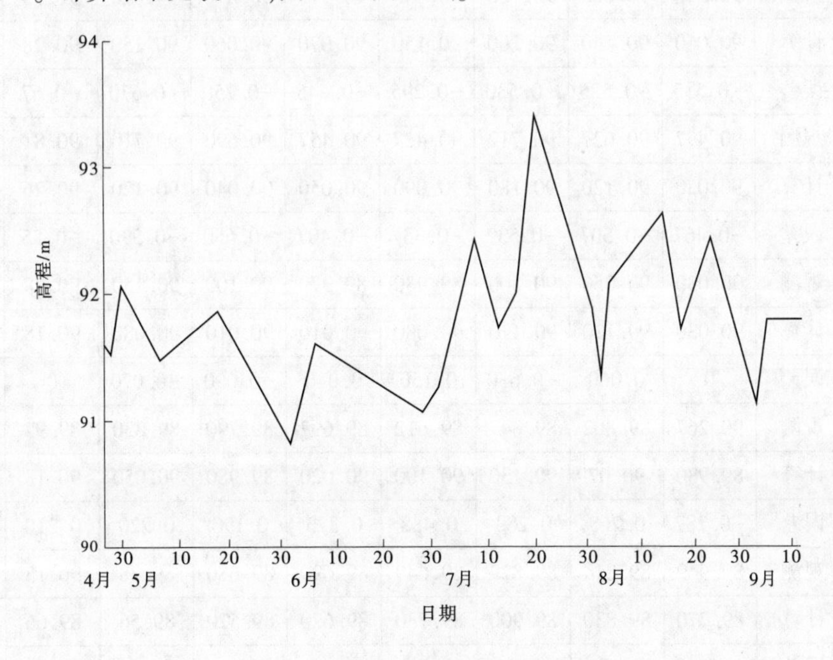

图 7-7 花园口观测断面洪水过程线

表 7-3　花园口断面堤身非饱和渗透参数

序号	θ	h/m	$k(h)$/(m/d)	$k_r=k(h)/k_s$	$c(h)=\mathrm{d}\theta/\mathrm{d}h$/m^{-1}
1	0.20	−19.6	3.60×10^{-4}	8.37×10^{-4}	3.28×10^{-3}
2	0.22	−13.5	7.71×10^{-4}	1.79×10^{-3}	3.28×10^{-3}
3	0.24	−9.0	1.55×10^{-3}	3.60×10^{-3}	4.44×10^{-3}
4	0.266	−5.0	3.52×10^{-3}	8.19×10^{-3}	6.50×10^{-3}
5	0.30	−2.3	9.22×10^{-3}	2.14×10^{-2}	1.26×10^{-2}
6	0.32	−1.6	1.54×10^{-2}	3.58×10^{-2}	2.86×10^{-2}
7	0.354	−1.0	3.46×10^{-2}	8.05×10^{-2}	5.67×10^{-2}
8	0.42	−0.41	1.36×10^{-1}	3.16×10^{-1}	1.12×10^{-1}
9	0.485	0	0.43	1.0	1.59×10^{-1}

表 7-4　花园口观测断面计算值与实测值对比

项目		不同时间(月-日)花园口观测断面水位/m								
		04-27	05-05	05-16	05-31	06-05	07-12	07-16	07-19	07-30
		临河水位								
		92.06	91.47	91.86	90.81	91.60	91.72	92.20	93.42	92.02
1#	观测	90.402	90.852	90.972	90.332	90.682	91.020	91.120	91.69	91.72
	计算	90.070	90.160	90.220	90.170	90.090	90.090	90.180	91.49	90.73
	误差	−0.332	−0.692	−0.752	−0.162	−0.592	−0.930	−0.940	−0.20	−0.99
2#	观测	90.595	90.665	90.730	90.445	90.515	90.810	90.820	90.95	91.10
	计算	90.060	90.140	90.200	90.150	90.070	90.060	90.150	90.28	90.37
	误差	−0.535	−0.525	−0.530	−0.295	−0.445	−0.750	−0.670	−0.67	−0.73
3#	观测	90.497	90.627	90.712	90.427	90.457	90.690	90.710	90.81	90.07
	计算	90.030	90.120	90.180	90.090	90.050	90.040	90.120	90.26	90.34
	误差	−0.467	−0.507	−0.532	−0.337	−0.407	−0.650	−0.590	−0.55	0.27
4#	观测	90.030	90.050	90.800	89.930	89.970	90.100	90.150	90.18	90.20
	计算	90.030	90.110	90.170	90.080	90.010	90.010	90.080	90.18	90.30
	误差	0	0.060	−0.630	0.150	0.040	−0.090	−0.070	0	0.10
5#	观测	90.267	89.802	89.847	89.612	89.697	89.790	89.830	89.97	89.82
	计算	89.980	90.07	90.130	90.100	90.020	89.980	90.050	90.18	90.25
	误差	−0.287	0.268	0.283	0.488	0.323	0.190	0.220	0.210	0.43
6#	观测	89.949	89.814	89.829	89.649	89.699	89.680	89.78	90.13	89.77
	计算	89.770	89.830	89.900	89.730	89.620	89.520	89.56	89.66	89.70
	误差	−0.179	0.016	0.071	0.081	−0.079	−0.160	−0.22	−0.47	−0.07

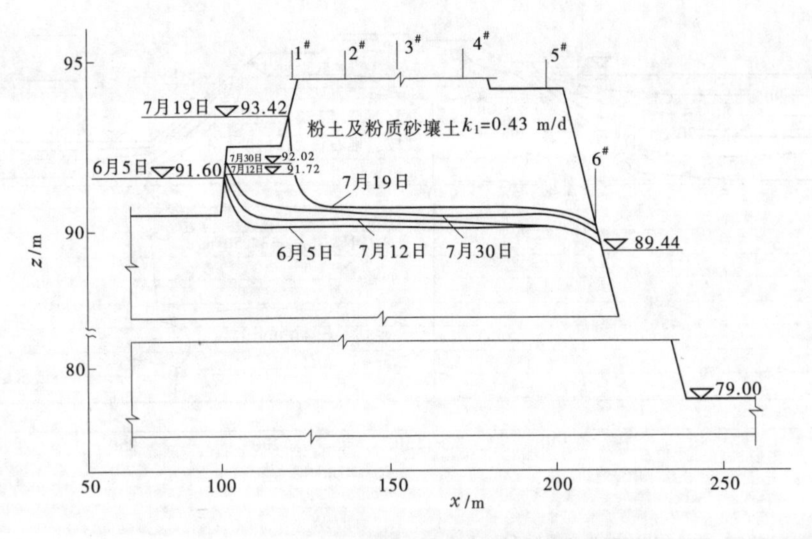

图 7-8 花园口观测断面典型时刻浸润线图

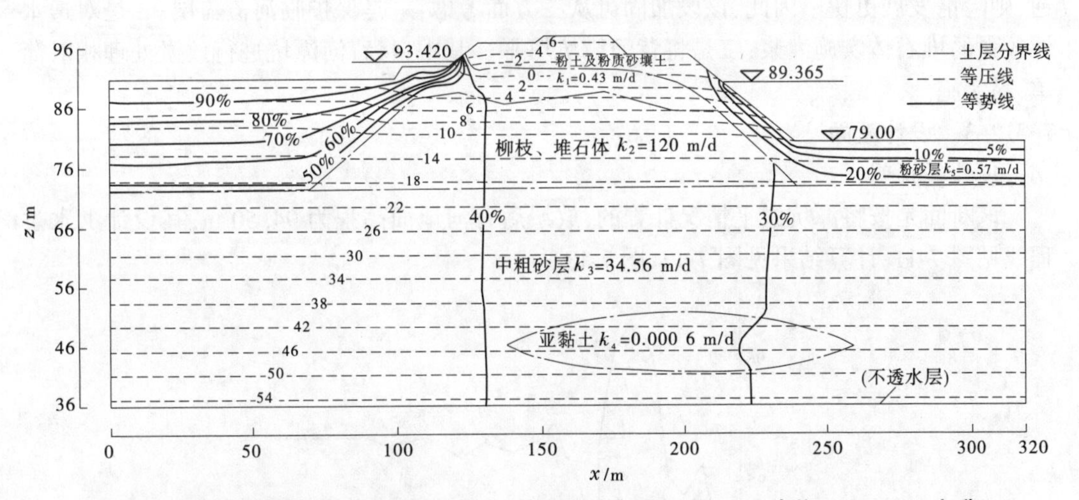

图 7-9 花园口观测断面典型时刻等势线、等压线分布图(7月19日水位93.42 m)(上升)

2. 结果分析

从图7-8不同时刻浸润线比较中可看出,临河侧浸润线随水位变化较快,背河侧浸润线虽有抬升但幅度不大,这是由于水头主要是在临河侧的粉土中消杀的。同时渗透性很强、分布范围很广的堆石体的存在,使浸润线滞后现象不大明显。

图7-9是涨水时刻(7月19日)的等势线、等压线分布情况。等势线相对集中在临河侧与背河侧粉土层内,表明水头在粉土层内损失较大,而在堆石体中损失较小,造成等压线在粉土层与堆石体交界处有明显弯曲。另外,在透镜体(亚黏土)处30%等势线向临河侧凸,也是由于在透镜体处水头损失较大引起的。

图7-10是落水时刻(7月30日)的等势线、等压线分布图。该断面由于临背河悬差较大,即使潭坑水位较高(高程89.44 m),背河侧仍有较大出逸高度。此时若临河侧相对透水性较小的覆盖层被冲刷、淘刷或挖除,则河水将直接与堆石体相连,并很快与潭水相

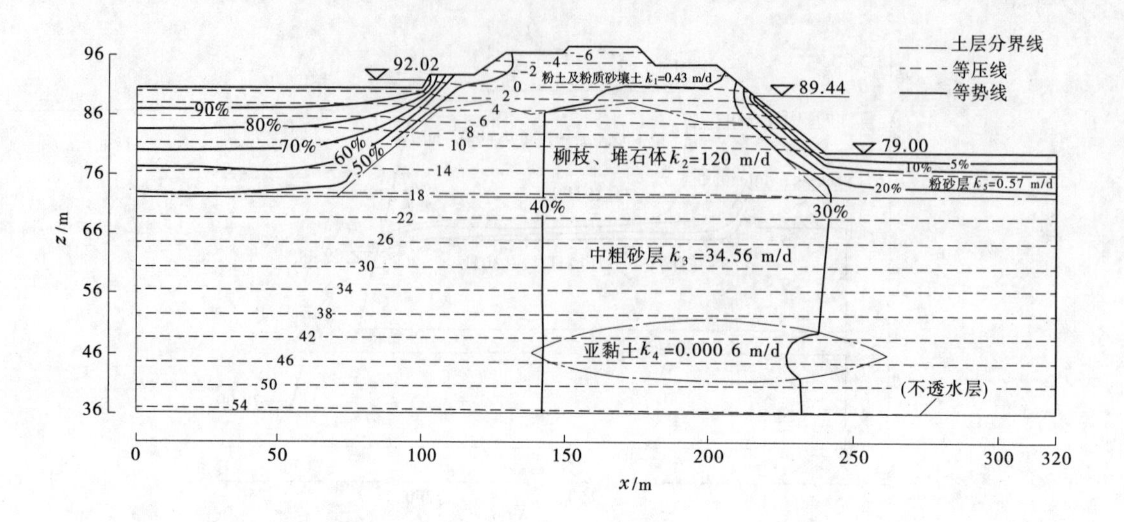

图 7-10 花园口观测断面典型时刻等势线、等压线分布图(7 月 30 日水位 92.02 m)(降落)

通,则险情发展更快。因此,该段加固可从三方面考虑:一是保护临河覆盖层;二是对透水性较强的堆石体实施灌浆;三是将背河潭坑填平。其中,将背河潭坑进行放淤处理相对简单,易实施。

7.3.2.3 设计断面

1. 计算说明

该断面是按将潭坑淤平情况计算的,放淤后背河地面高程为 94.50 m,其设计洪水过程线见图 7-11,计算结果见图 7-12、图 7-13。

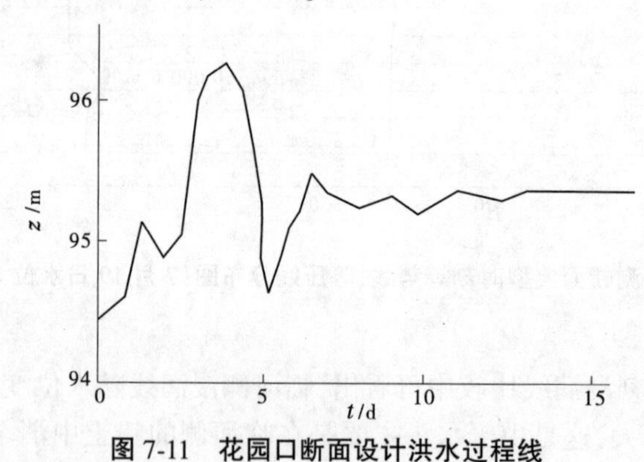

图 7-11 花园口断面设计洪水过程线

2. 结果分析

图 7-12 显示,在临河侧水面线与堤坡相交处水头损失最大。由于背河侧经过淤背加高,设计洪水位也较高,此时堆石体影响变小。t=5 d 时(水位 94.71 m)的浸润线略高于 t=1.25 d(水位 95.13 m)的,临河水位却相反,表明洪水历时对浸润线的影响。

在最高洪水位为 96.25 m 时,由图 7-13 可算出,背河堤脚处垂直水力坡降为 0.087。当临河侧无覆盖层时,水头主要消杀在背河侧,按不利情况计算的水力坡降为 0.22,小于允许坡降,可见淤背效果较好。

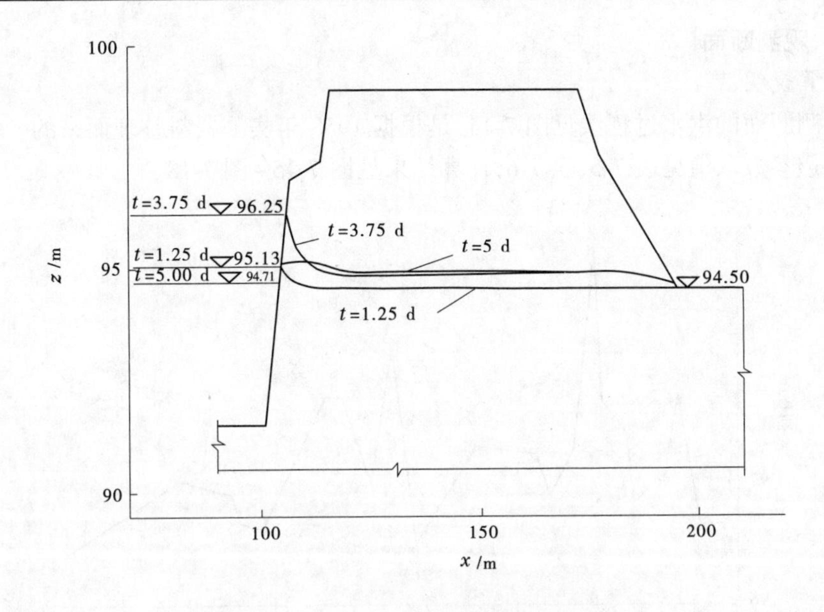

图 7-12　花园口设计断面典型时刻浸润线图

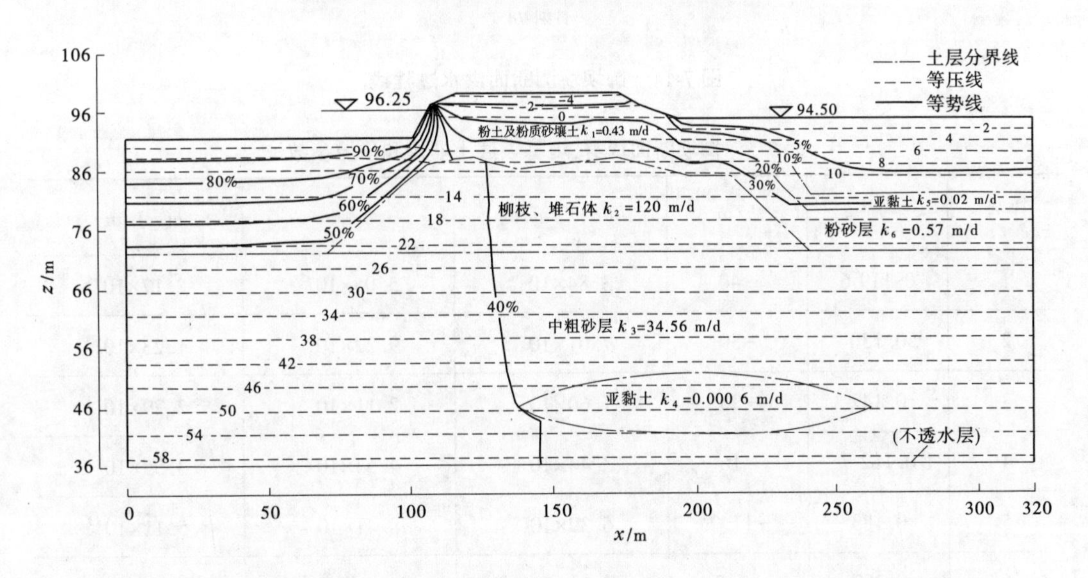

图 7-13　花园口设计断面典型时刻等势线、等压线图(t=3.75 d,水位 96.25 m)(上升)

7.3.3　御坝堤段

7.3.3.1　基本情况

御坝堤段位于黄河下游北岸武陟境内,临背差 6~7 m。堤身、堤基渗透系数较小,但 1979 年背河侧水井曾出现溢水。该段选 74+650 断面为代表断面,从断面地质资料可看出堤基上层为透水性较小的亚黏土,下层为透水性较大的砂层,并且临河具有较好的入渗条件,高水位下背河将出现承压水。

7.3.3.2 观测断面

1. 计算说明

该观测断面的洪水过程线见图 7-14，是根据 1958 年实测资料整理而来的。堤身坝基非饱和渗透参数取值见表 7-5、表 7-6，计算结果见图 7-15～图 7-18。

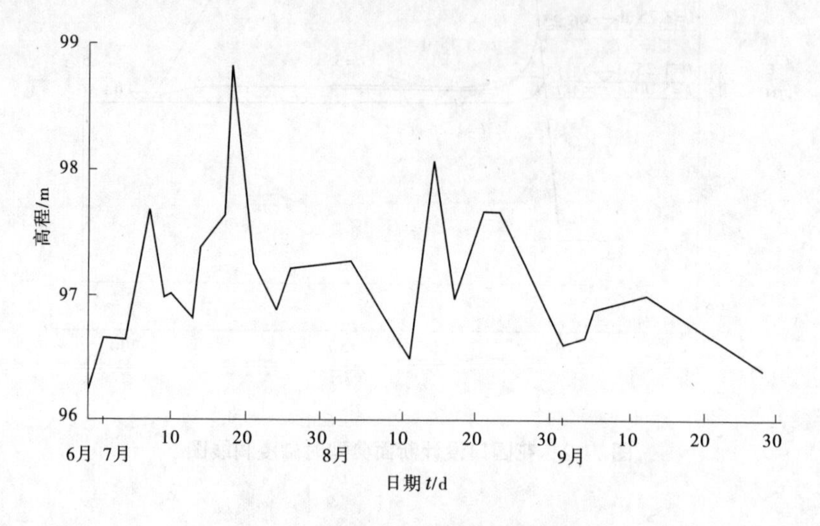

图 7-14 御坝观测断面洪水过程线

表 7-5 御坝断面堤身、堤基表层土非饱和渗流参数

序号	θ	h/m	$k(h)$/(m/d)	k_r	$c(h)$/m^{-1}
1	0. 119 6	−40	3.84×10^{-6}	5.05×10^{-5}	8.17×10^{-4}
2	0. 130	−30	7.01×10^{-6}	9.22×10^{-5}	1.23×10^{-3}
3	0. 142	−23	1.60×10^{-5}	2.11×10^{-4}	2.29×10^{-3}
4	0. 162 7	−16	3.44×10^{-5}	4.53×10^{-4}	3.55×10^{-3}
5	0. 183	−11. 2	6.39×10^{-5}	8.41×10^{-4}	5.11×10^{-3}
6	0. 207	−7. 8	1.36×10^{-4}	1.79×10^{-3}	8.63×10^{-3}
7	0. 232	−5. 2	2.81×10^{-4}	3.70×10^{-3}	1.22×10^{-2}
8	0. 264	−3. 2	7.46×10^{-4}	9.82×10^{-3}	2.22×10^{-2}
9	0. 30	−2. 0	2.16×10^{-3}	2.84×10^{-2}	3.85×10^{-2}
10	0. 355	−1. 0	1.35×10^{-2}	1.78×10^{-1}	6.75×10^{-2}
11	0. 435	0	0. 076	1. 0	6.75×10^{-2}

表 7-6　御坝断面堤基极细砂层非饱和渗流参数

序号	θ	h/m	$k(h)$/(m/d)	k_r	$c(h)$/m^{-1}
1	0.20	-19.6	3.60×10^{-4}	2.25×10^{-3}	3.28×10^{-3}
2	0.22	-13.5	7.71×10^{-4}	4.82×10^{-3}	3.28×10^{-3}
3	0.24	-9.0	1.55×10^{-3}	9.69×10^{-3}	4.44×10^{-3}
4	0.266	-5.0	3.52×10^{-3}	2.2×10^{-2}	6.50×10^{-3}
5	0.30	-2.3	9.22×10^{-3}	5.76×10^{-2}	1.26×10^{-2}
6	0.32	-1.6	1.54×10^{-2}	9.63×10^{-2}	2.86×10^{-2}
7	0.354	-1.0	3.46×10^{-2}	2.16×10^{-1}	5.67×10^{-2}
8	0.42	-0.41	1.35×10^{-1}	8.44×10^{-1}	1.12×10^{-1}
9	0.45	0	0.16	1.0	1.12×10^{-1}

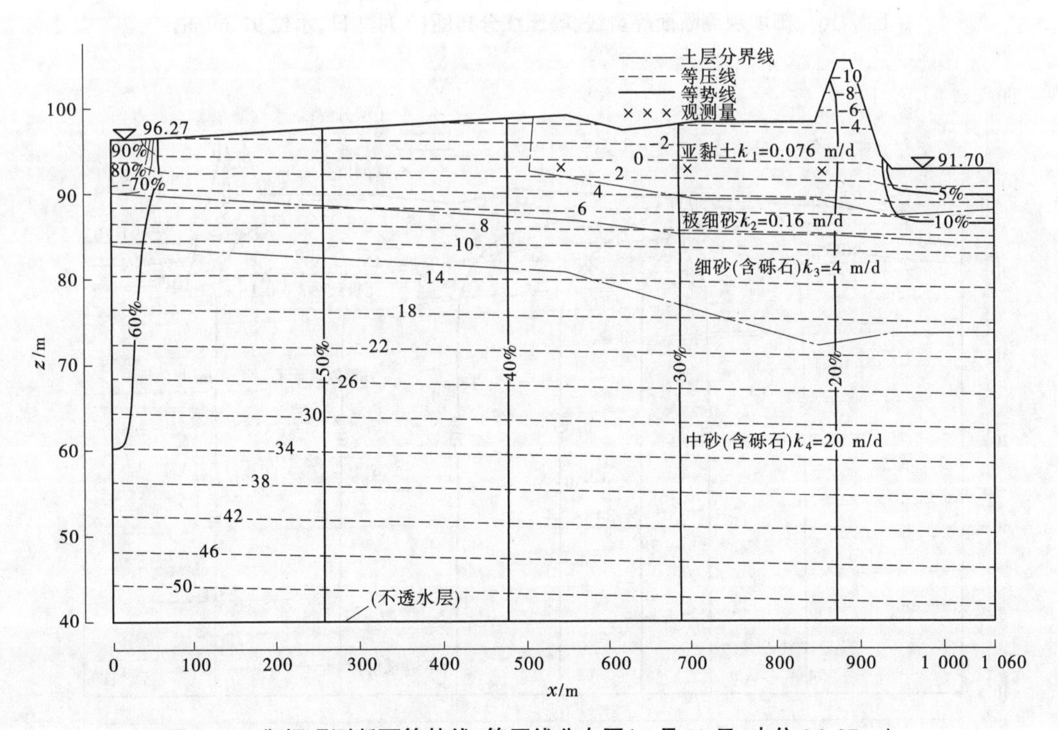

图 7-15　御坝观测断面等势线、等压线分布图(6 月 29 日,水位 96.27 m)

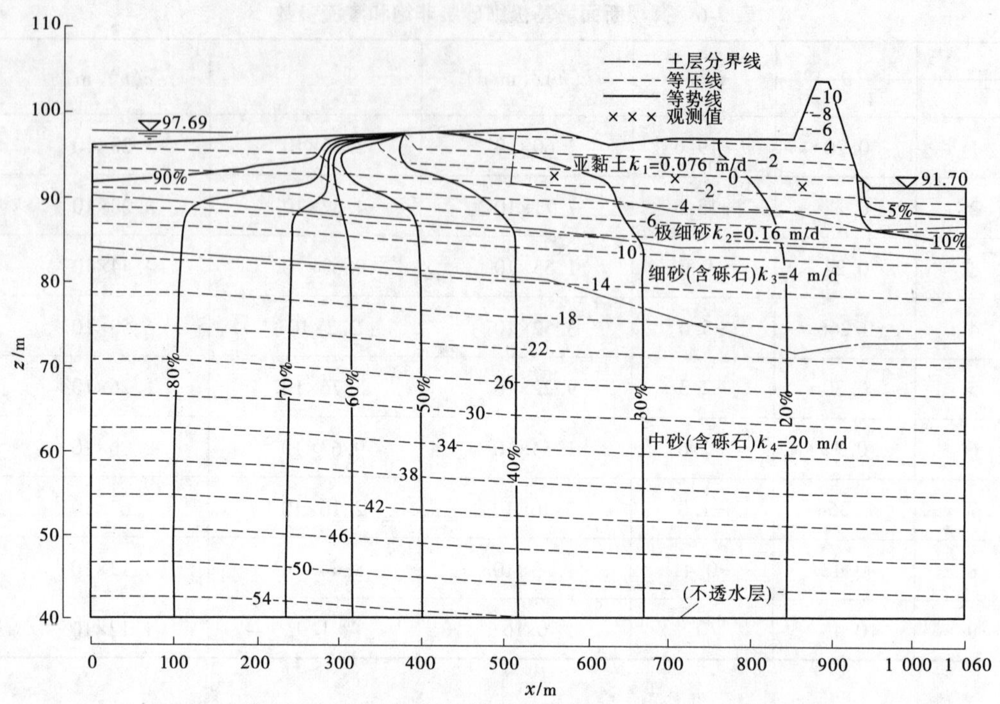

图 7-16　御坝观测断面等势线、等压线分布图(7 月 7 日,水位 97.69 m)

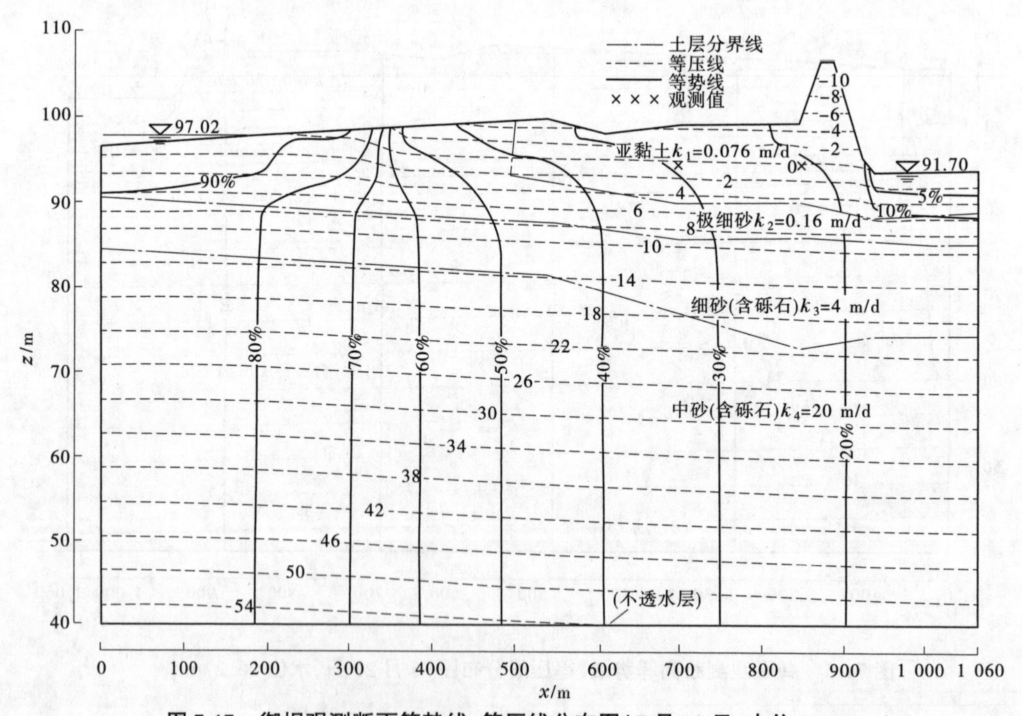

图 7-17　御坝观测断面等势线、等压线分布图(7 月 10 日,水位 97.02 m)

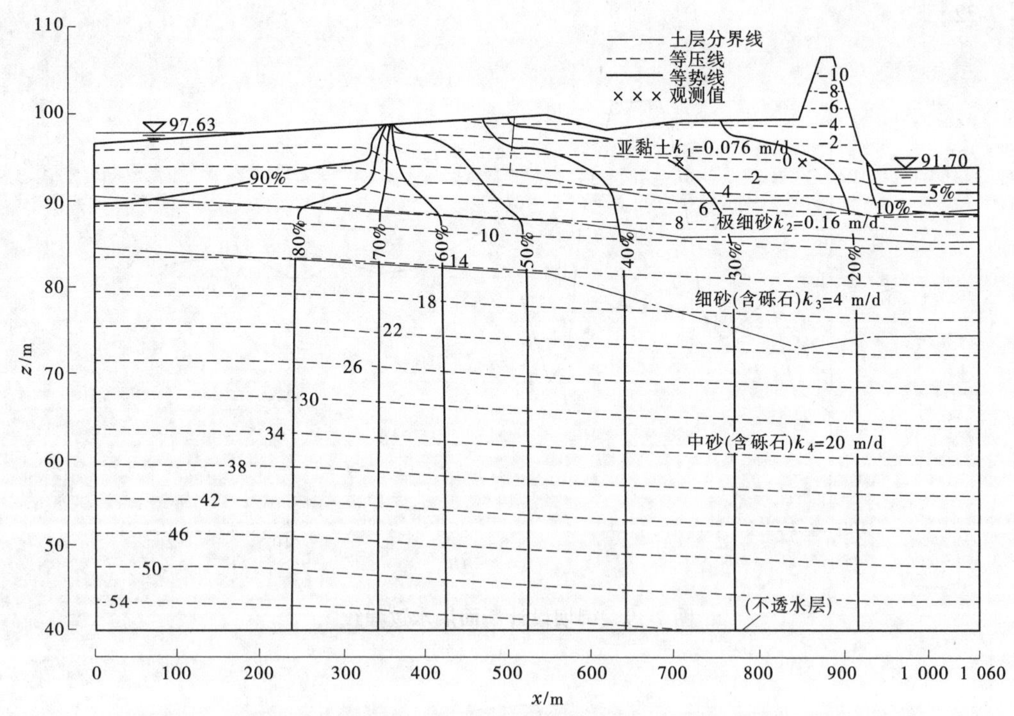

图7-18　御坝观测断面等势线、等压线分布图(7月17日,水位97.63 m)

2. 结果分析

该断面临河水位较低,且河滩坡度较缓,入渗点随水位变化大。

图7-15是较低水位下稳态渗流的计算结果(6月29日),等势线除在河床处、出渗处较密集外,在其他处分布较均匀且近于直线,显示了稳态渗流的特点。

图7-16反映的是涨水过程(7月7日),等势线在入渗段弯曲较大,表明当堤基极细砂渗透性相对较小时,快速涨水过程仅对入渗段表面处有较大影响。

图7-17反映的是落水过程(7月10日)。由于河滩坡度较缓,虽然水位只降了0.677 m,但河水在滩面入渗点却退后近155 m,延长了渗径。但由于入渗处渗透系数相对较小,此时只造成入渗处等势线有急剧变化,而其他处无大变化。相对7月7日,背河侧浸润线还略有抬高。

图7-18反映的是临河水位经过一升降过程,又快速回升到高程97.63 m时(7月17日)的等势线、等压线分布情况。此时的等势线形状与落水期图7-17(7月10日)的相似,但临河水位却大不相同。相反,此时的等势线形状与其水位相近的图7-16(7月7日)区别较大。可见影响等势线分布的不仅是临背河水位差,而且与洪水历时也有较大关系。另外,从等势线向背河移动可看出水头传递到背河侧,浸润线也相应抬高,明显高于背河地面,势必造成井水外溢。

7.3.3.3　设计断面

1. 计算说明

御坝设计断面洪水过程线见图7-19,拟将背河地面淤高2.3 m,计算结果见图7-20~

图 7-22。

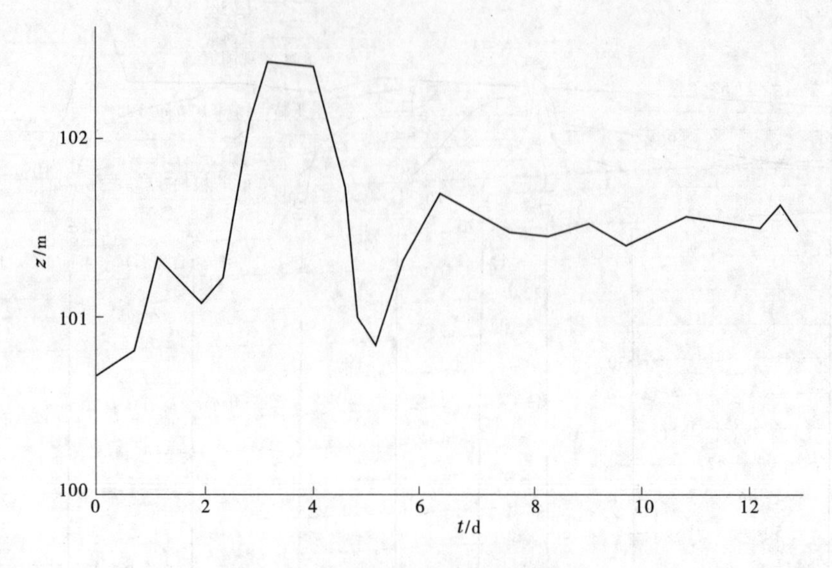

图 7-19 御坝设计断面洪水过程线

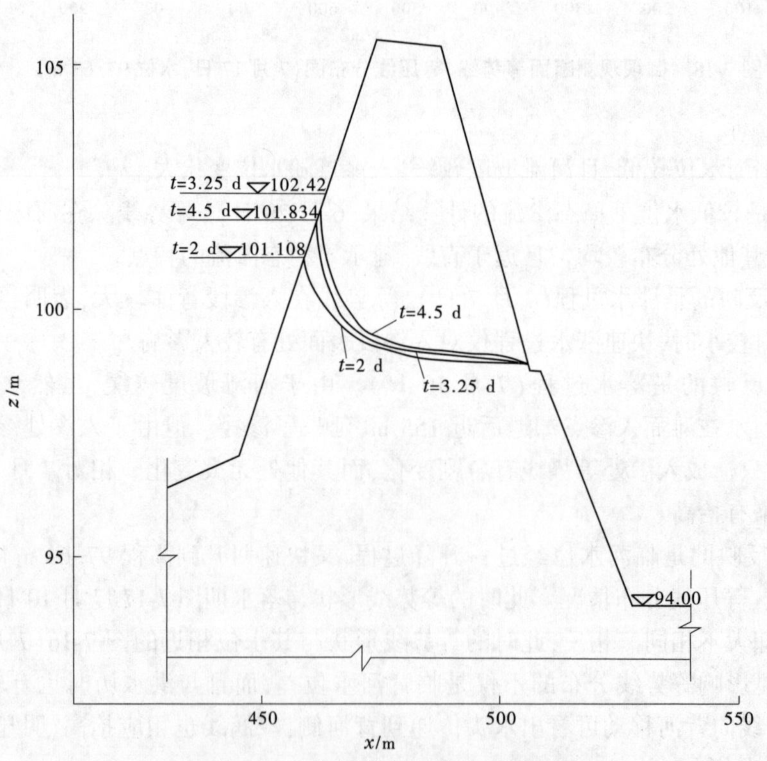

图 7-20 御坝设计断面典型时刻浸润线

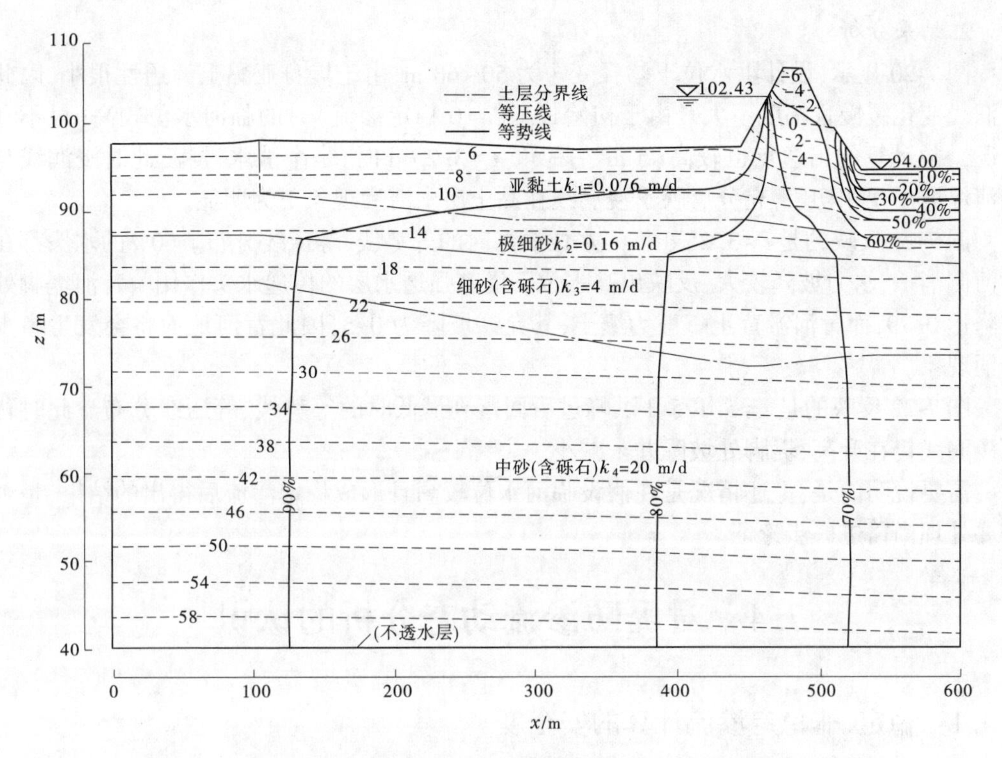

图 7-21 御坝设计断面等势线、等压线分布图(t=3.25 d,水位 102.43 m)

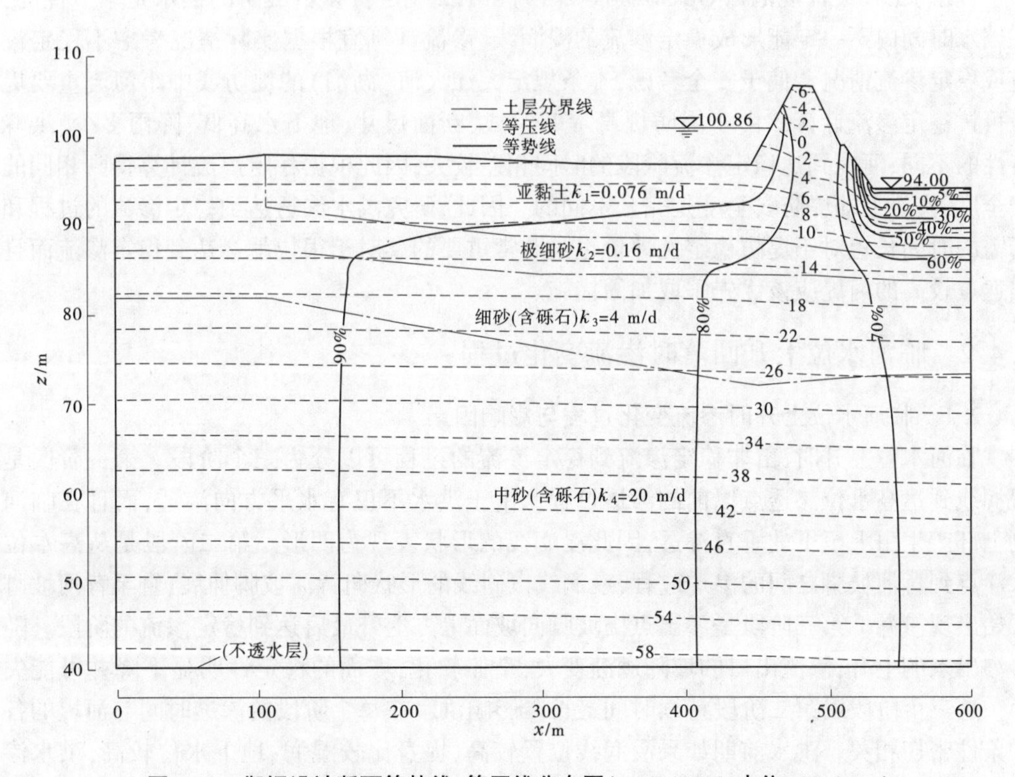

图 7-22 御坝设计断面等势线、等压线分布图(t=5.125 d,水位 100.86 m)

2. 结果分析

图 7-20 显示，设计洪水位下渗径变短为 50~60 m，由于堤身亚黏土渗透性很小，因此浸润线变化缓慢且幅度不大。由于初始状态（$t=0$ 稳定渗流）时的临河水位较高（最不利情况），故计算的出逸点也较高（5 m 左右）。$t=3.25$ d 时，是个涨水过程，此时浸润线与临河堤坡出现相切段，充分反映了浸润线在黏土层中滞后现象更为明显。

图 7-21 反映的是 $t=3.25$ d 临河水位最高时的等势线、等压线分布。60%的水头都在背河侧消杀，水力坡降较大，反映出高水位下堤基强透水层的传递水头作用。背河堤脚处坡降达 0.79，而背河淤背土一般为壤土，其允许坡降为 0.5，因此背河地面将会发生渗水管涌现象。

图 7-22 反映的是 $t=5.125$ d 洪峰过后回落到最低时的等势线、等压线分布。此时背河浸润线仍在升高，堤脚处坡降并未减小。

需要说明的是，上述情况是在假设临河水位较高且形成稳定渗流后得出的结果，是否需要处理尚需进一步论证。

7.4 对堤防渗流动态分析的认识

7.4.1 稳定、非稳定渗流计算的安全度

《堤防工程设计规范》（GB 50286—2013）E. 1. 2 规定：“多数堤防的挡水是季节性的，在挡水时间内不一定能形成稳定渗流的浸润线，渗流计算宜根据实际情况考虑不稳定渗流或稳定渗流情况。偏于安全考虑，本条规定大江大河（湖泊）的堤防或中小河流重要堤段可按稳定渗流计算。”由于堤防堤身堤基组成、断面尺寸、地下水高低、降雨多少、洪峰特性的不同，河堤到达稳定渗流阶段的时间相差较大，因此根据稳定渗流计算得到相同的安全度，实质上的堤防安全度是完全不同的。因此，研究洪水渗透达到稳定渗流的过程和所需的时间长短对于堤防稳定性评价也是非常重要的。对于很快就会达到稳定渗流而且出逸点较高的河堤应该优先采取加固措施。

7.4.2 临河水位上升回落时渗流变化过程

7.4.2.1 临河水位上升时渗流变化过程与影响因素

临河水位上升时，由非稳定渗流到稳定渗流的过程可以分为三个阶段。第一阶段是浸润线到达高水位渗透点以前的渗透过程。由于洪水不仅有水平方向渗透，而且在临河侧上部产生由上至下的垂直渗透，因此浸润线的形状表现为凹形。第二阶段是从高水位入渗点到背河坡脚之间的渗透过程，浸润线以斜线的形状向背河坡脚伸展，直至背河坡脚开始出现渗漏。第三阶段是渗出点由坡脚向坡面上方上升最后达到稳定渗流的阶段。随着渗出点的上升，渗流出口的坡降逐渐变大，土体软化，坡面的稳定性明显下降并可能失稳。这三个阶段以第二阶段持续时间最长。影响洪水在每个阶段的渗透时间与河堤的各种条件密切相关。洪水前期如果浸润线位置较高、堤身比较湿润、地下水位较高，洪水渗透将很快到达稳定渗流阶段。因此，河堤加固时不但可采取降低出口渗透坡降的措施，也

可辅助采用延长洪水渗透达到稳定渗流所需时间的方法,如保持堤身干燥状态、及时排除表面降雨、抑制前期浸润线位置等方法。

7.4.2.2　临河水位回落诱发的滑坡

洪水回落后,浸润线在迎水坡面附近开始下降,形成一个中间高、两边低的弧形浸润线。弧形浸润线的中央最高点最初出现在迎水坡附近,而后逐渐转移到河堤中心部,此后弧形浸润线基本保持平行下降。但是需要指出的是,洪水回落后河堤在相当长的时期内难以摆脱高浸润线、高饱和度的状态,且渗透力方向指向临河侧,非常容易引起临河滑坡等险情。因此,汛期堤防在高水位长期浸泡后洪水回落时,防汛抢险人员此时千万不可麻痹大意。在临河坡设计时也可考虑增加排水措施,以加快浸润线的回落。

7.4.3　堤身计算断面概化及计算结果的应用

在渗流计算中关键的环节是对断面做概化处理,即确定计算边界,对堤身、堤基渗透性进行分区,有时还需考虑截渗墙、减压井等工程措施。鉴于概化断面的不确定性,对计算结果的应用也一定要慎重。

7.4.3.1　边界条件确定

对堤基有明显相对不透水层(与上层相差100倍)的边界条件比较明确易确定。根据勘测资料,黄河下游堤防堤基土层状分布并不明显,且有局部黏土形成的“透镜体”,堤基下一般找不到相对不透水层做边界,故一般尽量取较宽、较深范围做不透水边界。判断边界范围是否够大,可以从计算结果等势线与边界线垂直的范围来判定,如垂直段太短说明边界范围取得小,垂直段太长说明边界范围取得太大。

7.4.3.2　堤身堤基不均质问题

堤身堤基组成复杂,隐患类型多,分布随机性强,素有“千里大堤溃于蚁穴”之说,而渗流计算又不能完全模拟堤身堤基的不均质问题,因此如何运用渗流计算成果成为实际工程设计与运行的一个问题。除概化断面时要尽可能考虑不均质地层外,在计算成果应用上也要全面考虑。按照目前的设计规范,如果稳定渗流计算结果不满足渗透稳定要求即可判为未达到设计标准。但即使计算结果达到的在防守时也不能放松警惕,仍有可能因树根等隐患引起局部渗透破坏。

7.4.4　大堤淤背区合理宽度论证

7.4.4.1　淤背区宽度论证的难点

对多泥沙河流黄河,在其下游标准化堤防建设中,大多采用放淤固堤方式,既可提高堤防的防洪能力(防渗、抗冲、抢险),又可将沉积在河道中的泥沙抽出有利于增加河道泄洪能力,就地取材。在论证淤背宽度时,一方面历史险情说明管涌可能发生在距堤脚100 m以外,另一方面常规渗流计算又很难模拟此种险情。由于黄河堤防的水文地质条件极为复杂,隐患分布随机性强,素有“在想不到的时间、想不到的地点,出现想不到的险情”一说。大多堤段常年甚至多年不靠水,难以通过原型观测资料反演土层的渗透系数。为解决此问题,引入可靠性理论,即在考虑黄河堤防土体参数随机变异性的基础上,基于蒙特卡洛方法研制了渗流有限单元法分析程序。计算设计洪水位下,黄河堤防背河坡脚外不同距离地层土体的渗透破坏概率,从而确定淤背的合理设计宽度。

7.4.4.2　论证结果

通过大量的试验研究,对黄河下游堤防各种土质的土性参数进行了统计分析,得出了各类土体渗透系数的分布规律,提出了黄河堤防渗透破坏标准的建议,根据土体单元渗透破坏概率分析了渗透破坏区域的确定方法。利用该研究成果,具体计算分析了黄河下游5个典型部位不同淤背宽度时堤防渗流稳定破坏概率,对堤防渗流稳定性和淤背区合理宽度进行了深入探讨,对黄河下游堤防的标准化建设具有重要指导意义。得出的主要结论如下:

(1)渗透破坏是黄河堤防经常发生和非常严重的险情,用经典的确定性分析方法往往难以模拟。采用可靠性理论成功揭示了堤防在渗流方面存在的问题,与实际出险情况较为吻合,为堤防除险加固设计提供了理论依据。

(2)将可靠性理论在黄河堤防渗流稳定计算分析中的应用进行了系统的研究,针对选定的典型堤段和设计洪水位,假定不同的淤背宽度进行堤防渗流稳定可靠性计算分析,从而得出不同淤背宽度时堤防渗流稳定的渗透破坏概率,为淤背区宽度设计提供技术参考。

(3)土层结构对堤防渗流稳定性有决定性影响,因此不同的堤段淤背宽度应根据地层情况进行具体分析。根据选取的黄河堤防5个典型断面的计算分析,100 m淤背宽度不一定就是保守的。

(4)渗流出逸点高度控制可按计算得到的出逸点高度均值加3倍标准差计算,并以此推定淤背区合理的设计高度。淤背体宜采用渗透系数大的土料。

7.4.5　悬挂式防渗墙效果论证

7.4.5.1　悬挂式防渗墙争议焦点

堤防的垂直防渗包括混凝土防渗墙、垂直铺塑及劈裂灌浆等措施,其中薄防渗墙(墙厚不大于30 cm)的设计指标主要是墙体深度、厚度和材料。按墙体深度又可将墙体分为三类,即全封闭、半封闭和悬挂式。其中,半封闭墙体是穿过浅层主要透水层并坐落在一可靠的相对不透水层,由于该相对不透水层下通常有深厚强透水层因而对地下水环境影响较小,且对减小堤基渗透压力防止渗透破坏非常有效。而悬挂式防渗墙对堤基防渗的效果不大,但可以延缓渗透破坏的发展,截断堤身渗流通道,不影响堤防内外水力联系。

在堤坝工程中悬挂式防渗墙的防渗作用起初几乎是被否定的,堤基渗漏的处理仍尽可能采用封闭式防渗墙。但是堤基相对不透水层往往埋设较深,采用截断透水层的全封闭防渗墙不仅耗资可观,而且切断了两岸地下水的联系,并非良策。工程上往往采用悬挂式防渗墙,但其防渗效果、技术经济性如何,能否推广到大坝坝基的处理等曾一度引起争议。

7.4.5.2　悬挂式防渗墙效果研究

针对悬挂式防渗墙防渗效果等焦点问题,不少学者通过理论分析、室内试验、数值模拟、现场观测等手段开展了大量研究,对建于堤坝透水砂层中的悬挂式防渗墙的了解已经有了总体的认识,得到的主要结论如下:

(1)悬挂式防渗墙对于堤防非稳定渗流过程,可有效削减洪峰和延缓堤基渗透破坏时间,为抢险争取时间。

(2)悬挂式防渗墙虽然对减少渗流量的效果较差,但却能有效削减水头。特别是发生渗透变形之后,沿墙垂直水头损失效率远高于墙后水平段的,并且还能拦阻土粒流失,提高墙前水平段的抗渗临界坡降。因此,悬挂式防渗墙虽然不能阻止渗透破坏的发生,但对截断管涌通道、控制管涌的发展作用明显,可降低管涌破坏的程度和范围,提高堤基整体抵抗管涌破坏的能力。

(3)悬挂式防渗墙的深度(贯入度),对渗透变形扩展的影响较大。随着贯入度的增大,悬挂式防渗墙对渗透变形扩展过程的制约作用增强,能引起堤防溃决的作用水头增大。

(4)悬挂式防渗墙的位置对控制渗透变形的发展有一定影响,有的研究表明靠近背河侧布置效果更好,如布置在背水堤脚平台的端部,不但可在一定程度上提高临界水力坡降,也可在渗透变形发生后控制渗透变形在墙后的发展,不致使堤身沉降出现溃堤事故。

(5)覆盖层的渗透系数对堤基局部的水力坡降及渗流量有明显的影响,因此通过测试和反分析取得较符合实际的渗透系数是可靠设计的前提。

(6)悬挂式防渗墙对地下水环境平衡的影响较小,可根据当地生态环境的要求选用。但对平原水库的围堤应慎用,以免造成周围的盐碱化、沼泽化。

(7)从投资的经济性方面考虑,贯入度较小时单位投资的效益较好,随着贯入度的增加,单位投资的效益逐渐变差。在确保安全的前提下,可以根据效益指标与贯入度的关系曲线,优化防渗墙的深度,尽量减少投资,节约成本。

(8)对于深厚覆盖层的坝基,能否采用悬挂式防渗墙,一要复核工程的渗流量是否满足要求,二要注意防渗墙下游的坝底存在较高的水头,铺设下游坝底反滤层和设置排水沟尤为重要。防渗体的合理布置及合理的范围应综合考虑渗流量、渗透稳定及经济和技术的可行性。

总之,堤身堤基防渗墙的设计与水库大坝有所不同,悬挂式防渗墙对于增强堤身整体的抗渗性、延缓堤基管涌发生、控制管涌发展范围和速度、保证堤内外地下水联系等方面有显著的作用,尤其对征地、拆迁严重受限堤段的防渗处理,应是一个较好的方案。需要说明的是,有关试验和模拟均是在设定管涌出口情况下进行的,可能有一定的局限性。有关结论对防渗墙的整体性要求似乎可以降低,对堤防是否可采用更为简单的线性注浆方式施工也是值得研究的问题。另外,在临河侧采用悬挂式防渗墙与一布一膜组合防渗处理时,运行期曾在防渗墙顶部出现宽达 40 cm、长达 2 km 的裂缝,其原因还有待研究。

参考文献

[1] 汪自力,高骥. 黄河堤防典型堤段不稳定渗流计算研究报告[R]. 郑州:黄河水利委员会水利科学研究院,1992.

[2] 中华人民共和国水利部. 2021 年全国水利发展统计公报[M]. 北京:中国水利水电出版社,2022.

[3] 杨桂芳,姚长宏. 长江干堤管涌研究现状及其发展趋势[J]. 江西地质,2001,15(1):50-52.

[4] 水利部黄河水利委员会. 黄河流域综合规划[M]. 郑州:黄河水利出版社,2013.
[5] 汪自力,杨静熙. 反求堤坝渗流计算参数的复合形法[J]. 大连理工大学学报,1993,33(S1):41-45.
[6] 汪自力,杨静熙,李莉. 黄河大堤渗透系数的反演分析[J]. 人民黄河,1994(10):13-15.
[7] 中华人民共和国住房和城乡建设部. 堤防工程设计规范:GB 50286—2013[S]. 北京:中国计划出版社,2013.
[8] 朱伟,刘汉龙,高玉峰,等. 河堤内非稳定渗流的实测与分析[J]. 水利学报,2001(3):92-97.
[9] 潘恕. 黄河堤防工程放淤固堤设计的合理宽度研究[R]. 郑州:黄河水利委员会黄河水利科学研究院,2006.
[10] 赵寿刚,常向前,吴然,等. 黄河下游土体渗透参数的概率分布规律研究[J]. 人民黄河,2005(7):41-42,48.
[11] 赵寿刚,杨小平,潘恕,等. 基于渗流稳定可靠性分析的黄河堤防合理淤背宽度研究[J]. 中国西部科技,2005(7):25-26.
[12] 赵寿刚,王笑冰,吴然. 黄河下游堤防淤背土体渗透试验参数分析及应用[J]. 勘察科学技术,2006(1):52-54.
[13] 赵寿刚,常向前,潘恕. 黄河标准化堤防渗流稳定可靠性分析[J]. 岩土工程学报,2007(5):684-689.
[14] 沈细中,兰雁,赵寿刚,等. 黄河标准化堤防工程淤背的合理设计宽度[J]. 哈尔滨工业大学学报,2009,41(10):197-201.
[15] 沈细中,张俊霞,兰雁,等. 黄河下游堤防淤筑工程安全保障理论与实践[M]. 北京:中国水利水电出版社, 2015.
[16] 毛昶熙. 要加大堤防建设的科研力度[J]. 中国水利,1999(1):25.
[17] 毛昶熙,冯玉宝,段祥宝. 堤防设计中的非稳定渗流计算[J]. 水利学报,2002(12):56-62,67.
[18] 毛昶熙,段祥宝,蔡金榜,等. 堤防非稳定渗流几个关键值的经验公式[J]. 水利学报,2004(1):52-56.
[19] 毛昶熙,段祥宝,毛佩郁,等. 堤防渗流与防冲[M]. 北京:中国水利水电出版社,2003.
[20] 毛昶熙,段祥宝,李思慎,等. 堤防工程手册[M]. 北京:中国水利水电出版社,2009.
[21] 张家发,吴昌瑜,朱国胜. 堤基渗透变形扩展过程及悬挂式防渗墙控制作用的试验模拟[J]. 水利学报,2002,33(9):108-111,116.
[22] 张家发,朱国胜,曹敦侣. 堤基渗透变形扩展过程和悬挂式防渗墙控制作用的数值模拟研究[J]. 长江科学院院报,2004,21(6):47-50.
[23] 毛昶熙,段祥宝,蔡金傍,等. 悬挂式防渗墙控制管涌发展的理论分析[J]. 水利学报,2005,36(2):174-178.
[24] 毛昶熙,段祥宝,蔡金傍,等. 悬挂式防渗墙控制管涌发展的试验研究[J]. 水利学报,2005,36(1):42-50.
[25] 丁留谦,姚秋玲,孙东亚,等. 双层堤基中悬挂式防渗墙渗控效果的试验研究[J]. 水利水电技术,2007,38(2):23-26.
[26] 周晓杰,丁留谦,姚秋玲,等. 悬挂式防渗墙控制堤基渗透变形发展模型试验[J]. 水力发电学报,2007,26(2):54-59.
[27] 王保田,陈西安. 悬挂式防渗墙防渗效果的模拟试验研究[J]. 岩石力学与工程学报,2008,27(S1):2766-2771.
[28] 周晓杰,介玉新,李广信,等. 基于渗流和管流耦合的管涌数值模拟[J]. 岩土力学,2009,30(10):3154-3158.

[29] 罗玉龙,速宝玉.基于溶质运移的悬挂防渗墙管涌控制效果[J].浙江大学学报(工学版),2010,44(10):1870-1875.
[30] 毛昶熙.悬挂式防渗墙的优越性[J].中国水利,2010(8):41-42.
[31] 毛宁,毛昶熙. 堤坝下游管涌险情发生的临界流速和渗流量及其防汛应用[J]. 长江科学院院报,2011,28(7):43-46.
[32] 黄辰杰,王保田. 悬挂式防渗墙防渗效果数值模拟[J].水电能源科学,2013,31(5):123-125,95.
[33] 张超,陈建生,张华,等.悬挂式防渗墙控制管涌发展的模型试验研究[J].河北工程大学学报(自然科学版),2015,23(4):52-57,62.
[34] 王大宇,傅旭东,冯晴枫.悬挂式防渗墙在管涌过程控制中的作用机制[J].清华大学学报(自然科学版),2015,55(2):164-169.
[35] 许孝臣,盛金昌,何淑媛,等.防渗帷幕随机缺损的模拟及对坝基渗流的影响[J].河海大学学报(自然科学版),2009,37(5):582-585.
[36] 段玲玲,邓华锋,支永艳,等.某土石坝悬挂式混凝土防渗墙深度优选[J]. 人民黄河,2019,41(12):83-88,92.

第 8 章　土石坝黏土心墙渗流动态模拟

土石坝黏土心墙由于其渗透性很小,浸润线滞后现象明显,常规饱和渗流有限元分析方法因网格变形严重而难以计算,一般均将心墙视为不透水体简化处理,无法反映心墙的水力劈裂现象。本章以瀑布沟水电站为例,主要介绍饱和-非饱和二维非稳定渗流分析程序在解决黏土心墙渗流动态模拟难题中的应用。

8.1　瀑布沟土石坝基本情况

瀑布沟水电站是国电大渡河流域水电开发有限公司实施大渡河"流域、梯级、滚动、综合"开发战略的第一个电源建设项目,它是国家"十五"重点建设项目,也是西部大开发的标志性工程。总装机容量 4 260 MW,是一座以发电为主,兼有防洪、拦沙等综合效益的特大型水利水电枢纽工程。水库正常蓄水位 850 m,总库容 53.9 亿 m^3,其中调洪库容 10.56 亿 m^3,调节库容 38.82 亿 m^3。

如图 8-1 所示,该水电站坝型为黏土心墙土石坝,建在最深达 70 m 的深厚覆盖层上,最大坝高 190 m,坝顶长 590 m,最大底宽为 860 m。因其主要任务是发电,故水库正常蓄水位较高(850 m),相应死水位为 790 m,下游水位为 670 m。心墙与坝基混凝土防渗墙、灌浆帷幕相连。

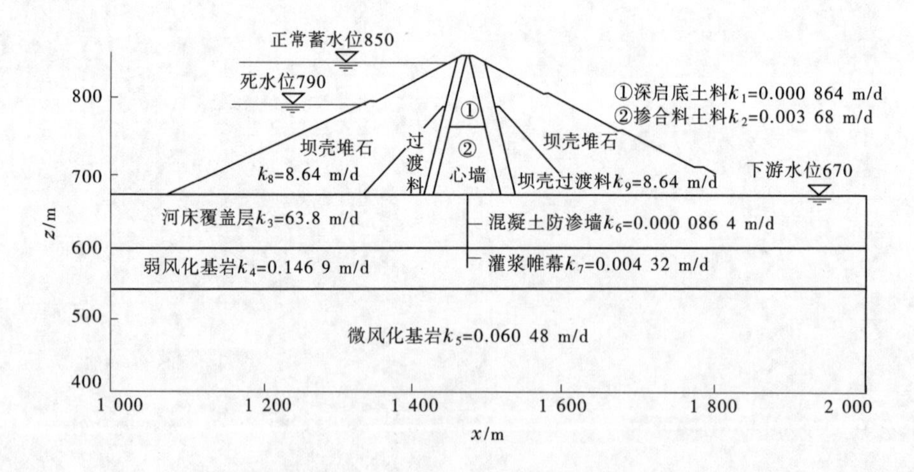

图 8-1　瀑布沟土石坝坝体计算断面

对高土石坝来说,初次蓄水速度是决定土坝安全及电站初期效益的一个关键问题。因为初次蓄水速度过快,有可能使心墙发生水力劈裂,造成心墙破坏。而蓄水速度过慢,又影响电站出力,减小电站初期效益,因此对土石坝心墙进行初次蓄水等工况下的渗流动态计算分析，为电站的设计、运行提供依据是必要的。

由于心墙渗透性很小，当库水位骤升时，浸润线会出现“倒坡”等特殊渗流现象，故用传统的饱和渗流分析方法极难处理，因此在工程实践中，很少见到有关针对心墙的瞬态渗流分析成果。为克服上述困难，采用饱和-非饱和瞬态渗流分析模型进行计算，其结果合理，从而较理想地解决了心墙瞬态渗流分析中存在的问题。

8.2　计算工况

计算分水库初次蓄水和正常运行两种工况。初次蓄水按蓄水速度又分为快速蓄水、放缓蓄水两种，并考虑心墙与坝基结合部是否上下游侧各加 25 m 宽钢板两种情形。计算考虑了位于心墙内部截渗墙上部排水廊道的影响。

水库初次蓄水时库水位过程线，如图 8-2 所示，总体为升快降慢。①快速蓄水方案拟用 61 d 从 710 m 升至正常蓄水位 850 m，升幅达 140 m、速率为 2. 30 m/d，然后再用 172 d 降回死水位 790 m，降幅达 60 m、速率为 0. 35 m/d；②放缓蓄水方案拟用 160 d 从 710 m 蓄到正常蓄水位 850 m，上升速率降为 0. 88 m/d，然后再用 180 d 降回死水位 790 m，下降速率为 0. 33 m/d。

正常运行的库水位过程线如图 8-2 所示，即从正常蓄水位 850 m 用 182 d 降至死水位 790 m，降幅达 60 m、速率为 0. 33 m/d。

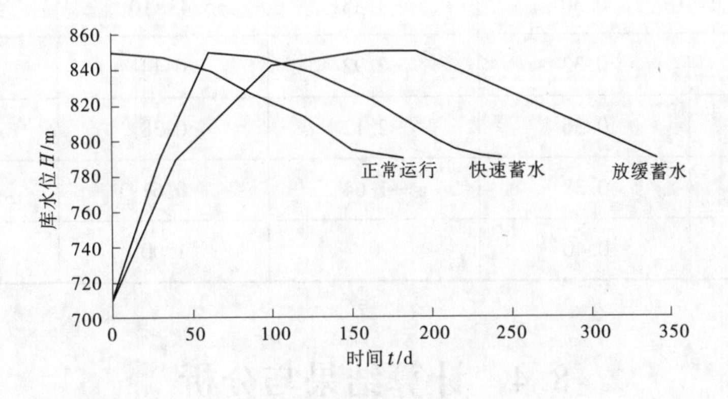

图 8-2　水库蓄水水位过程线

8.3　计算断面与计算参数

坝体计算断面见图 8-1，坝壳部分相对心墙来说透水性较大，从三维不稳定渗流结果可知，坝壳部分浸润线滞后现象并不明显，故为减小计算量，突出心墙，在进行渗流计算时，不将坝壳部分纳入计算范围，即计算域为心墙及坝基部分，在资料整理时，只整理了心墙饱和区，未整理坝基部分。坝基及混凝土截渗墙、灌浆帷幕的饱和渗透系数见图 8-1，黏土心墙土质分为上下两层，饱和渗透系数分别为 8.64×10^{-4} m/d、3.68×10^{-3} m/d，非饱和计算参数的选取采用工程类比方法,见表 8-1。时间步长按库水位变化情况分别为 0.25 d、0.5 d 和 1.0 d。

表 8-1 心墙非饱和渗流计算参数取值

序号	θ	h/m	$k_r = k(h)/k_s$	$c(h) = \mathrm{d}\theta/\mathrm{d}h$ /m^{-1}
1	0.11	−243	8.23×10^{-5}	2.02×10^{-4}
2	0.13	−144	1.03×10^{-4}	2.02×10^{-4}
3	0.14	−94	1.32×10^{-4}	2.02×10^{-4}
4	0.15	−55	2.35×10^{-4}	2.60×10^{-4}
5	0.17	−33	1.18×10^{-3}	1.30×10^{-3}
6	0.20	−21	2.87×10^{-3}	2.98×10^{-3}
7	0.23	−14	6.27×10^{-3}	4.63×10^{-3}
8	0.26	−8.56	1.40×10^{-2}	6.25×10^{-3}
9	0.28	−6.12	2.65×10^{-2}	9.26×10^{-3}
10	0.30	−4.48	5.43×10^{-2}	1.32×10^{-2}
11	0.33	−2.92	0.14	2.27×10^{-2}
12	0.36	−2.12	0.38	4.17×10^{-2}
13	0.38	−1.64	0.61	4.17×10^{-2}
14	0.40	0	1.00	4.35×10^{-2}

8.4 计算结果与分析

8.4.1 初次蓄水时心墙的渗流动态分析

为便于比较,将不同工况下库水位升至 850 m 时不同部位的渗透坡降计算结果列入表 8-2。总体看水位上升过程中,心墙上游面附近渗透坡降随着高程增加而增大,随着蓄水速度放缓而减小。

表 8-2　不同工况下库水位升至 850 m 时不同高程的最大渗透坡降比较

工况		z/m						
		680	690	700	710	720	730	740
快速蓄水(不加钢板)(t=61 d)	x/m	1 498.6	1 493.5	1 483.9	1 480.2	1 472.7	1 472.5	1 470.6
	J	10.16	4.84	4.92	7.59	10.21	12.25	12.31
快速蓄水(加钢板)(t=61 d)	x/m	1 498.6	1 475.1	1 474.0	1 477.9	1 472.7	1 474.5	1 470.6
	J	6.99	3.58	4.61	7.48	10.17	12.29	12.32
放缓蓄水(不加钢板)(t=160 d)	x/m	1 498.6	1 493.5	1 488.9	1 494.2	1 488.0	1 484.7	1 483.9
	J	9.73	4.45	3.77	4.44	6.08	6.45	6.51

工况		z/m						
		750	760	770	780	790	810	820
快速蓄水(不加钢板)(t=61 d)	x/m	1 476.4	1 477.4	1 479.6	1 481.9	1 484.1	1 486.4	1 487.9
	J	12.43	26.87	21.92	27.88	28.54	34.78	36.43
快速蓄水(加钢板)(t=61 d)	x/m	1 476.4	1 477.4	1 479.6	1 481.9	1 484.1	1 486.4	1 487.9
	J	12.54	25.88	22.24	27.74	29.14	34.01	34.09
放缓蓄水(不加钢板)(t=160 d)	x/m	1 474.6	1 480.3	1 479.6	1 484.2	1 484.1	1 488.1	1 490.1
	J	6.57	13.00	11.98	11.43	10.91	11.17	9.75

8.4.1.1　快速蓄水+不加钢板工况

图 8-3 为在库水位 710 m 形成稳定渗流时的浸润线及等势线分布图(t=0)。由图 8-3 可见,上、下游侧的坝基对心墙来说透水性很强。在截渗墙的上游侧,水头实际是由坝坡(在此坝坡均指坝壳与心墙的交界处)和坝基向心墙传递的。而在截渗墙下游侧,坝基砂卵石相当于褥垫排水情形,可见截渗墙的作用是相当明显的。在心墙与廊道交界处等水头线密集,渗透坡降达 2.11。

图 8-4 为库水位从 710 m 上升到 850 m 时的浸润线及等势线分布图(t=61 d)。由图 8-4 可明显看出,上游坝坡处浸润线变化极为缓慢,并出现"直立"及"倒坡"现象,此时上游侧渗透坡降高达 36.43,心墙与廊道交界处渗透坡降也增大为 10.16。另外,在 760 m 土层分界处,由于上面土料比下面土料渗透系数小 3 倍,浸润线在该分界处也发生突变。

图 8-5 为库水位从 850 m 回落到死水位 790 m 时的浸润线及等势线分布图(t=250 d)。此时上游坝坡浸润线出现反"S"形,当前库水位在 790 m 以上的饱和区在逐渐消失,而 790 m 以下的饱和区却在向非饱和区发展,并且此时渗透坡降大为改善,上游坝坡处减小到 3.51,心墙与廊道交界处减小到 6.10。

8.4.1.2　快速蓄水+加钢板工况

鉴于库水位上升时上游坝坡、心墙与廊道交界处渗透坡降较大,设计单位考虑在心墙

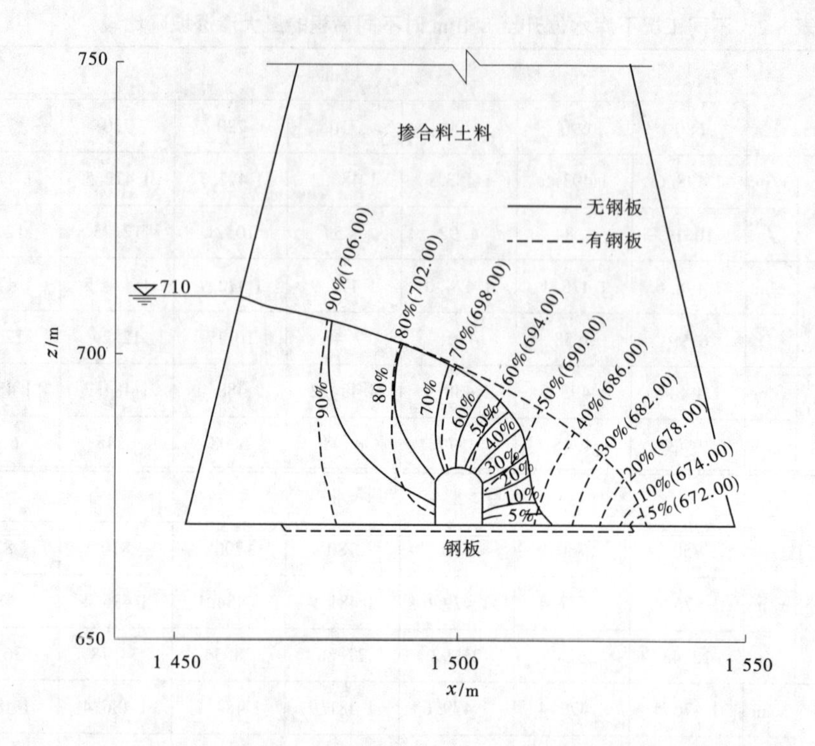

图 8-3　库水位稳定在 710 m 时等势线分布($t=0$)

与坝基交界处的截渗墙上下游侧各加 25 m 宽钢板措施，为此又进行了对比计算，结果见表 8-2、图 8-3~图 8-5。从中可看出，加钢板仅对心墙与廊道交界处局部影响较大，而对 710 m 以上影响很小。心墙下游侧加钢板后对心墙下游侧排水不利，抬高了浸润线。

8.4.1.3　放缓蓄水+不加钢板工况

为降低库水位上升时上游坝坡、心墙与廊道交界处渗透坡降，对放缓蓄水速度后渗流场进行了对比计算，结果见表 8-2。从表 8-2 中可看出，放缓蓄水速度对上游坝坡处渗透坡降有较大改善，最大坡降约为快速蓄水的 1/3，而对心墙与廊道交界处改善不够明显。

8.4.2　正常运用时心墙的渗流动态分析

图 8-6 为库水位稳定在 850 m 后经过 182 d 降至 790 m 时的浸润线、等势线分布图。此时在 760 m 土层分界处，心墙下游侧浸润线出现“〈”形，这是由于下层渗透系数比上层渗透系数大，上层对下层渗水补给不足形成的非饱和区。随着时间的延长，该非饱和区会逐渐扩大，并最终变为 790 m 稳定渗流时的情形。另外，从图 8-5 中还可看出下降后心墙饱和区缩小范围有限，渗出点以上的等势线近于水平，且水头值略大于相应的高程。这表明下降后渗出点以上饱和区压力很小，且渗透基本上为垂直方向的，而在渗出点以下才有比较明显的水平坡降。总的来看，正常运行时渗透坡降较小，约为 2.00。

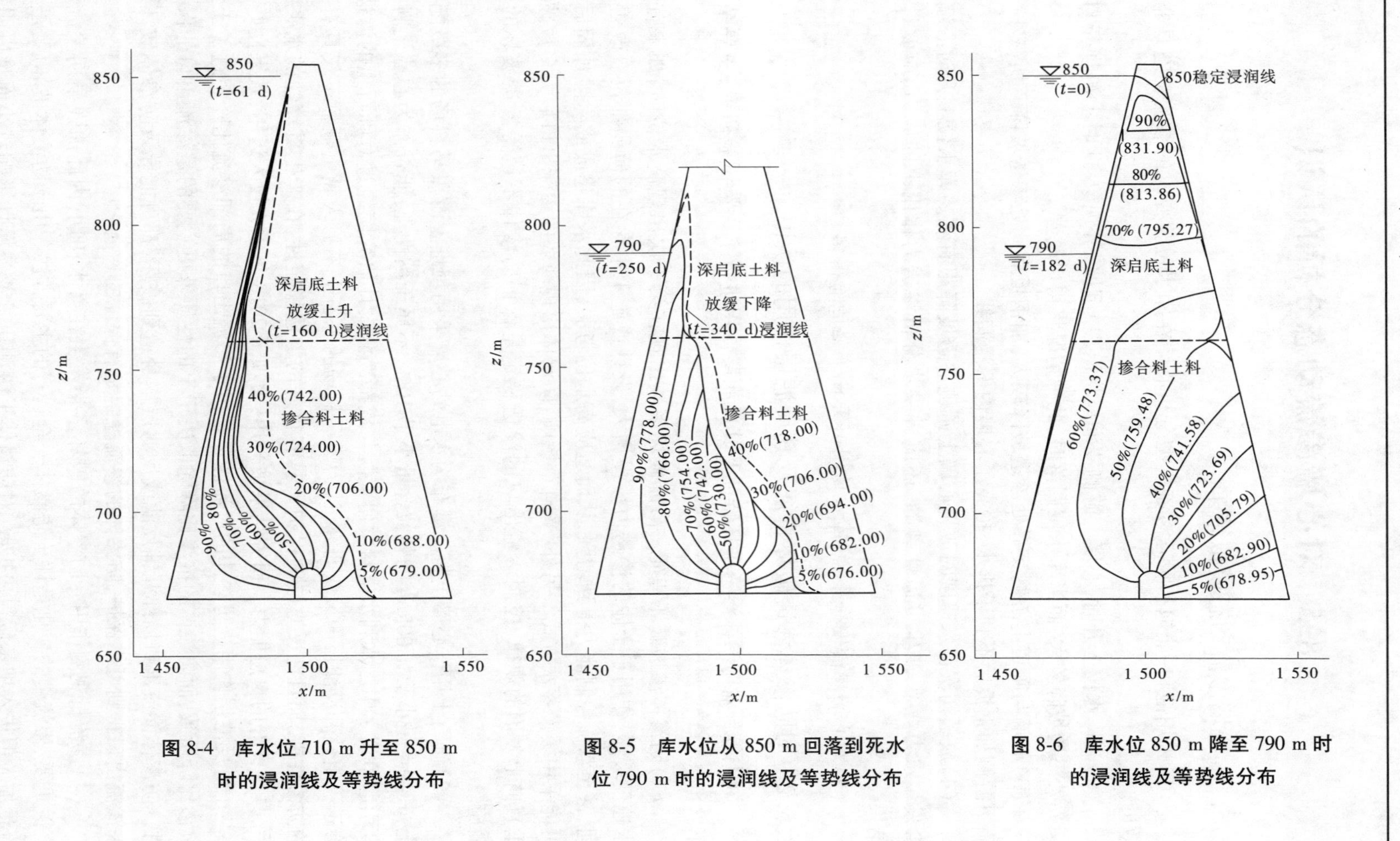

图 8-4　库水位 710 m 升至 850 m 时的浸润线及等势线分布

图 8-5　库水位从 850 m 回落到死水位 790 m 时的浸润线及等势线分布

图 8-6　库水位 850 m 降至 790 m 时的浸润线及等势线分布

8.5　对心墙渗流动态分析的认识

8.5.1　心墙渗流动态模拟结果

(1)采用饱和-非饱和瞬态渗流模型分析心墙在库水位骤变时的渗流动态是非常有效的。

(2)当库水位上升时,心墙上游侧浸润线将出现"倒坡"等现象,此时上游坝壳与心墙交界处渗透坡降较大,而当库水位回落时,此种情况将得以改善。

(3)心墙与廊道上游侧交界处渗透坡降较大,加钢板后此处渗透坡降有所减小,而心墙下游侧加钢板后不利于排水,抬高了心墙内部浸润线。

(4)放缓初次蓄水速度对改善心墙上游侧渗透坡降很有利。库水位上升时心墙是否会发生水力劈裂,产生贯通性裂缝,还应进一步分析渗透力作用下的应力、应变计算的结果。

(5)对心墙渗流安全来说,库水位上升要比下降危险得多。

8.5.2　对防渗体渗透破坏特征及其反滤层作用的认识

刘杰等针对防渗体渗透破坏特征及其反滤层作用进行了大量试验研究,主要结论如下:

(1)防渗体渗透破坏特征。渗流破坏多数出现在第一次出现高水位时,如果首次蓄水速度缓慢,作用于土体的渗透力缓慢增大,设计或施工中存在的薄弱部位有改善的时间,甚至渗流控制能力得到增强,从而适应高水位考验,因此水库建成或除险加固后应尽可能采用缓慢蓄水方式。另外,受自重影响,防渗体出现薄弱的渗流出口后大多数破坏呈垂直向上发展的规律,控制渗流出口的渗透稳定是保证防渗体不遭受渗透破坏的关键措施。

(2)砾石土用作心墙土料。瀑布沟水电站心墙采用坝址上游黑马料场的多级配砾石土,其特点是小于0.005 m的颗粒含量小于10%,不属于黏性土,能否作为心墙土料曾一度引起争议。中国水利水电科学研究院与成都勘测设计研究院经过对砾石土的渗透性、渗透稳定性和反滤层的试验研究,认为黑马料场的砾石土不掺入黏土颗粒不仅具有要求的防渗性能,而且在反滤层的保护下具有良好的渗透稳定性,在产生贯穿性的水平裂缝后,具有良好的自愈能力。研究结果被采用,大坝于2018年建成投入运用,效果良好。

(3)反滤层作用。防渗体的渗流破坏是由于渗流出口的局部渗流比降超过了土体的抗渗比降所致,而防渗体的抗渗比降除取决于土的性质外更主要的是渗流出口的保护条件。防渗体渗流出口局部漏铺反滤或反滤层本身遭到破坏,都可能导致防渗体破坏。如果渗流出口得到可靠保护,防渗体的渗流稳定是有保证的。

(4)渗流量观测作用。防渗体的破坏多半发生在蓄水初期,因此加强早期渗流观测至关重要,渗流量的变化是评价防渗体安全运行的主要方法。由于防渗体破坏后,虽然渗流量加大但进入坝基后很快扩散,对防渗体下游测压管或渗压计影响较小而难以明显反映。在地质条件许可的工程,应设法安设渗流量量测装置。对无法量测渗流量的应在蓄水初期适当放空1~2次水库进行坝面检查。

(5)防渗墙与心墙连接形式。小浪底水利枢纽建设之前,国外主要是采取坝体廊道式连接形式,而国内100 m高度以下的土石坝全部采用直接插入心墙的形式而不设廊道,100 m以上的主要采用廊道式。小浪底土石坝2002年建成,坝高160 m,砂砾石覆盖层厚约80 m,采用一道混凝土防渗墙,且防渗墙与心墙的连接是墙顶插入心墙的连接形式,开创了国内外土石坝渗控的先例,其优点是结构简单、施工方便、工程造价低。

参考文献

[1] 汪自力,张俊霞.瀑布沟土石坝心墙的不稳定渗流计算分析[C]//第四届全国水利水电工程渗流学术讨论会论文集(上册).中国水利学会岩土力学专业委员会,中国水利学会水利管理专业委员会,1993.

[2] 杨静熙,陈士俊,刘茂兴.瀑布沟土石坝三维不稳定渗流[C]//第四届全国水利水电工程渗流学术讨论会论文集(上册).中国水利学会岩土力学专业委员会,中国水利学会水利管理专业委员会,1993.

[3] 许国安,魏泽光,武桂生.瀑布沟水电站三维非稳定渗流有限元计算[J].西北水电,1997,60(2):16-20.

[4] 毛昶熙,段祥宝,毛宁.堤坝安全与水动力计算[M].南京:河海大学出版社,2012.

[5] 刘杰.土的渗透破坏及控制研究[M].北京:中国水利水电出版社,2014.

[6] 毛昶熙,段祥宝,李祖贻,等.渗流数值计算与程序应用[M].南京:河海大学出版社,1999.

第9章　灰坝复杂渗流动态分析

火力发电厂粉煤灰利用在20世纪90年代尚不广泛,常被贮存在灰坝中,但由于灰坝建设标准较低,常在灰坝下游坝面出现渗水、滑坡等异常问题,严重影响灰坝自身安全和周围环境。由于灰坝特有的子坝加高要求,其排渗结构较为复杂,甚至还存在多层自由面情况,因此用常规的饱和渗流有限元分析方法难以模拟。本章主要介绍饱和-非饱和三维渗流分析程序在解决灰坝渗流模拟难题中的应用,为优化灰坝除险加固设计提供技术支持。

9.1　灰坝特点及其渗流分析关键技术

9.1.1　研究背景

火电厂运行要产生大量的粉煤灰,对粉煤灰多采用湿贮法进行贮存,即在厂内将粉煤灰与水按比例混合后,再用高压泵站加压,通过输灰管道将粉煤灰从电厂输送到灰场贮存。由于种种原因,灰场的灰坝在运行过程中常常出现与渗流有关的问题,如浸润线异常抬高、局部滑坡、灰面坍塌等影响灰坝安全运行的事故隐患,甚至出现垮坝。由于灰水中某些有害离子的浓度大大超出环境保护所要求的极限浓度,一旦垮坝除直接影响电厂生产(如无备用灰场则需停产)和周围群众生命财产安全外,还将对周围环境造成长久的污染。鉴于此,在灰坝运行过程中如发现异常现象,应及时查找原因并采取措施以确保灰坝安全。由于查找异常现象出现的原因是反演问题,难度很大,同时由于是已有工程的处理,找出合适的处理方案难度也较大。鉴于此,黄河水利科学研究院从20世纪80年代末开始三门峡龙沟灰场渗流研究,90年代先后对姚孟电厂、焦作电厂、首阳山电厂等所属灰坝渗流问题进行了系列研究,已形成一套较为完善的研究方法。研究结果表明将饱和-非饱和三维渗流模型用于分析具有复杂内部排渗系统的灰坝的渗流状态既简单又可靠,能够反映灰坝较实际的渗流状态。研究成果对灰坝渗流状态能够做出客观评价,并提出了处理措施,为设计、运行提供科学依据,解决了工程实际问题,产生了良好的经济效益和社会效益。

9.1.2　灰坝特点

从渗流角度看,灰坝与水库大坝相比有以下特点:

(1)从筑坝过程看,水库大坝是一次性完成的,而灰坝则是先修初期坝,然后随着灰面升高再修建多级子坝而不断加高,这就决定了灰场排渗系统的特殊性和计算边界条件的复杂性。

(2)从排渗系统设置看,灰场初期坝在运行初期以挡水为主,后期则以排渗为主;其排渗体不但在下游设置,而且可在初期坝上游、坝体内部设置,根据需要也可在加高过程中在灰库中设置,从而为不断淤高后的灰坝坝体起到降压排渗、降低浸润线的作用,导致其排渗系统较为复杂,在设计上是一个重点,也是一个难点。

(3)从分析计算角度看,灰体的分层沉积导致灰体呈现明显的各向异性;灰面升高可起到加厚坝前防渗铺盖的作用,使渗流场的边界条件发生变化;灰坝的作用水头小,在运行时又需要保持一定的干滩长度,使得坝体,尤其是灰库中相当一部分区域处于非饱和水分转移状态,故分析时宜选用饱和-非饱和渗流模型。

(4)从环保角度看,灰水呈碱性并含有其他一些离子,下渗后对环境有一定影响,故应采取工程或生化措施处理。

(5)从管理上看,水库大坝从勘测、设计到施工、运行的各个环节都得到了足够重视,勘测设计也做得全面、详细;灰坝所处的地质条件一般都不好,在电厂建设中常得不到应有的重视,缺乏必要的观测设施,往往存在着先天不足,运行过程中容易出现问题,而一旦出现问题造成的社会影响和处理难度都很大。

9.1.3　研究技术路线

针对灰坝存在的渗水、滑坡等问题,在现场查勘、资料分析的基础上,通过室内渗流计算分析反演确定有关排渗体的渗透系数,客观评价排渗系统工作状态,找出异常现象发生原因,对其发展趋势做出预测,提出相应处理方案并预测处理效果,为设计、运行单位提供技术支撑。具体步骤如下:

(1)针对灰坝在设计、运行中出现的具体问题,通过现场查勘、电测、水质分析、资料收集整理等手段,了解坝体浸润线和密实度分布情况,初步判断出现问题的原因。其中,电测目的主要是了解坝体有无集中渗漏和坝体填筑的均匀性及坝内地下水水位和走向。取水样做化学分析,是由于灰水呈碱性并含有其他一些离子,可用来研究灰水扩散范围和确定水的来源。资料收集包括地质勘测资料、设计文件、施工日志及竣工报告等,还应对知情人进行走访,以尽可能准确地了解施工及运行中出现的问题。

(2)根据灰场所处的地质条件、排渗体等情况建立二维或三维渗流数学模型。通过室内模拟计算,依据实测的测压管水头和坝后渗流量反演坝体排渗系统的参数,评价排渗系统的工作状态。

(3)预测后期运行中可能出现的问题,提出并论证处理措施,供设计、运行单位参考。

9.1.4　灰坝测压管埋设技术

9.1.4.1　灰坝测压管埋设的特点

测压管观测资料对分析坝体安全有至关重要的作用,但由于灰坝自身地质条件复杂,加上施工、管理方面的原因,灰坝原来安装的测压管大多已失效,以往观测资料很少。需要补充埋设,但在灰坝上安装测压管与在一般挡水土坝上不同。表现在以下几点:

(1)填筑灰坝的初期坝时对上坝土质要求不严,机械化施工时常将较多的大石块也填筑进坝体,使坝内密实度不均,用干钻法无法施工,只能采用泥浆护壁钻进,在钻进过程中又常因遇到石块而影响钻进速度,甚至移位重新开钻。

(2)钻进时漏浆严重,内部坍塌,甚至造成地表塌陷,钻机倾斜被迫移位重钻。

(3)钻孔漏浆处以上无法清孔,以下则是清水跟进,无须专门清孔。

(4)成孔后,常因钻孔孔壁所含石块不稳定,下管时易滑出,影响管子正常下放,有时不得不重新冲孔。

(5)在子坝上的测压管,其上半部分位于粉煤灰中,而下半部分却是在初期坝中,这样在粉煤灰部分有可能造成塌孔,而在粉煤灰与初期坝交界处的坝坡有可能漏浆。

(6)灰水的 pH=12~13,对经过打孔的镀锌花管段有腐蚀,影响测压管使用年限。

(7)灰坝管理不严,测压管的管口保护设备要做到既便于开启又能防盗防损坏。

9.1.4.2 测压管埋设工艺

为确保重新埋设测压管的质量,对灰坝上安装测压管技术进行了试验研究,提出了测压管的形式以及在加工、埋设等环节上应注意的问题,并在实际工程中得到成功应用。主要制作安装工艺及注意事项如下。

1. 测压管加工

测压管由堵头、花管段、导管和管口保护设备组成。加工时应注意以下事项:

(1)管头及管箍处的丝扣一定要套正,否则会影响往钻孔中下放管子速度,甚至会造成接头处丝扣损坏,将管子掉入孔底成为废孔。

(2)花管段加工时,除应保证一定的开孔率外,还应采用平头钻头开孔,加工后还要仔细检查是否还有钢屑附在内壁,若有应及时清除,以免下好管子后,钢屑堵在管子接头处,使观测用探头下不去。

(3)花管段外缠绕的土工布要经过水力渗透试验,并在现场包扎,以免因运距过远造成损坏,缠绕时不应少于一周半,而且还要注意包扎好的管子不可放在阳光下太久,超过一周未用的应考虑重新包扎,以防因土工布老化过快造成强度等性能降低。

(4)管底所用堵头一定要做到严密,因为即使很小的缝隙也会造成泥浆灌入导致管内严重淤积。

2. 测压管埋设

测压管埋设包括成孔、下管、下反滤料、灵敏度试验等步骤。

1)成孔

成孔是影响灰坝测压管安装进度的关键。应注意以下几个问题:

(1)由于灰坝初期坝中含有较多且硬度很高的砂岩石块,采用冲击钻或回转钻进均无效,故只好用水钻法。

(2)水钻时采用泥浆护壁,不必下套管,但由于坝体中含石块,造成填筑密实度很不均匀,钻进过程中大部分孔均存在严重漏水现象。若漏浆不严重,泥浆还可循环使用,终孔后需用清水清孔;若漏浆严重,则钻进基本上为清水跟进,终孔后可不必再用清水清孔。

(3)对钻进过程中遇到石块的处理方法是:若在表面 2 m 内遇到大石块,则挪移钻机重新确定孔位再钻;若在较深处遇到石块,一般靠用钻头硬磨。

(4)钻进时应争取一次成孔,若间隔一夜时间停工第二天开钻后还需重新冲孔,浪费较多时间。

(5)考虑到泥浆沉降,钻孔深度应比设计深度大 1 m。

(6)要做好钻孔记录。

2)下管

清孔后应尽快将测压管下入孔中,下管子时应注意:

(1)管箍一定要上满丝,并用皮带将管子套牢吊起,以免管子脱落。

(2)应避免损坏土工布,不得用管钳卡在土工布上强行扭动。

(3)管口应高出地面0.5 m左右,既方便观测又不易损坏,最后将管口保护设备安装好。

(4)下管子过程中若遇石块滑出,影响管子下落时,最好重新冲孔。

3)下反滤料

管子下到位后,应及时往管子外隙下填中砂反滤料,同时向管子里注入清水。下时应晃动管子,慢慢将砂子倒入,使砂子尽量将管子周围填实,以扩大花管进水半径,提高测压管的灵敏度。下反滤料时应一次下完以降低塌孔塞堵概率,反滤料深度应与花管段相对应,导管部分应下黏土封口以免地面水渗入影响管中水位。

4)灵敏度试验

测压管灵敏度试验是通过注水试验量测测压管中水位变化快慢,以此来评定测压管埋设质量的好坏。试验时,首先应测出管中水位,然后向管中注水,注满后量测出不同时刻的管中水位。若在规定时间内管中水位回落到注水前初始水位,则测压管灵敏度较好,否则灵敏度不好,这种情况下在分析观测资料时就要考虑滞后时间的影响。通过注水试验,还可发现测压管漏水点位置,以便分析资料时参考。用铜制探头和万用表及测绳联合测试,通过探头两极入水后电阻值变化来反映管中水位。

3.其他应注意事项

(1)初期坝施工时应尽可能剔除大石块,保证坝体填筑密度均匀,避免遇水形成渗漏通道,确保初期坝安全运行。

(2)测压管管材应选用抗碱性好的管材,如PVC塑料管,以延长使用年限。

(3)用土工布代替棕皮、玻璃丝布作过滤层,这样从设计、选材和施工上均较简单易行。

(4)在碾压后的粉煤灰中钻进较容易,但当孔深时会出现塌孔现象,此时应用泥浆护壁或采用干钻法。

(5)由于初期坝内漏水现象较严重,在漏水点以下所量测的水位是正确的,但漏水点以上的水位可能测不到,故分析观测资料时,发现异常现象应认真分析,不可简单连线了事。

(6)钻孔时采用水钻是可行的,但施工时应区分情况进行清孔。

9.2　姚孟电厂程寨沟灰坝复杂渗流状态分析

9.2.1　程寨沟灰坝概况

姚孟电厂原有装机容量1 200 MW(4×300 MW),2007年5#、6#机组新增装机容量2×600 MW,其程寨沟灰场位于河南省平顶山市北宝丰县境内的李庄乡程寨沟内,距电厂约10 km。灰坝初期坝坝高约50 m,最终坝高约125 m,规划库容为1.4亿 m^3,为国内同类灰坝之最。对该灰坝的研究分为两个阶段：

第一阶段，1993 年 1~7 月。1993 年 1 月坝前灰面高程达 216.5 m，接近初期坝坝顶（224 m）。由于灰场已满，并要为 5#、6#机组扩建提供灰场需加高灰坝，且实测浸润线较高，局部出现过脱坡现象。因此，该阶段主要是对初期坝渗流及排渗系统工作状态进行评价，并在此基础上提出加高灰坝的排渗设计方案。

第二阶段，1998 年 5~10 月。1993 年库水位在 215 m 时，在桩号 0+180~0+220、高程 197 m 以下左坝坡出渗，并出现局部脱坡，随后进行了贴坡排水处理。随着灰面升高，出渗范围急剧扩大，1998 年春天，发现左坝面高程 205~215 m 出现渗水，并出现两处集中渗漏。为确保灰坝安全，对出渗原因进行了研判。

9.2.2　初期坝排渗系统

初期坝由黄土类亚黏土组成，其坝顶高程 224 m，坝轴线长 847 m。初期坝排渗系统较为复杂，包括 3 道排渗体和 6 条 ϕ 250 的导水钢管，如图 9-1、图 9-2 所示，详述如下。

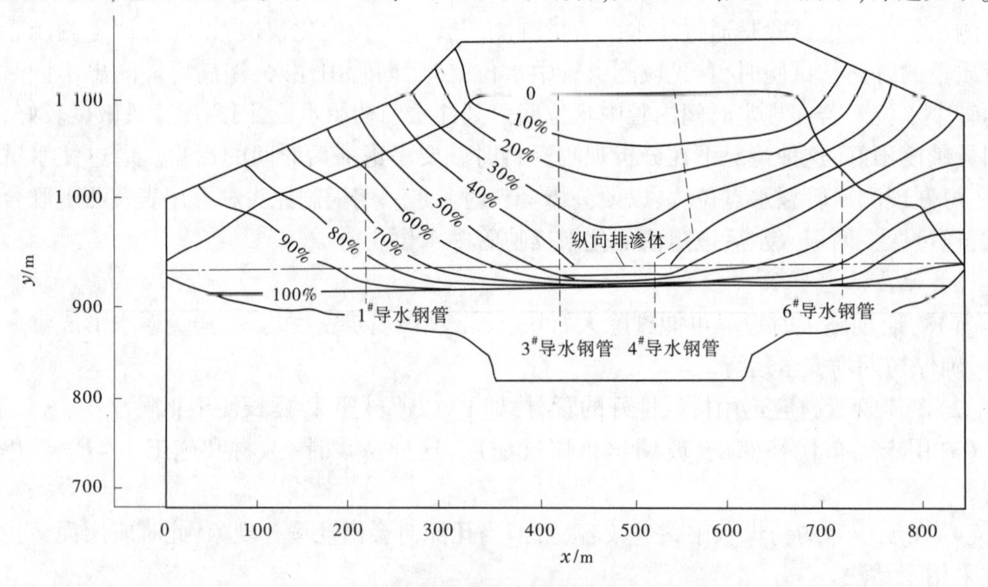

图 9-1　程寨沟初期坝整体渗流计算等势线分布

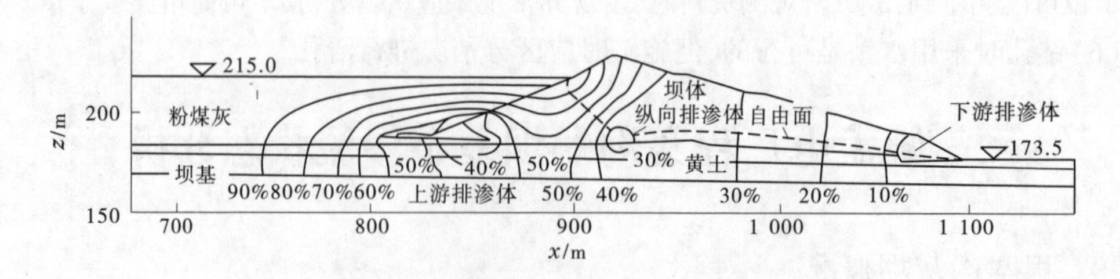

图 9-2　程寨沟初期坝 0+420 剖面等势线分布

9.2.2.1　上游排渗体

沿上游坝趾底部设置，分布范围为桩号 0+160~0+780，排渗体河床底部高程 184 m，上部沿坝坡设贴坡排水滤层,河床部位顶部高程 195 m,两岸升至 205 m。排渗体由堆石组成,水平排渗段顶部和坡面铺设厚度 10 cm 的开级配沥青混凝土滤层,排渗体与坝体接触处铺设两层砂石反滤。

9.2.2.2　纵向排渗体

沿初期坝轴线设置,分布范围在桩号 0+270~0+670,为堆石排水棱体,底部高程 181.5 m,中心高程 184.5 m,堆石体四周设置两层砂石反滤保护。

9.2.2.3　下游排渗体

沿下游坝趾设置,分布范围在桩号 0+320~0+670,为堆石排水棱体,底部高程 173 m,顶部高程 185 m,设置两层砂石反滤。

9.2.2.4　6 条导水钢管

其作用是将上游排渗体和纵向排渗体中的渗水导至坝下游。从左岸到右岸分别为 1#~6#导水钢管,除 1#、6#只与上游排渗体相连外,其余 2#~5#均兼顾导出纵向排渗体中的集水。

9.2.2.5　两个横向排渗体

在桩号 0+320 和 0+582 处,还设有两条横穿坝体上下游的横向排渗体,其断面为 0.6 m×0.6 m 的堆石体,外包土工织物滤层。

9.2.3　1993 年研究情况

9.2.3.1　边界条件及计算参数确定

根据出水情况判断,6 条导水钢管能正常工作的只有 1#、3#、4#、6#。初期坝复杂的排渗系统加上两岸的绕流影响,灰坝呈现典型的三维渗流形态,故用三维稳定渗流模型进行模拟,计算中考虑了灰体的各向异性。

计算区域如图 9-1、图 9-2 所示,上游库水位取 215.0 m、下游水位取 173.5 m。排渗体按第一类边界处理,即在导渗钢管与排渗体交汇处,按水头控制,其他地方不予控制。控制水头的大小通过管道水力学公式反算并综合多方因素确定,上游排渗体中 3#、4#排渗管处按 187.0 m 控制,1#按 200.0 m 控制,6#按 197.0 m 控制。纵向排渗体中只控制 3#、4#管,按 184.0 m 控制。鉴于两个横向排渗体位置较高对降低浸润线不利,拟做封堵处理,故计算时未考虑其作用。灰体水平方向渗透系数取 0.086 4 m/d;灰体垂直方向、坝基、坝体及黄土的渗透系数,取 0.043 2 m/d;上游、下游及纵向排渗体的渗透系数取 8.64 m/d。整个计算区域剖分为 27 个剖面,每个剖面有 243 个节点。计算结果见图 9-1、图 9-2。

9.2.3.2　计算结果分析

图 9-1 所示的等势线分布,基本上反映了初期坝当时的渗流状态。初期坝自由面分布受排渗体、导水钢管、两岸绕流及坝前冲灰面的影响,呈现出三维渗流态势,表现为河床中心部位自由面低,而两岸较高。另外,纵向排渗体中,所控制的 3#、4#管处较低,不控制的地方较高,反映了排渗体中沿坝轴线方向渗透阻力的影响。

图 9-2 为 3#管所在剖面(0+420)上的等势线分布。在上游排渗体及纵向排渗体中均出现非饱和区,即出现负压区, 由此可见,水流是被“吸”进排渗体中的,这也反映了非饱

和渗流的特点。

9.2.3.3 对初期坝排渗系统的评价与建议

(1)初期坝排渗系统的工作状态基本正常,但存在的问题也应引起重视。如上游排渗体水平排渗层过短,部分导水钢管失效,造成3[#]、4[#]导水钢管排水负担过重,一旦这两根管也发生堵塞或失效,势必影响整个排渗系统功能的发挥。

(2)为确保灰坝在加高过程中能够安全运行,有必要增设新的排渗系统,以加强灰坝的排渗降压能力,预防原有排渗系统在以后运行中可能发生的不利变化。通过计算比较,新增排渗系统,以增设内部短排渗体加导水钢管方案为好,其作用以降低灰体中的自由面为主,与原有排渗系统联合运用,将兼有减轻原有排渗系统负担的作用。

(3)应加强灰坝的原型观测工作,修复完善测压管等设施。

9.2.4 1998年研究情况

9.2.4.1 增设排渗体情况

根据1993年研究成果,程寨沟灰场1995年进行了一级子坝加高,并增设了新的排渗系统,如图9-3所示,包括:①在灰库中平行坝轴线设置三排竖向集渗井,以加大粉煤灰竖向透水性;②在距初期坝坝轴线140~180 m,设置了水平堆石褥垫排渗体(块石外包土工布),其集水由导水钢管排至初期坝下游坝面,但因反滤出问题未能达到原设计要求。至此,灰坝的排渗系统已呈纵横交错的立体状。

9.2.4.2 计算工况

1998年,为分析左坝肩坝坡渗水严重且出现两个集中渗漏点的原因,在现场调查和电测、水位、渗流量、pH值等检测的基础上,用三维有限元程序研究分析该工程的渗流状态(见图9-3)。计算考虑1995年5月19日测量结果,取库水位221.5 m,并考虑灰面升至226.0 m时渗流状态。

计算还考虑了以下因素:①灰体渗透的各向异性,且考虑灰体距离坝前远近不同其渗透性的差异;②垂直排渗井的影响;③两个横向排渗体的影响(进口段已封堵);④上游排渗体开级配沥青混凝土反滤层淤堵、排渗体自身淤堵、导水管进水段淤堵抬高水位影响;⑤纵向及下游排渗体影响。整个计算域被剖分为35个断面,每个剖面布置426个节点、376个单元,共计14 910个节点、12 784个单元。

9.2.4.3 分析结论与建议

(1)初期坝左坝坡渗水主要来自灰库,造成出渗的主要原因是左坝肩附近没有排渗设施,2[#]管不能发挥作用也是一个因素,故在二级子坝加高时应在左坝肩增设新的排渗设施,以控制左坝坡出渗区扩大的趋势。

(2)左坝坡两个出渗点出水均为清水,pH值呈中性,电测也未发现畸变,表明该出渗点尚未形成与上游贯通的渗漏通道。其成因为坝体中含有石块造成填筑质量不均,渗水沿其薄弱带出渗并将细颗粒带出形成一定范围的通道,因此对其出口必须进行反滤处理,以防其进一步发展。

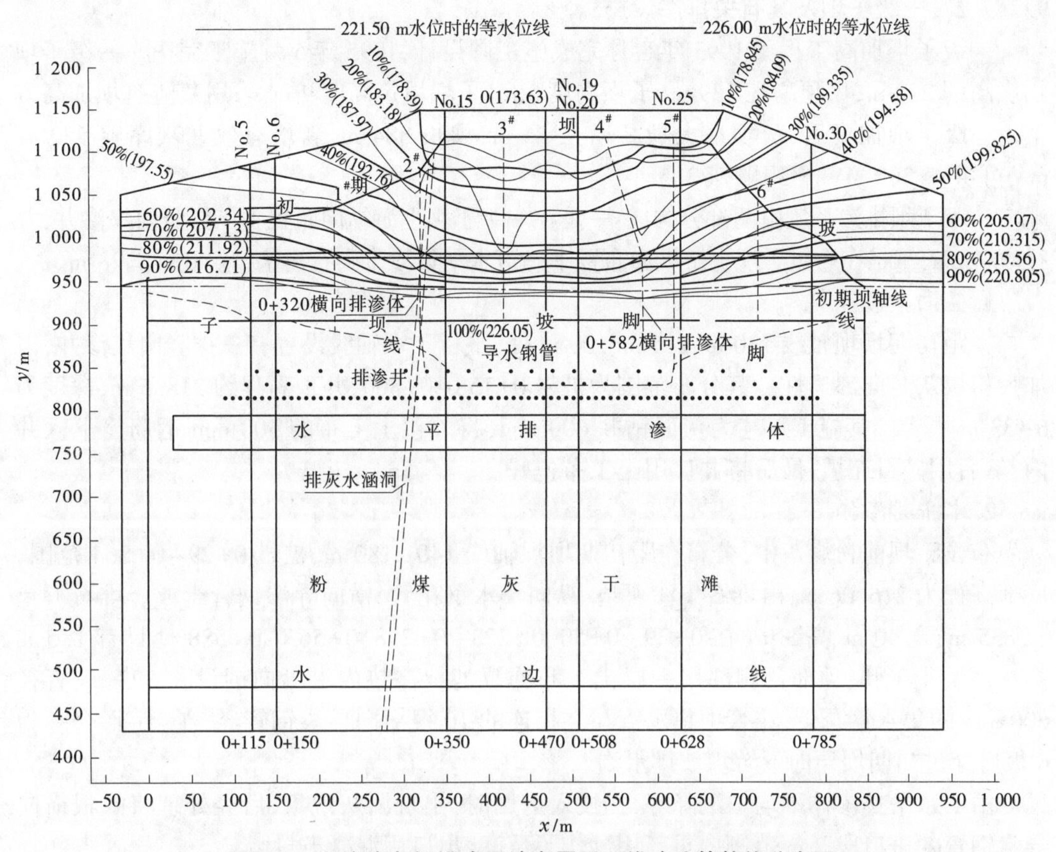

图 9-3　程寨沟灰坝排渗系统布置及三维渗流等势线分布图

(3)初期坝排渗系统工作状况尚可,但也存在一些问题,如上游排渗体开级配沥青混凝土反滤层透水性降低,2#、5#导水钢管与上游排渗体相交处严重淤堵等,故应加强坝体浸润线、坝坡出渗区、渗流量的观测,发现异常及时处理。

(4)灰坝加高时新增设的水平排渗体由于不均匀沉降等,造成部分淤堵,应注意观测其导水管出口流量和含灰量变化,在下次加高时予以恢复。排渗体建议采用分离式柔性材料修建,以防灰水浸泡引起不均匀沉陷造成的破坏。

(5)在坝坡出渗区进行贴坡排水处理,以防发生局部渗透破坏。

(6)在选择土工织物做反滤层时,应根据灰体颗粒级配及土工布有效孔径等因素进行专门的选型试验,以防土工布漏灰或淤堵。

9.2.5　程寨沟灰场后续建设与运行

9.2.5.1　程寨沟灰场后续建设概况

程寨沟灰场贮灰坝分四期建设完成,即初期坝于 1985 年建成,坝顶高程 224 m,坝长 825 m;一级子坝于 1995 年建成,坝顶高程 229 m,坝长 884 m;二级子坝于 2002 年建成,坝顶高程 236.5 m,坝长 960 m;三级子坝于 2008 年建成,坝顶高程 245 m,坝长 1 009 m,坝顶宽 6.5 m,相应灰坝坝体高度 72 m(规划坝顶高程 300 m,坝高 125 m)。

9.2.5.2　一级子坝及其有关排渗设施

一级子坝加高工程于1993年8月完成施工图设计,1995年5月施工完毕。一级子坝坝底高程220 m,坝顶高程229 m,子坝高度5 m,子坝填筑高度9 m,采用灰渣筑坝加高方案。一级子坝加高后,灰坝最大坝高增至56 m,坝长884 m,新增有效贮灰库容550万m^3,可供4×300 MW机组贮灰3.5年。

一级子坝排渗系统由两部分构成:一是在一级子坝上游纵向布置了三排竖向集渗井,井径600 mm;二是在一级子坝上游纵向布置了一道水平集渗干砌石褥垫,宽40 m,厚3 m。

1. 竖向集渗井

在距初期坝坝轴线130 m、115 m、100 m处,平行于坝轴线设置有三排竖向集渗井,以加大粉煤灰竖向渗透性。其分布范围为桩号0+158~0+800,井顶高程约218.5 m,深度为6~33 m不等。其施工工艺为灰面钻井600 mm,将外包土工布的500 mm钢筋笼下入井内,然后用碎石充填,最后将井口用土工布包好。

2. 水平排渗体

布设于坝前粉煤灰中,分布在距初期坝坝轴线140~180 m、桩号0+29~0+864范围。底部高程为216.06 m,由堆石集渗褥垫、纵向集水钢花管、横向导渗钢管组成。堆石褥垫长835 m、宽40 m、高3 m(在0+29~0+50、0+278~0+298、0+563~0+588处只有1.5 m高),底铺土工膜,顶部及侧部用一层土工布作反滤。褥垫内沿纵向铺设长823 m、直径600 mm的集水钢花管,花管中集水管与之相连的10根横向导渗钢管经“丫”字形合并为6根后穿过初期坝导向下游坝坡排水沟。

由于水平排渗体不均匀沉降等,在投入运用时,出现漏灰现象,后经处理将6根横向导渗钢管的进口段2 m范围内重新用砂作了反滤,出口用混凝土封堵。

9.2.5.3　二级子坝及其有关排渗设施

二级子坝加高工程于2000年9月完成施工图设计,2002年12月施工完毕。二级子坝坝底高程226.5 m,坝顶高程236.5 m,子坝高度7.5 m,子坝填筑高度10 m,坝长960 m,采用灰渣筑坝加高方案。二级子坝加高后,灰坝最大坝高增至63.5 m,新增有效贮灰库容650万m^3,可供4×300 MW机组贮灰4.45年。

基于程寨沟灰场排渗设施失效状况,在二级子坝加高工程中,增设了三套排渗系统,即上游集渗褥垫排渗系统、坝坡导管排渗系统以及辐射井排渗系统,作为对初期坝排渗系统和一级子坝排渗系统的加强和补充。

1. 上游集渗褥垫排渗系统

集渗褥垫纵向平行于初期坝坝轴线设置,纵向定位轴线距初期坝坝轴线140 m。集渗褥垫宽20 m,厚600 mm,顶部高程225.78~226.00 m。在设置集渗褥垫范围内铺设600 mm厚中粗砂;在中粗砂内布置软式透水管网,其纵横间距均为2 m,软式透水管直径根据部位不同分别设置,分ϕ 50、ϕ 100两种型号;在中粗砂与下部灰体间铺设一层土工膜(布重300 g/m^2,膜厚0.5 mm),在中粗砂上方铺设一层300 g/m^2土工布。

铺设的中粗砂颗粒级配良好,其中粒径大于0.5 mm的颗粒含量超过30%,粒径大于0.25 mm的颗粒含量超过60%。

300 g/m^2土工布的技术要求与辐射井排渗系统相同。土工膜各项技术指标必须满足

GB/T 17642—1998 中规定的要求,并按此进行检测和验收,其中断裂伸长率按 80%控制。

导水钢管的作用是将集渗褥垫内收集的渗水引至下游。导水钢管共 20 根,规格为 F159×5。导水钢管进口管中心高程 225. 48 m,出口管中心高程 224. 2 m,设计坡度 1. 10%。导水钢管位于灰库内的部分采用直埋方式,穿越一级子坝部分采用顶管法施工,导水钢管下游端部与坝体间如存在缝隙,应采用二次灌浆处理,处理范围从导水钢管下游端部开始,往上游方向长度不小于 5 m。导水钢管防腐处理与辐射井导水钢管一致。

2. 坝坡导管排渗系统

左岸坝趾处理区范围为 0+090~0+210。在处理区范围内设置排渗管,排渗管间距为 5 m。排渗管长 40 m,其中前部 25 m 为滤水管段,采用 PVC-U 特性塑料贴粒过滤管,主要技术指标为:衬管外径 75 mm、衬管壁厚 5. 6 mm、贴粒厚度 20 mm、设计开孔率 15%(有效段)。后部 15 m 为非滤水管段,采用 PVC-U 特性塑料管,主要技术指标为:衬管外径 75 mm、衬管壁厚 5. 6 mm。排渗管非滤水管段与坝体间的间隙采用二次灌浆处理,施工时应采取有效措施,阻止非滤水管段灌浆浆液进入滤水管段范围而堵塞滤水管。排渗管设计坡度为 1. 0%,向下游倾斜。

右岸坝坡处理区范围为 0+067~0+737。在处理区范围内设置排渗管,排渗管间距为 10 m。排渗管长 40 m,其中前部 25 m 为滤水管段,后部 15 m 为非滤水管段。管段主要技术指标以及非滤水管段与坝体间的间隙处理、排渗管设计坡度同左岸坝址区。

3. 辐射井排渗系统

如图 9-4、图 9-5 所示,辐射井排渗系统由辐射井和辐射井导水钢管(ϕ 127 mm×6)组成。辐射井共 10 口,内径均为 3. 6 m,编号从西往东依次为 1#~10#,其间距为 80 m。纵向定位轴线平行于初期坝坝轴线,距初期坝坝轴线 62 m。井底高程总体呈两岸高、中间低状,其中 1#辐射井井底高程 215. 0 m,2#辐射井井底高程 210. 0 m,3#~9#辐射井井底高程 205. 0 m,10#辐射井井底高程 208. 0 m。

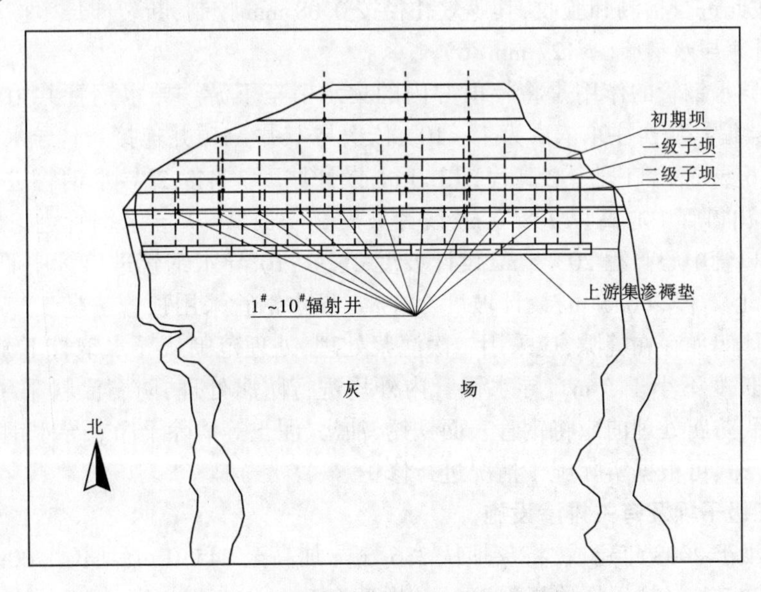

图 9-4　辐射井排渗系统平面布置示意图

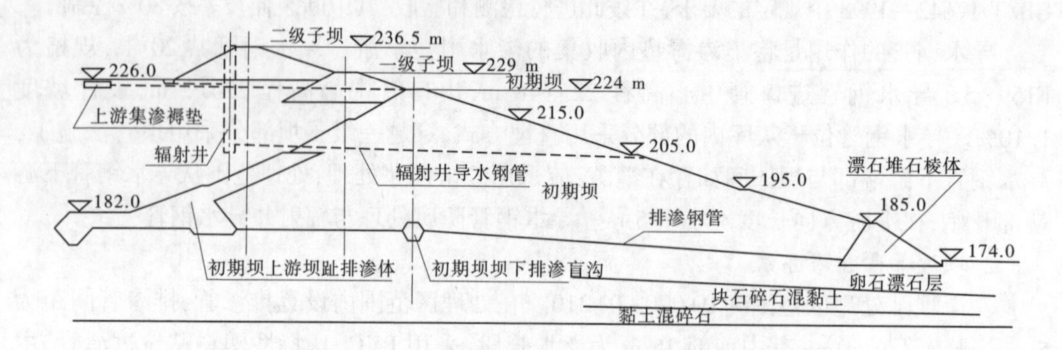

图 9-5 辐射井结构横剖面示意图

1)辐射井体

井体采用钢筋混凝土结构,混凝土强度等级 C25,钢筋保护层厚度 40 mm。辐射井井体 226.5 m 高程以下部分采用沉井法施工,1# 井、2# 井沉井深度分别为 12.67 m、15.67 m, 3#~9# 井沉井深度均为 22.67 m,10# 井沉井深度 19.67 m。辐射井井体 226.5 m 高程以上部分采用现场浇筑,高 9.9 m。沉井封底材料采用 C20 素混凝土。

2)辐射管

根据地形和方位的不同在辐射井内分别设置了 3~4 层辐射管,辐射管长度为 20~50 m。辐射管出口标高根据地形和辐射井导水钢管进、出口标高确定,且辐射管均向辐射井内倾斜,设计坡度为 2.5%。

辐射管用 PVC 塑料管外包二层 400 g/m^2 土工布制作而成,PVC 塑料管外土工布用铅丝绑扎。辐射管连接采用大小头连接方式。PVC 塑料管外径为 90 mm,壁厚为 8 mm,设计开孔率为 10%(有效段)。400 g/m^2 土工布各项技术指标须满足 GB/T 17638 中规定的要求,并按此进行检测和验收,其等效孔径按 0.08 mm 控制,断裂伸长率按 80%控制。

3) 辐射井导水钢管(ϕ127 mm×6)

辐射井导水钢管的作用是将辐射井内的集水引至下游。导水钢管共 10 根,规格为 ϕ127 mm×6,编号从西往东依次为 1#~10#,依次与 1# 井~10# 井连接。1# 导水钢管进口管中心高程 216.5 m,出口管中心高程 213.0 m,设计坡度 3.4%;2# 导水钢管进口管中心高程 211.5 m,出口管中心高程 208.0 m,设计坡度 2.9%;3#~9# 导水钢管进口管中心高程 206.5 m,出口管中心高程 203.5 m,设计坡度 2.2%;10# 导水钢管进口管中心高程 209.5 m,出口管中心高程 206.5 m,设计坡度 2.3%。导水钢管采用顶管法施工。导水钢管下游端部与坝体间如存在缝隙,应采用二次灌浆处理,处理范围从导水钢管下游端部开始,往上游方向长度不小于 5 m。导水钢管内外均进行防腐处理,防腐涂料采用 8511 型涂料,二底二面,防腐处理前应将钢管表面铁锈、油污、泥土等清除干净。导水钢管与辐射井井壁间连接形式可根据实际施工情况进行修正。

9.2.5.4 三级子坝及有关排渗设施

三级子坝于 2008 年建成,将灰坝从 236.5 m 加高至 245.0 m,坝长 1 009 m,坝顶宽 6.5 m,坝高达 72 m(规划坝顶高程 300 m,坝高 125 m)。灰坝加高后,新增有效贮灰库容

960 万 m^3,可供 6 台机组(4×300 MW +2×600 MW)贮灰约 4.77 年。

三级子坝坝体采用灰库区的灰渣进行填筑,上游边坡为 1∶3.0,下游边坡为 1∶3.5,坝底高程 234 m,坝顶高程 245 m。子坝高度为 8.5 m,填筑高度为 11.0 m。

为了使三级子坝下游坝面有组织地进行排水,在三级子坝下游坝面上设置了 9 道横向排水沟,位置与二级子坝下游坝面上的横向排水沟对应,并在二级子坝坝顶上设置了一道纵向排水沟。为了使三级子坝两岸山坡上的来水有组织地排至灰坝下游,在三级子坝两岸坝肩各设置一道岸坡排水沟,且与二级子坝岸坡排水沟平顺连接。排水沟采用浆砌石砌筑,内表面用 1∶2水泥砂浆勾缝。浆砌石石料采用 MU30、砂浆采用 M10 水泥砂浆。排水沟每 10 m 设一道伸缩缝,伸缩缝用沥青麻丝填塞。

根据初期坝 224 m 高程中部(0+510)测压孔观测数据得知:辐射井施工前(2001 年 8 月)水位埋深 2.85 m,辐射井施工完毕后(2002 年 8 月)水位埋深 10.07 m,初期坝坝体内浸润线降低了 7.22 m。从坝坡渗水点观测结果来看,辐射井和坝后排渗滤管运行前,初期坝坝体东段 224 m 高程以下,大面积沼泽化,出渗积水及流水随处可见,辐射井运行后,未见自流明水及潮湿面,初期坝东段沼泽化现象已经消除;各辐射井排水前,辐射井周围水位在 215~219 m,各辐射井运行 1 个月后,辐射井周围水位普遍下降 8~12 m。至 2002 年 10 月底,1#辐射井最下一排辐射管已无出水,2#~10#辐射井也只有最底一排辐射管尚在出水。从目前辐射井排水情况可以看出,二级子坝坝前浸润线标高低于 210 m 高程。可以说,二级子坝加高工程设置的辐射井排渗系统已取得显著成效。目前,各辐射井排水状况良好,出水清澈透明,完全达到了设计所预定的效果。从已取得的坝体浸润线观测资料看,坝体浸润线还有继续下降的趋势。

9.2.5.5　运行情况

(1)辐射井作用明显。二级子坝加高前,初期坝坝体内浸润线很高,东、西段下游坝坡及坝趾渗水严重。西段坝坡虽然用块石进行了贴坡处理,但没有从根本上解决渗透破坏问题。二级子坝加高设置的辐射井等排渗系统施工完毕后,很快降低了坝体内浸润线,基本解决了灰坝渗透破坏问题。

(2)辐射井便于维护。采用辐射井排渗系统可以很好地解决淤堵修复问题,一旦辐射井排渗管淤堵,排水效果降低,可对辐射井排渗管进行反冲洗,该技术已在取水管井中广泛应用。即使个别排渗管完全失效不可修复,也可在辐射井内重新施工辐射管,从而延长辐射井排渗系统的使用年限。

(3)坝下采煤影响灰坝安全。程寨沟灰场及其周边地区地下蕴藏着大量的煤炭资源,平顶山煤炭集团在这一地区进行了煤炭开采,2007 年已导致进场道路、排灰管隧洞以及输灰管架桥等表面产生裂缝甚至断裂。

(4)测压管运行正常。程寨沟灰场安装的测压管运行良好,为连续观测坝体内浸润线提供了手段。2012 年后,随着粉煤灰资源化利用,程寨沟灰场基本作为备用,但仍面临着洪水、采煤的影响,尚需加强观测工作。

9.3 焦作电厂老君庙南灰场多层自由面地下水渗流分析

9.3.1 具有多层自由面的地下水渗流问题

在实际工程的渗流分析中,当地层呈层状分布,且各层之间渗透性相差较大时,其渗流状态可能出现饱和区与非饱和区相间分布的复杂情形。根据传统的饱和渗流方法分析,只能采用分区计算的方法作近似处理,即将透水性相对小的土层视为不透水层,上下两个相对不透水层间所含区域视为一个计算子域,然后对各个计算子域单独分析并把分析结果简单地拼在一块作为整个区域的计算结果。在分析时,由于各个子区域是相对独立的,故未能考虑各子区域之间实际存在的非饱和渗流交换。这样处理对于渗流主向基本平行于土层方向的情况所引起的误差一般较小;但对于渗流主向基本与土层方向相正交的情况误差则较大,甚至会掩盖某些特殊现象,出现定性的错误,使计算结果严重失真。在分析焦作电厂老君庙南灰场灰水下渗对坝基周围地下水的影响时,采用饱和-非饱和渗流分析的有限元法,将分析区域作为一个整体分析,既解决了多层自由面调整带来的困难,又真实地反映了灰水下渗对地下水补给的影响,其计算结果合理,为解决具有多层自由面的地下水渗流状态分析提供了一个简单实用的方法。

9.3.2 老君庙南灰场概况

焦作电厂装机容量 1 200 MW(1995 年),其老君庙南灰场是一平原灰场(见图 9-6),占地 658 亩,地基为卵石与黏土层相间分布,且东部渗透性相对西部较小,地下水位约在 40 m 以下。该灰场 1981 年投入运行,其初期坝平均坝高 5 m,由灰场内取砂卵石筑成,在北侧灰坝为黏土心墙坝,以防止灰水向铁路路基渗漏;其余三侧的上游坝坡设有砂石反滤层。

该灰场在运行中发现灰面干滩面积大,灰水渗漏去向不明。由于灰场周围有 4 个村庄,为保证灰场加高后,不致对周围地下水造成严重影响,需对灰场地下水影响情况进行调研。

1995 年,通过现场查访、物探、打观测井取样化验分析、室内计算分析等手段,对灰场灰水的去向及灰水对周围地下水影响的情况做出了科学判断。成果为灰坝加高设计和环保评价提供了科学依据,一级子坝的加高已于 1998 年完成。

9.3.3 渗流计算代表断面及边界条件确定

为分析灰水下渗对灰场周围地下水的影响,需进行渗流分析。灰场概化代表剖面有两个(见图 9-7、图 9-8),分别代表其东部和西部的地层情况。两个剖面的不同之处主要在于两种地层相对渗透性不同,从而决定了不同的渗流状态。在用有限元方法计算时,边界条件的处理除应考虑灰水下渗的影响外,还要考虑原有埋藏较深地下水的作用。在这种地质条件和水力条件制约下,势必造成饱和与非饱和渗流区交叉出现的复杂渗流状态,而且还必须考虑灰水通过各个土层结合面下渗的影响。

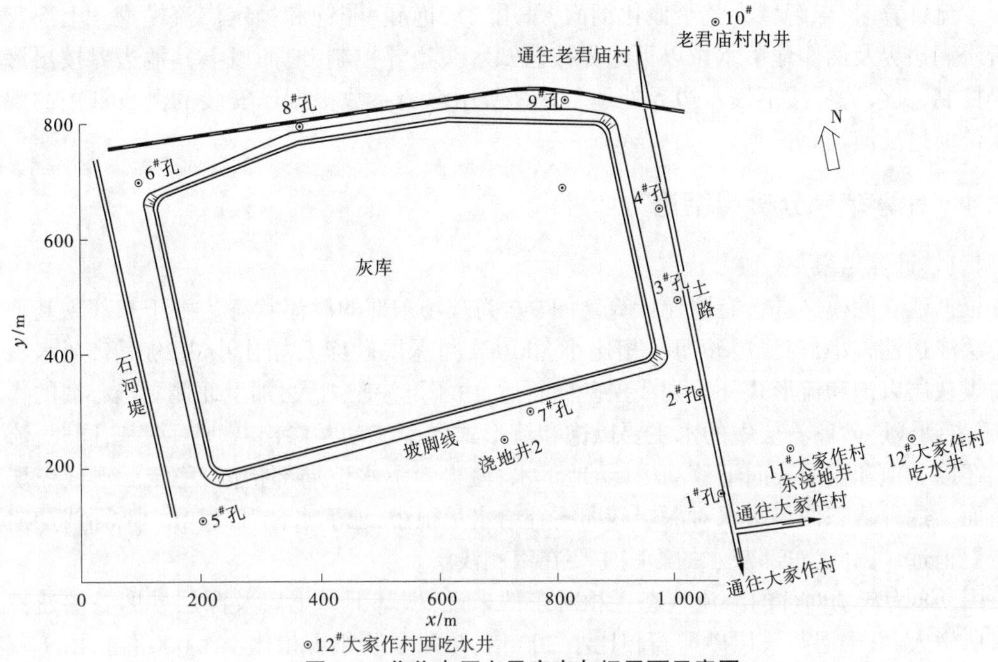

图 9-6　焦作电厂老君庙南灰场平面示意图

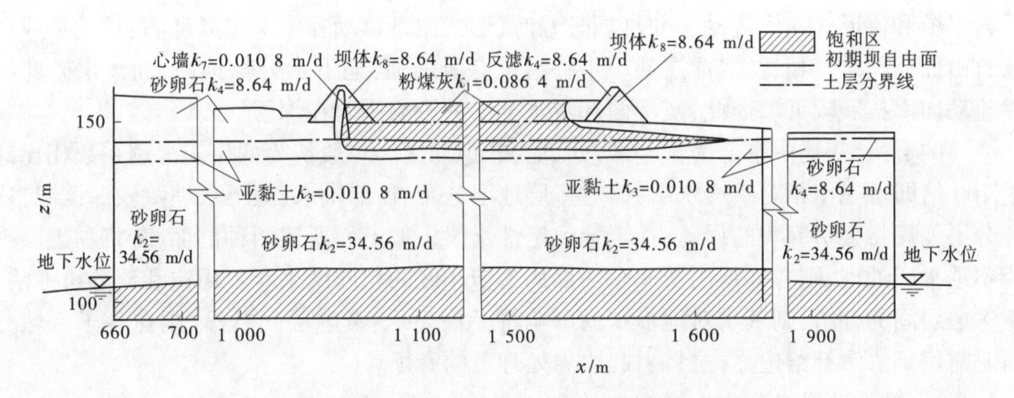

图 9-7　老君庙南灰场东部初期坝渗流状态

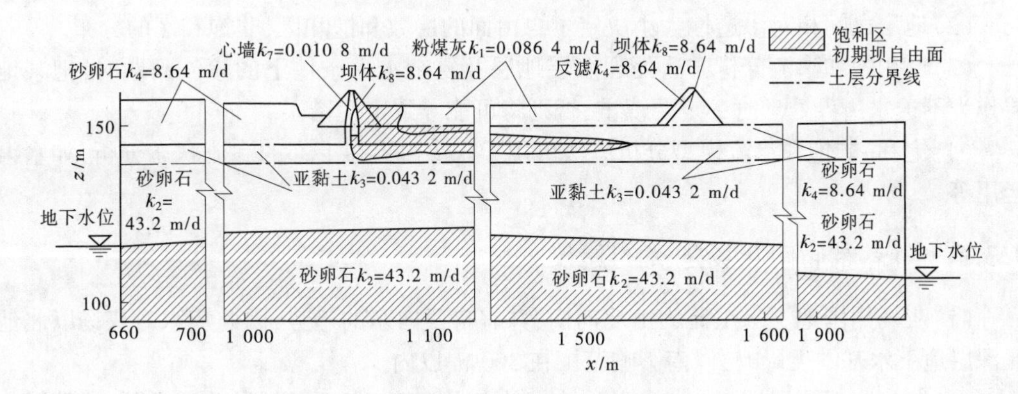

图 9-8　老君庙南灰场西部初期坝渗流状态

渗流计算时,求解域为整个概化剖面,采用二维饱和-非饱和稳定渗流模型。上部灰水所浸润边界及两侧地下水位以下边界按已知水头边界控制;地面以上其他边界按出渗边界控制,其余边界按不透水边界处理。计算所用渗透系数根据已安装的测压管中的观测水位通过反演计算得到。

9.3.4　计算结果分析与结论

9.3.4.1　计算结果

根据建立的模型进行有限元计算。图 9-7 为灰场东部的渗流状态。由于东部坝基下黏土层渗透性较小,与浅层砂卵石相比小 800 倍,与深层砂卵石相比小 3 200 倍,灰水经过粉煤灰层以饱和流形式补给到浅层砂卵石后,由于下渗阻力大,加上北侧黏土心墙的作用,下渗到浅层砂卵石层中的水主要以饱和流形式向南流动并渗出灰坝南坝基;同时,流动中还以非饱和流形式向下移动,补给地下水,使得地下水位局部抬高,稳定后形成三层自由面。这种状态使得灰水对深层砂卵石补给水量很小,地下水位升高幅度小,而浅层向南扩展稍远。因此,东部灰水的影响主要在南侧浅层。

图 9-8 为灰场西部的渗流状态。相对东部来说,坝基下黏土层及深层砂卵石渗透性均有所增大,黏土层与浅层砂卵石相比小 200 倍,与深层砂卵石相比小 1 000 倍。由于灰水通过黏土层下渗的阻力减小,因此灰水在灰库中以非饱和流形式补给浅层砂卵石层,然后再以饱和流形式向南流动,同时以非饱和流形式向下移动补给深层砂卵石,这就形成四层自由面。与东部相比,对深层地下水补给量有所增加,地下水升幅稍高,而浅层砂卵石中流动向南扩展较近。因此,灰坝西部灰水下渗的影响主要在深层。

总的看来,灰场中东部为饱和区,西部为非饱和区。一般认为两层间渗透系数相比超过 100 倍即可视作相对不透水层,但对多层地层分布、顶部供水、地下水埋藏较深情况,这样分层处理将会引起大的误差,甚至导致定性错误。如上面所述两种剖面,若将黏土层视为不透水层处理,则势必得出灰库东西部均为饱和区的相同结果。若用饱和流分析方法,不考虑层间的补给,则灰水对地下水的影响将无法显示;考虑层间补给,则在各子区域分析时需用到入渗补给边界,这将引起边界处理上的麻烦。

9.3.4.2　复杂地层渗流分析结论

(1)用饱和-非饱和渗流模型分析多层自由面渗流状态是简单可行的。

(2)地层之间相对渗透性大小决定了自由面的层数和饱和区、非饱和区的分布。

(3)当用饱和渗流分析方法处理多层地层及复杂水力条件下的渗流问题时,把某地层作为不透水边界处理时一定要慎重,否则将可能导致定性错误。

(4)饱和-非饱和渗流模型分析方法可用于入渗边界在上部的渗流状态分析,如水渠运用等。

9.3.5　对老君庙南灰场加高的建议

(1)灰场周围地下水主流为由北向南,并有自西向东的趋势,因此灰水对灰场以北地区深层地下水基本无影响,以南影响范围在 300 m 以内。

(2)灰场附近浅层地下水流向为由灰场向四周扩散,但近期扩散范围有限,不致影响周围农作物生长。

(3) 灰坝加高后,灰水对深层地下水影响无大变化,对浅层地下水影响加大,局部可能有水从地表渗出。同时北部坝体自由面升高,建议在设计时采取防渗降压措施,在施工时严格质量管理。

(4) 灰坝加高后,灰水下渗能力减弱,灰场积水面积将增大,这对减少飞灰影响有利,但对坝体自身安全不利,故建议设计时应考虑足够的分级排水以控制积水高度,另外可考虑在灰场种植红柳等耐碱植物以减少飞灰。

(5) 鉴于灰水中的 pH 值较高,故建议在灰库排水口采取加酸措施,这样经处理后的灰水可用于周围农田的灌溉。

(6) 灰场周围 50 m 内如果再打机井,应选用封闭的无砂混凝土管井或铸铁管井型,以避免井壁坍塌。

(7) 高度重视平原灰场对地下水和周围环境的影响监测,发现异常应及时查找原因采取对策。

9.4　首阳山电厂徐家沟灰场排渗系统工作状态评价

9.4.1　徐家沟灰场概况

首阳山电厂位于偃师县境内,装机容量 1 000 MW(1998 年),其有两个相邻的灰场,即徐家沟灰场及省庄灰场。徐家沟灰场初期坝为黏土均质坝(见图 9-9~图 9-11),坝高为 31 m,相应坝轴线长 148 m,最终设计坝高为 72 m,其坝基为 Q_4 地层,下卧 Q_2 地层。Q_4 层为近期冲洪积及坡积形成的黄土状亚黏土及软亚黏土,压缩性大,强度低,具有湿陷性和湿化性。坝基按设计要求进行了强夯处理。徐家沟灰场于 1996 年 4 月投入使用。1997 年 7 月后的半年间,灰面曾先后在相同位置出现三次塌坑,坝体顶部也出现裂缝,影响灰库的正常运行和加高设计。1998 年,在走访参与施工的人员和翻阅施工日志的基础上,结合现场勘察、电测及计算等手段对其排渗系统进行了研究评价,所提建议为设计部门采纳,对灰面进行了局部灌浆处理,安装了测压管,并于 1998 年加高了一级子坝,使灰库恢复了正常运行。

9.4.2　初期坝排渗系统

徐家沟灰场初期坝排渗系统较为复杂(见图 9-9~图 9-11),其上下游、左右岸排渗体均与坝底排水褥垫连通,形成初期坝的排渗系统。主要排渗体如下:

(1) 上游排水棱体,排渗体由碎石堆成,外包土工布做反滤,土工布外侧有碎石保护。

(2) 坝底褥垫排水体,由碎石及上下侧铺土工布组成。

(3) 左右侧褥垫排水体,在坝轴线与上游排水棱体之间沿两岸山坡设置,施工中只修筑一部分。

(4) 下游堆石排水棱体。

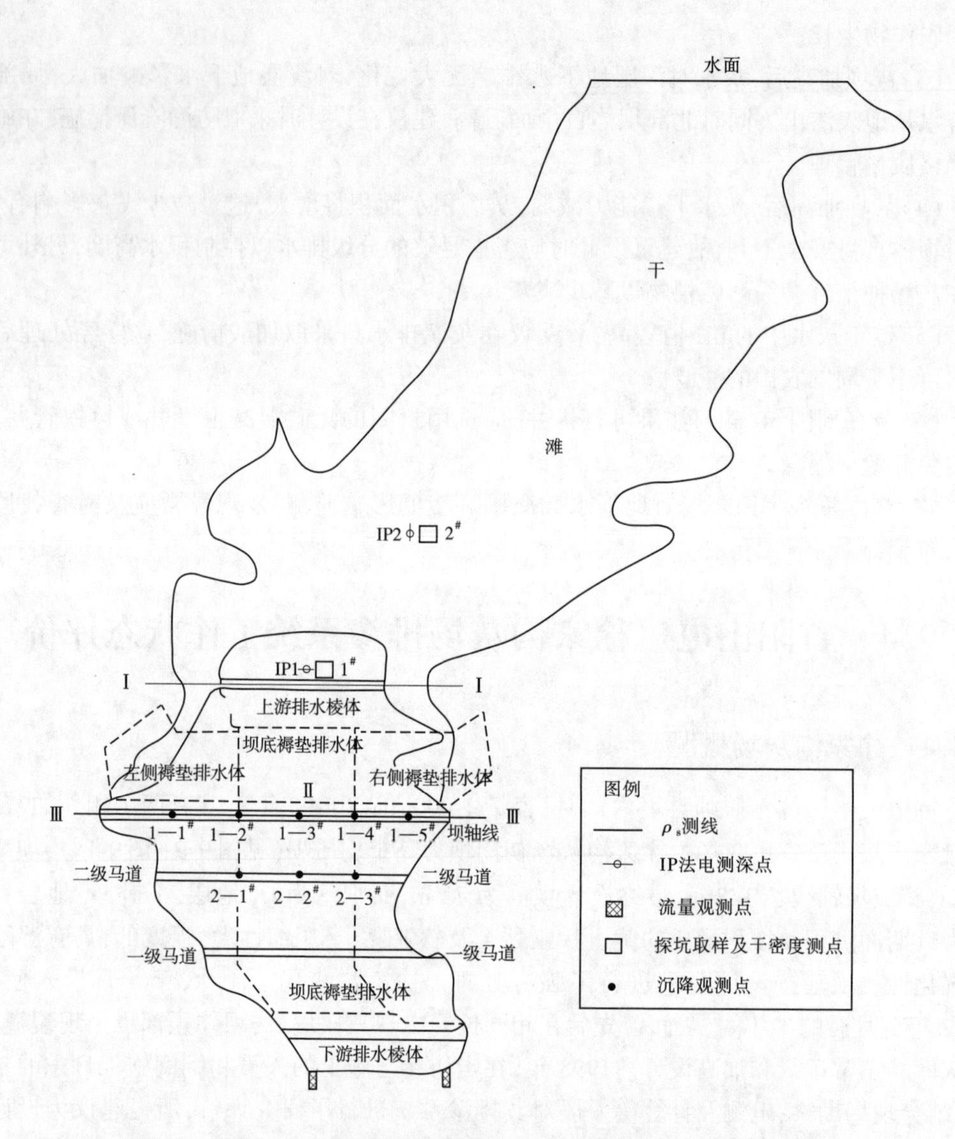

图 9-9　首阳山电厂徐家沟灰场初期坝平面图及现场测试取样位置图

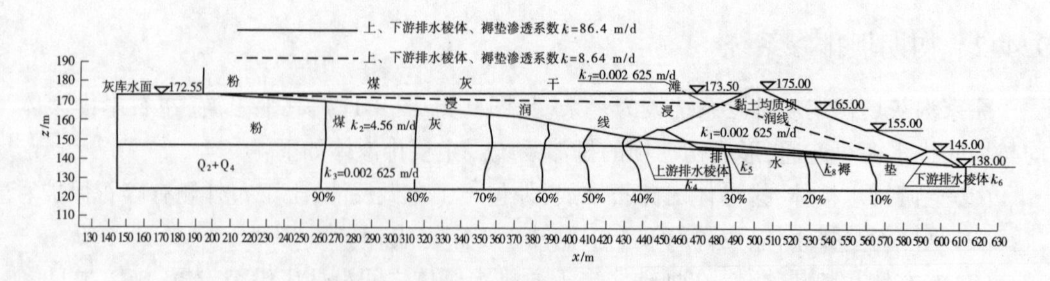

图 9-10　徐家沟灰场初期坝浸润线及等势线分布图(排水褥垫中轴线剖面)

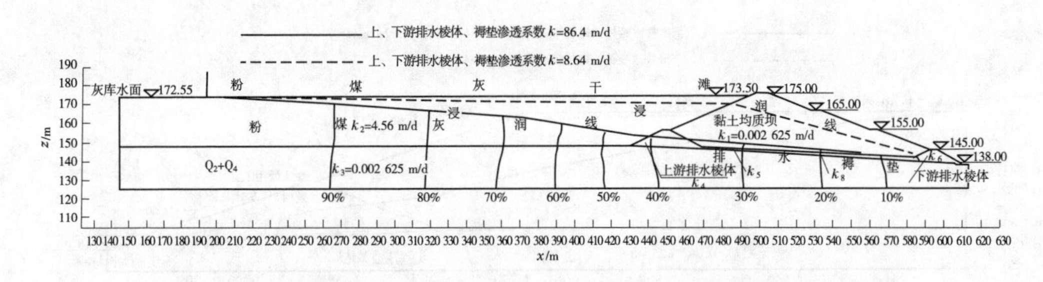

图 9-11　徐家沟灰场初期坝浸润线及等势线分布图(排水褥垫边沿剖面)

9.4.3　三维稳定渗流计算

9.4.3.1　边界条件和计算参数

根据现场观测情况,仅对停止放灰后情况进行模拟,考虑排渗体淤堵不同下的两种工况(见表9-1),即排渗体渗透系数考虑两种,分别为86.4 m/d、8.64 m/d。此时,上游灰面干滩长度为300 m,上游边界以库水位172.55 m控制,下游水位以褥垫排水体出口高程138.0 m控制。对左右褥垫排水体,此次计算暂不考虑。初期坝计算结果见图9-10、图9-11及表9-1。

为给灰坝加高设计提供依据,对加高后渗流情况进行预测,仍考虑排渗体是否淤堵两种工况,并考虑了灰体渗透性变异,详见表9-2。终期坝计算结果见图9-12。

表 9-1　初期坝计算参数选取及渗流量计算结果

工况	上游水面高程/m	干滩长度/m	渗透系数/(m/d)			计算渗流量/(m^3/d)	观测流量/(m^3/d)	
			灰体(水平)	灰体(垂直)	棱体及褥垫		1998-02-20	1998-02-24
工况1	172.55	300	4.56	2.28	86.4	1 285.2	1 179.4	1 144.0
工况2					8.64	357.3		

表 9-2　终期坝计算参数选取

工况	上游水面高程/m	干滩长度/m	渗透系数/(m/d)		
			灰体(水平)	灰体(垂直)	棱体及褥垫
工况3	209.30	200	2.28	1.14	86.4
工况4			4.56	2.28	8.64

9.4.3.2　计算结果分析

1.初期坝

(1)初期坝自由面分布,受排渗体、两岸绕流影响,呈现出典型的三维态势,表现为河床中心部位自由面低,而两岸较高。

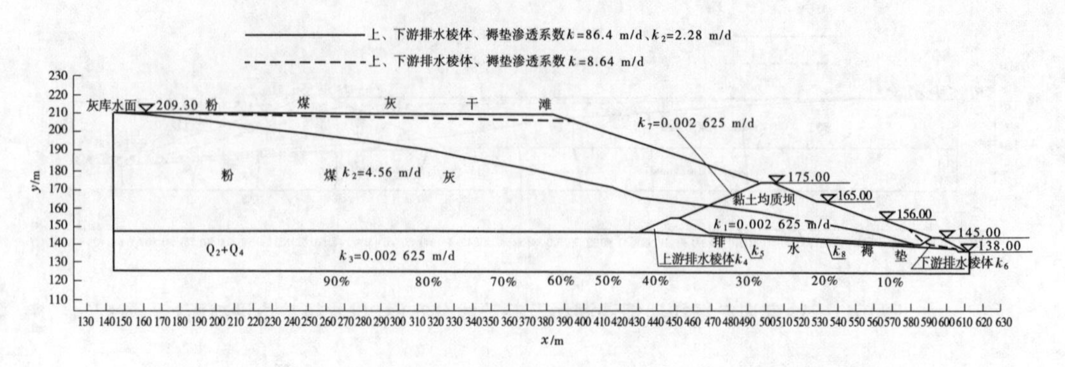

图 9-12　徐家沟灰场终期坝浸润线及等势线分布图(排水褥垫中轴线剖面)

(2)排渗体渗透系数大小不仅对坝体浸润线高低有较大影响,而且对渗流量影响也很大。

(3)工况 1:排渗体不淤堵时,所求得的渗流量和浸润线均与实测结果相近,由此说明排渗体基本未淤堵。

(4)工况 2:排渗体淤堵时,整个上游排渗体中均为饱和区,仅在下游排渗体中尚有非饱和区。

2. 终期坝

(1)工况 3:在初期坝排渗系统仍正常运行情况下,灰体渗透系数减半以模拟剔除灰渣后灰体渗透性将减小情况,如图 9-12 所示,坝体浸润线较低,灰坝加高时无须再增加新的排渗系统。

(2)工况 4:在初期坝排渗系统出现淤堵情况下,排灰方式仍保持不变,如图 9-12 所示。此时坝体浸润线较高,还需进行坝坡稳定分析,必要时增加新的排渗体。

9.4.4　对徐家沟灰坝加高的建议

(1)灰面坍塌主要是由上游排渗体与岸坡交界处土工布反滤层局部破裂引起的,故不会出现大面积的塌坑。从渗流角度看,不会对坝体安全构成威胁。但从加高后子坝坝基稳定角度看,建议将已发生塌坑地方进行适当的处理。若采取灌浆法,一定要控制好灌浆深度和范围,谨防刺穿土工布和因灌浆范围太小而起不到作用。同时也应分析灌浆后灌浆范围内灰体渗透性变小对渗流场的影响。

(2)坝顶裂缝主要受坝基湿陷性和坝体内局部填有高压缩性土影响所致。在加高过程中,除应加强沉降观测外,还应增设测压管、量水堰等设施。运行中要定期观测,以便及时掌握灰坝的工作状态。

(3)初期坝排渗体工作状况基本正常,在灰坝加高过程中是否需要增设新的排渗系统,需慎重对待。如需增设,应进行排渗系统形式的优化论证。对原设计的左右侧褥垫排水体最好加以修复利用。

9.5　首阳山电厂省庄灰场渗流评价

9.5.1　省庄灰场概况

省庄灰场与徐家沟灰场相邻,为一近南北向黄土冲沟(见图9-13),沟长约1.8 km。其周围地形变化极为复杂,陡壁和冲沟交错发育。在沟底部分覆盖有Q_4地层,为近期冲洪积及坡积形成的黄土状亚黏土及轻亚黏土,压缩性大,强度低,具有湿陷性和湿化性。

该灰场初期坝始建于1986年,为碾压式均质土坝(见图9-14),坝顶高程为171.5 m,坝底高程为136 m,坝高35.5 m,坝顶长度约141.5 m,地基进行过强夯处理。1998年灰坝已加高到三级子坝,子坝均由粉煤灰碾压堆筑而成,子坝坝顶高程为185.5 m,相应坝高达50 m,坝轴线长度约为144 m,灰库已蓄到设计标高182.5 m。终期坝坝顶高程210 m。

1998年春天,当蓄灰高程到设计标高182.5 m时,受排灰方式等因素的影响,坝前曾经长时间有水偎靠三级子坝,导致初期坝坝坡大面积渗水,并在初期坝坝顶曾出现严重渗水现象,直接危及灰坝安全运行,有关部门于1998年4月底停止该灰库运行,并要求查找坝坡渗水的原因。

1998年5~9月,对渗水原因进行了全面的调查分析并补打了三排测压管(见图9-13)。在现场调查、资料分析的基础上,运用三维渗流分析程序对灰坝排渗系统的工作状况进行了客观评价,提出了优化处理建议,并得到采纳实施,已于1999年完成了四级子坝加高工程。

9.5.2　省庄灰坝的排渗系统

省庄灰坝经过三次加高扩建,形成由以下几部分组成的排渗系统(见图9-13~图9-16)。

9.5.2.1　排水棱体

在初期坝的上、下游坝脚处,修建了由碎石加砂石反滤堆筑而成的排水棱体。上游排水棱体顶部高程150 m,底部高程140 m;下游排水棱体顶部高程143.5 m,底部高程136.0 m。

9.5.2.2　坝底排水褥垫

在初期坝底部沿中心偏西布设排水褥垫,宽18 m,高2 m,并分别与上、下游排水棱体相连接,上游底部高程为140 m,下游底部高程为136 m。

9.5.2.3　堆石褥垫及排水钢管

在灰库的前部(距初期坝坝轴线约140 m)设一堆石褥垫,由碎石堆筑而成,褥垫顶部及两侧上部包有土工布,褥垫下部的两侧及底部垫一层土工膜。在其上部还修一排叠圈式排渗井,直径为60 cm。堆石褥垫的尺寸为长×宽×高=123 m×13 m×3 m,其顶部高程175 m,底部高程172 m。为减小堆石体的横向水流阻力,还在堆石体内侧下游底部设一横向集水花管(钢管),并在横向花管上接有间距为15 m的四条纵向排渗钢管,将横向集水管中的渗水导至下游坝坡的导水槽内。四条纵向排渗钢管的进口高程为172 m,出口高程为171.6 m,直径为30 cm。在1997年6月、7月间,发现西坝段的3#、4#导水钢管中间的横向集水花管断裂,4#管漏灰严重,同时灰面出现塌坑,后进行了开挖处理,将4#钢管封堵。当三级子坝偎水时,其中的两条导水钢管出水,出水流量较大,表明堆石褥垫起到一定的排渗作用。调研时水边线距三级子坝约 180 m,导水钢管中无水流出。

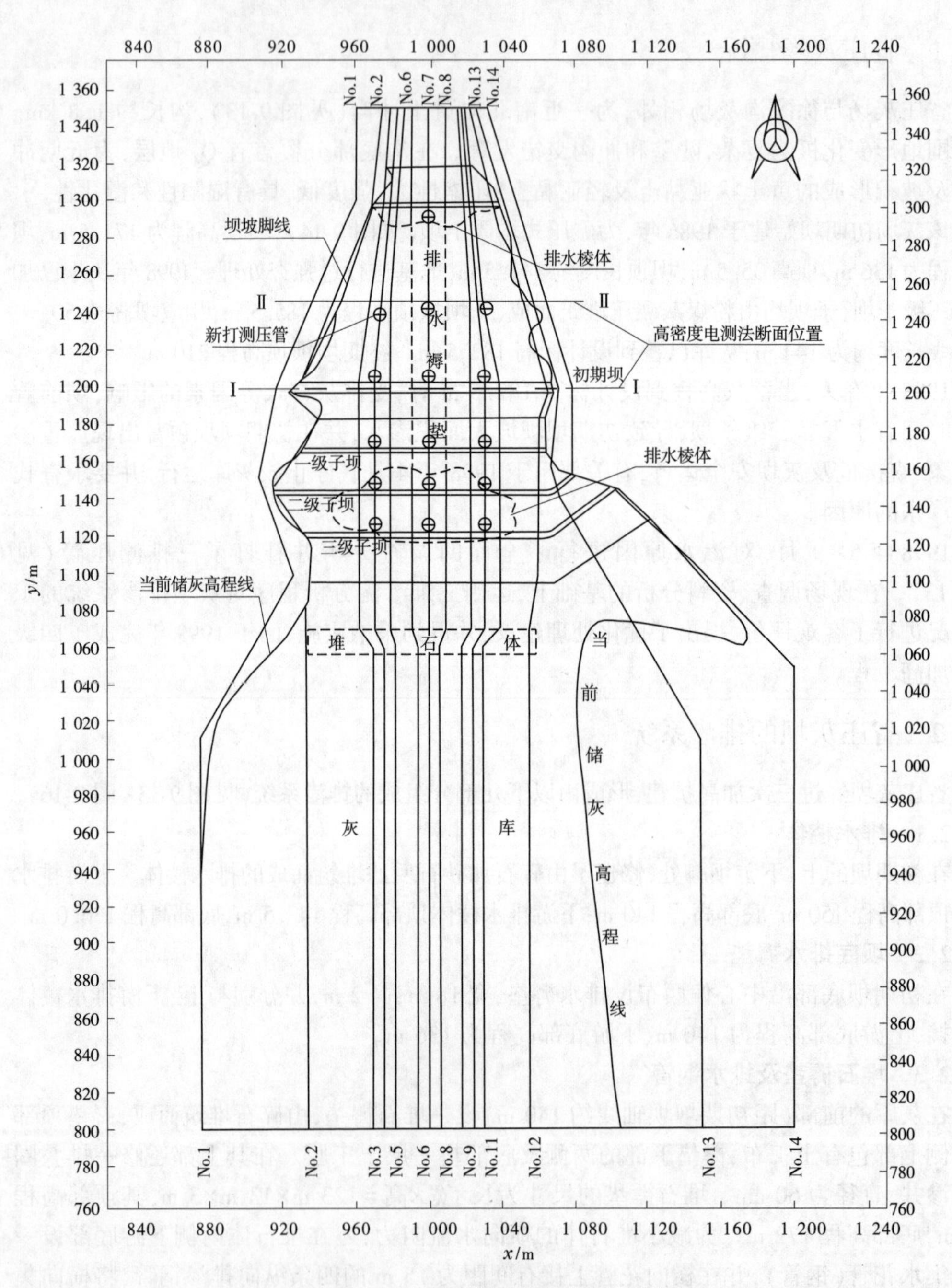

图 9-13　省庄灰场排渗体等平面布置图

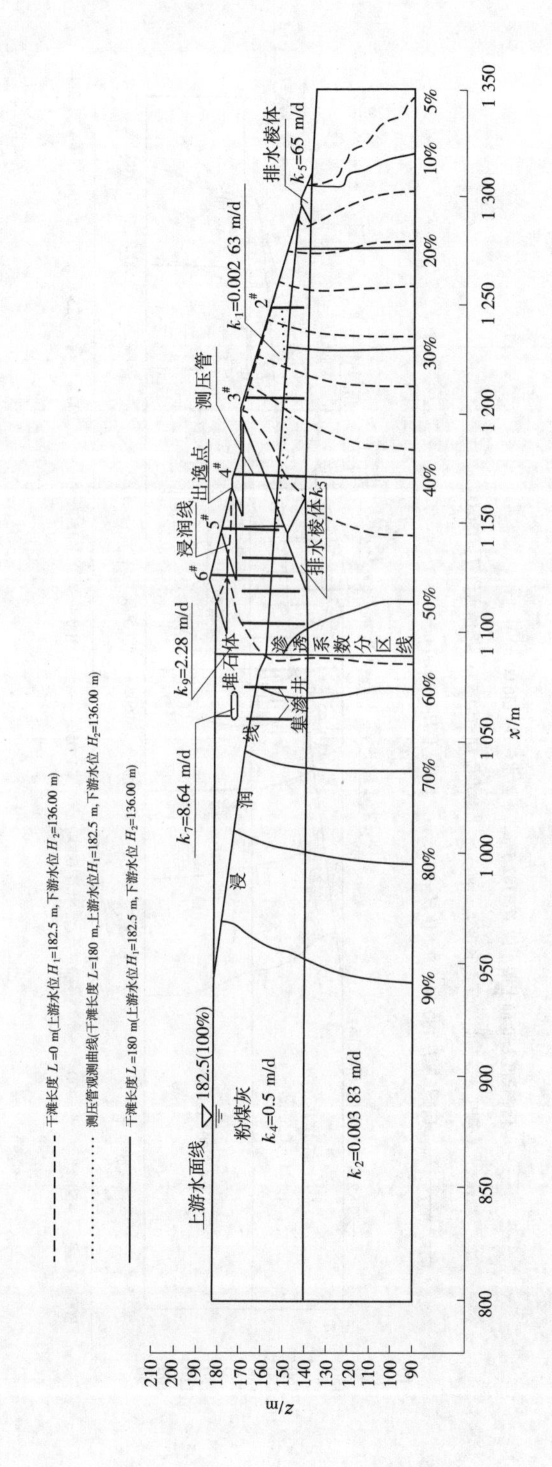

图 9-14　省庄灰坝三维渗流计算等势线分布图(No. 4 剖面)

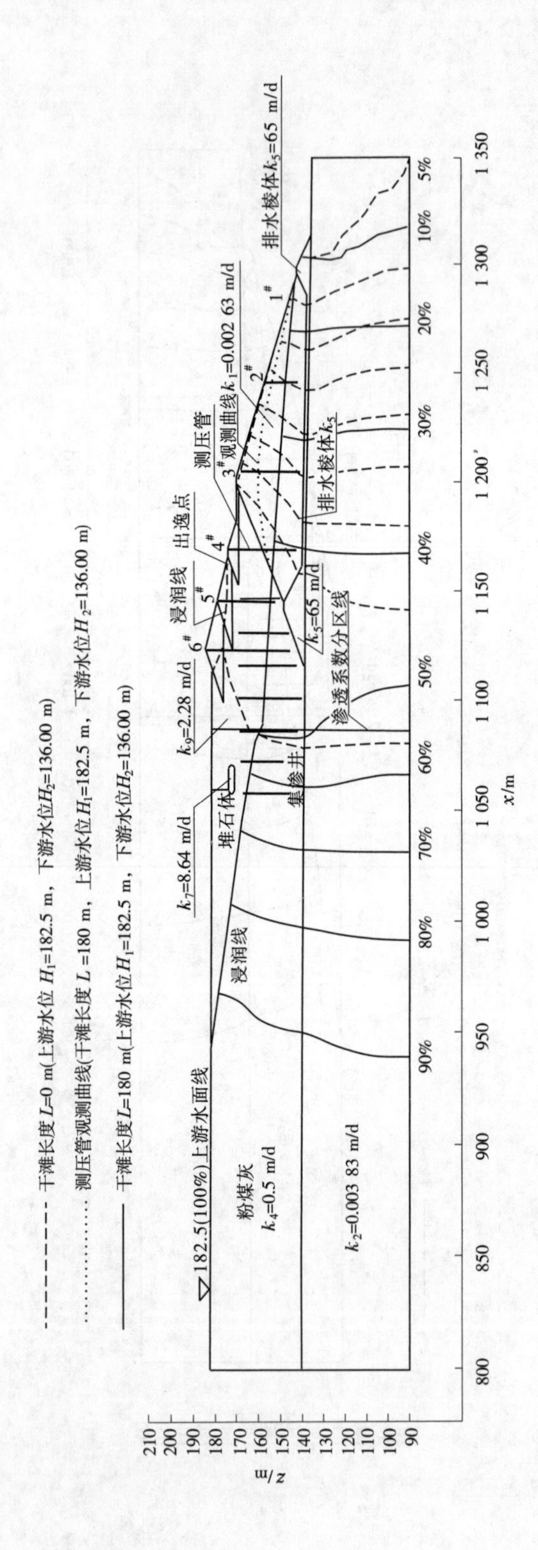

图 9-15　省庄灰坝三维渗流计算等势线分布图(No. 7 剖面)

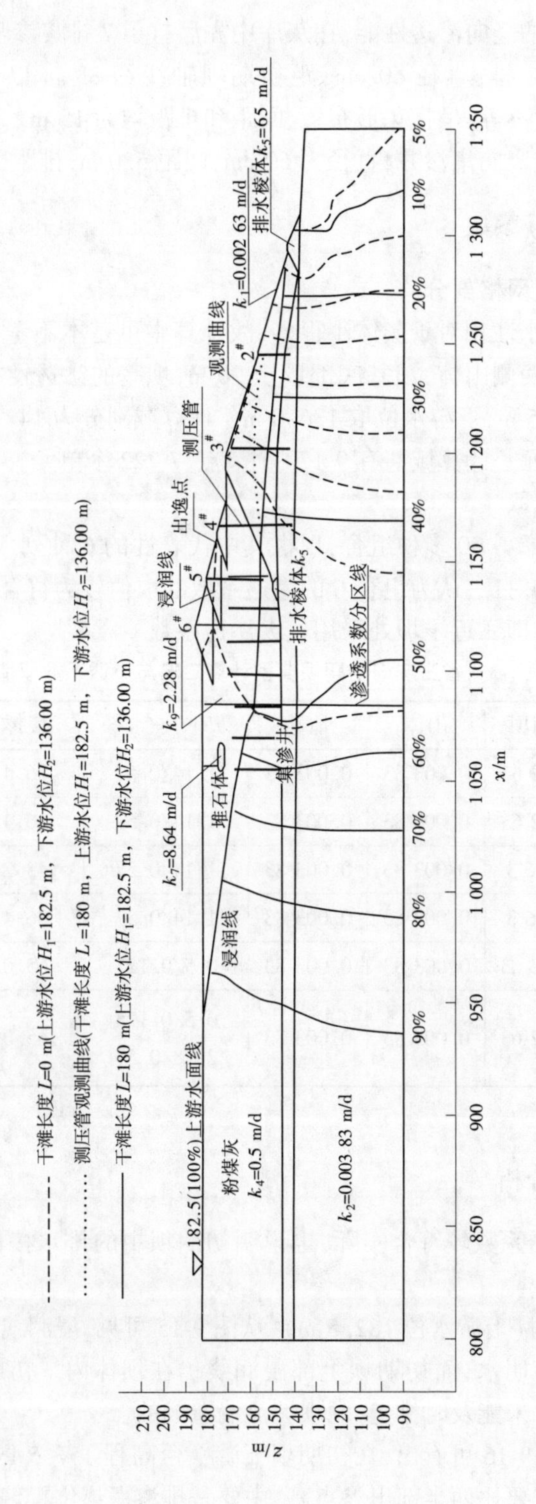

图 9-16　省庄灰坝三维渗流计算等势线分布图(No. 10 剖面)

9.5.2.4 竖向集渗井

为了增大粉煤灰的竖向渗透性能,在灰库中先后打了7排集渗竖井。其中,距初期坝轴线约50 m处打有2排,直径60 cm;距初期坝轴线约83 m以外打有5排,直径为40 cm。所打竖井深度不等,呈梅花形布置,间距和排距均为15 m。在四级子坝加高设计方案中,重新布设4排竖向集渗井,直径为60 cm,间距5.0 m,排距15 m。

9.5.3 计算模型与参数

9.5.3.1 模型边界及网格剖分

鉴于两岸山体透水性相对于灰体小很多,故计算中可基本不考虑坝肩绕渗影响。计算域两岸的边界取至两侧山体,坝基底部取至90 m,坝基的渗透性视为与山体相同。上游水位取设计值182.5 m,下游水位取136.0 m。计算域剖分为14个剖面,每个剖面布置655个节点、594个单元。计算域共有9 170个节点、7 722个单元。

9.5.3.2 计算参数选取

参数反演计算考虑了90多种组合,现将其中代表性的6种列入表9-3。通过与浸润线、渗流量观测结果的对比,认为组合6的渗透系数的取值较为符合实际。组合6将粉煤灰渗透性进行了分区,即靠近子坝处采用较大渗透系数。

表9-3 省庄灰场初期坝典型计算工况与渗透系数取值 单位:m/d

序号	干滩长度	初期坝	山体	地基	灰垂直/水平	棱体	竖井	堆石体
①	0	0.002 63	0.003 83	0.003 83	1.14/0.57	86.4	8.64	8.64
②	180 m	0.002 63	0.003 83	0.003 83	1.14/0.57	86.4	8.64	8.64
③	180 m	0.026 3	0.003 83	0.003 83	1.14/0.57	43.2	8.64	8.64
④	180 m	0.026 3	0.003 83	0.003 83	1.14/0.57	86.4	8.64	8.64
⑤	180 m	0.002 63	0.003 83	0.003 83	0.5/0.125	65.0	8.64	8.64
⑥	180 m	0.002 63	0.003 83	0.003 83	0.5/0.125 2.28/0.57	65.0	8.64	8.64

9.5.4 计算结果分析

(1)组合6的渗透系数较符合实际,也说明初期坝中的排水棱体和排水褥垫处于正常工作状态。

(2)当坝前偎水时(上游水位182.5 m),从图9-15可见,浸润线在一级子坝下游坡面出逸,导致初期坝顶有明水,而初期坝上部浸润线仍在坝体内。初期坝坝坡只是表面湿润,原因应是子坝渗水未能及时排走,顺坝坡流淌造成的。

(3)从图9-14、图9-16可看出,在初期坝下游平台高程157.5 m以上,坝面出现了出渗段,且东半部出渗点要比西半部出渗点高,主要是排渗褥垫位置偏西的缘故。

(4)从图9-14可见,当干滩长度为180 m时,坝体浸润线较低,在初期坝坝坡未出渗。

9.5.5 对省庄灰坝的排渗系统工作状态评价及建议

(1)灰坝在运行过程中,其初期坝下部的排水棱体和排水褥垫的排渗效果尚好,对保证初期坝的安全起到了决定性的作用。同时坝前堆石褥垫虽有一部分失效,但总的来看仍能发挥较好的作用,并在高水位运用时起到了降低坝体浸润线的作用。

(2)浸润线较高的直接原因是灰坝前面积水时间较长未能保持必要的干滩长度,建议排灰方式应改为坝前排灰,同时应加强灰坝运行管理。

(3)在四级子坝加高方案中,建议:①在一级子坝下游坝脚处设一道 2~3 m 深的排渗盲沟,并将积水及时导至下游,对降低子坝及初期坝下游出渗段有一定的作用;②在初期坝下游坡面上进行贴坡排水处理,以防止坝坡出现渗透破坏;③在四级子坝加高时,导水管失效的地段上部铺设 TS-100 高弹塑软式透水管,以弥补该地段排渗强度的不足;④加强现场观测,发现问题及时反映,以便妥善处理。

9.6 灰坝渗流研究小结

9.6.1 灰坝出险原因

(1)灰坝浸润线升高有两方面的原因:一是排渗系统淤堵造成排渗能力降低或者随着坝高的增加两岸的原有排渗能力不能满足坝体加高的要求;二是坝前没按要求留有一定的干滩长度,坝前长期偎水造成坝坡出渗甚至局部滑坡。

(2)灰面塌坑是由于排渗体施工质量不好或设计时对不均匀沉降考虑不全面运行后将排渗体反滤拉裂所致。

(3)灰场对地下水的污染也有两方面原因:一是灰场基础为强透水性地层,二是设计时未采取必要的防渗或其他措施来减小灰水的下渗量。

(4)坝体出现裂缝多与灰坝基础存在湿陷性黄土或坝体填筑质量不均甚至填有高压缩性土有关。

(5)坝面局部出渗点多与坝体内填筑质量不均特别是填有块石有关。

(6)灰场缺乏一些必要的监测设施,即使有其施工、保护、观测工作也都不严格,造成对灰坝的潜在隐患不能及时发现,也就不能及时采取得力措施。

9.6.2 对灰坝渗流控制措施的建议

灰坝能否正常运行的关键在于排渗系统的设置是否合理,施工质量有无保证,运行是否按有关要求进行。由于灰坝筑坝及运行的特点,其渗流控制措施应以排渗导渗为主,并且随着灰坝的增高可预设一些排渗体,但关键仍在初期坝排渗体的设置。具体有以下建议:

(1)灰坝设计时,对初期坝的排渗系统设置一定要从长远计议,采用底部褥垫排水是比较可靠的方法,在坝肩连接处设置贴坡排水或其他排渗设施也是必要的。

(2)排渗系统的反滤效果取决于反滤结构和材料及其施工质量,反滤体设计一定要考虑基础变形可能引起的不均匀沉降问题。当用土工织物材料作反滤时,一定要根据淤堵试验结果选型,并附以配套措施,以确保不因土工布拉裂、漏灰、淤堵等影响灰坝排渗系统的正常工作。同时一定要注意在排渗系统连接处细部构造的设计和施工。

(3)对渗透性较强的灰体,垂直排渗系统(如井列)效果弱于水平排渗系统(如辐射井),因此应优先选用水平排渗系统。

(4)灰场尤其是平原灰场的排渗系统设计一定要考虑环境问题,避免周围农田沼泽化、地下水污染、扬尘等影响周围群众的生产和生活。

9.6.3 小结

通过上述应用研究,深感病险灰坝渗流问题的复杂性,无论是对其排渗系统工作状态进行评价,或是提出处理措施其难度都很大。有关成果表明:

(1)现场查勘和室内计算分析是解决灰坝渗流问题不可缺少的两个方面的工作,应将其有机结合起来为灰坝的加高除险工程设计服务。

(2)用饱和-非饱和渗流分析方法可解决灰坝渗流分析中饱和区与非饱和区相间分布的复杂渗流状态,但在处理坝体内部排渗体边界条件时要慎重。

(3)灰坝工程需要科研、设计、施工、运行等有关部门的大力协作,才能不断创新,攻破难关,确保灰坝的安全。

(4)要积极推广粉煤灰资源利用研究成果,减少粉煤灰存储。

(5)有关渗流分析技术与风险管控对策可应用到类似的尾矿坝、放淤围堤中。

参考文献

[1] 杨静熙,陈士俊. 三向稳定渗流的有限元法计算及程序设计[R]. 郑州:黄委会水科所,1985.

[2] 汪自力,高骥,李信,等. 饱和-非饱和三维瞬态渗流的高斯点有限元分析[J]. 郑州工学院学报,1991,12(3):84-90.

[3] 汪自力,杨静熙. 反求堤坝渗流计算参数的复合形法[J]. 大连理工大学学报,1993,33(S1):41-45.

[4] 汪自力,李莉,张俊霞. 灰坝饱和-非饱和三维渗流的有限元分析[C]//第四届全国水电中青年科技干部学术报告会暨第六届全国水利水电工程学青年学术讨论会论文集,北京:中国科学技术出版社,1995.

[5] 汪自力,张俊霞,李莉. 程寨沟灰坝加高过程中渗流控制措施的研究[C]//第五届全国岩土力学数值分析与解析方法讨论会论文集,武汉:武汉测绘科技大学出版社,1994.

[6] 汪自力,张俊霞,李莉. 贮灰场对地下水影响的分析[R]. 郑州:黄河水利科学研究院,1996.

[7] 汪自力,张俊霞,李莉. 饱和-非饱和渗流模型在多层自由面渗流分析中的应用[J]. 人民黄河,1997(1):34-35.

[8] 汪自力,张宝森. 灰坝测压管安装技术研究[R]. 郑州:黄河水利科学研究院,1997.

[9] 张宝森,刘太正,安旭平,等. 热电厂粉煤灰筑坝技术[R]. 郑州:黄河水利科学研究院,1998.

[10] 汪自力,张俊霞,张宝森,等. 灰坝渗流问题研究[R]. 郑州:黄河水利科学研究院,2000.

[11] 杨静熙,汪自力. 姚孟电厂程寨沟灰场渗流研究报告[R]. 郑州:黄河水利科学研究院,1993.

[12] 汪自力,张宝森,张俊霞. 姚孟发电有限责任公司程寨沟灰坝渗流问题研究[R]. 郑州:黄河水利科

学研究院,1998.
[13] 丁玉玺. 程寨沟灰场三级子坝加高工程初步设计说明书[R]. 郑州:河南省电力勘测设计院,2006.
[14] 魏迎奇,蔡红,谢定松. 姚孟发电有限责任公司程寨沟贮灰场灰坝沉降治理与对策研究[R]. 北京:中国水利水电科学研究院,2007.
[15] 魏迎奇,蔡红,边京红,等. 姚孟发电有限责任公司程寨沟贮灰场三级子坝加高分析研究[R]. 北京:中国水利水电科学研究院,2007.
[16] 段庆伟,吴永平. 姚孟发电有限责任公司程寨沟灰场大坝地下采煤安全技术鉴定[R]. 北京:中国水利水电科学研究院,2011.
[17] 汪自力. 焦作电厂老君庙南灰场灰水渗漏影响情况综合调研报告[R]. 郑州:黄委会基本建设工程质量检测中心,1995.
[18] 汪自力,张宝森. 首阳山电厂徐家沟灰场排渗系统工作状态评价[R]. 郑州:黄河水利科学研究院,1998.
[19] 陈士俊,张俊霞,张宝森. 首阳山电厂省庄灰场渗流研究报告[R]. 郑州:黄河水利科学研究院,1998.
[20] 李琴,杨岳斌,刘君,等. 我国粉煤灰利用现状及展望[J]. 能源研究与管理,2022(1):29-34.
[21] 康秦豪,毛笑. 粉煤灰特性及其资源化利用中存在的问题探讨[J]. 粉煤灰综合利用,2020,34(4):107-111.
[22] 杨星,呼文奎,贾飞云,等. 粉煤灰的综合利用技术研究进展[J]. 能源与环境,2018(4):55-57.
[23] 严俊,吴帅峰,谢定松. 山西北方铜业有限公司铜矿峪矿园子沟尾矿库对垣曲县供水工程风险评估[R]. 北京:中国水利水电科学研究院,2022.
[24] 霍吉祥,马福恒,等. 驻马店市宿鸭湖水库清淤扩容工程坝后排泥区围堰综合评价报告[R]. 南京:南京水利科学研究院,2022.

第 10 章　基坑降水渗流动态模拟

随着城市建设的飞速发展,地下空间利用的规模越来越大,由基坑开挖施工引起的坍塌、地面沉降等问题越来越多。基坑降水的速度和深度直接影响基坑开挖的安全和进度,本章重点解决应用三维非饱和渗流有限元程序对基坑降水效果模拟时的难题,为深基坑的降水设计、运行提供技术支持。

10.1　基坑降水设计

基坑降水是基坑开挖的关键环节,能否在规定时间内将地下水降至基坑底 0.5 m 以下,且不对周围建筑构成威胁,降水方案设计是关键。降水方案涉及基坑所处位置的地质和水文条件、周围建筑情况、基坑大小和深度、支护方式和基坑开挖方式及工期要求等因素,因此其设计有较大的难度。以往在对基坑降水方案进行模拟计算时,多采用简化的经验公式,误差较大,影响降水方案的效果实现。在此根据三维饱和-非饱和渗流数学模型,采用有限元法进行求解,成功地解决了基坑降水效果的模拟问题,为基坑降水方案设计提供了简单实用的工具。

10.2　计算参数与边界条件确定

10.2.1　计算参数

对稳定渗流所涉及的只是非饱和渗流计算参数,且其参数选取对稳定渗流分析结果影响不大,完全可满足工程计算要求,故一般可参照有关试验资料选取。非饱和渗透系数 $k(h)=k_r k_s$,对粉土,可按表 10-1 选取。但对不稳定渗流计算,容水度的选取对计算结果影响较大,直接影响自由面下降速度,故其应通过试验慎重选取,目前降水速度计算只作为参考,还应根据现场情况综合判定。

表 10-1　k_r 取值表

h/m	−33	−21	−14	−8.56	−6.12	−4.48	−2.92	−2.12	−1.64	0
θ	0.20	0.23	0.26	0.28	0.30	0.33	0.36	0.38	0.40	0.40
k_r	2.87×10^{-3}	6.27×10^{-3}	1.40×10^{-2}	2.65×10^{-2}	5.43×10^{-2}	0.14	0.38	0.61	1.0	1.0

10.2.2　边界条件

基坑降水过程中渗流计算的边界条件有其特殊性,在计算中需做特殊处理。

10. 2. 2. 1　计算范围的确定

计算范围在平面上可取至基坑周围降水影响半径以外某断面(通常按 50 m),此断面按水头边界处理,即认为基坑降水对此断面地下水运动影响可以忽略。该断面附近计算得到的自由面应平滑,否则应再扩大计算范围。另外附近如有河流等水源补给,则应考虑其影响,将河流水位等也作为控制边界。

在剖面竖向上,上边界可取至自然地坪,也可取至与地下水位相平位置,并认为在该边界上土壤水的蒸发率和入渗率相等,即净交换率为 0,可按不透水边界处理。基坑下部不透水层的判定有两种情况:①基坑底部以下有黏土层等相对不透水层(相邻地层的渗透系数相差近 100 倍);②基坑底部以下无明显的相对不透水层时,可取基坑底以下 20 m 作为无流量交换边界。

10. 2. 2. 2　基坑周围止水带的处理

基坑周围通常设有深层搅拌桩等止水帷幕,计算时不对此单独处理,只是将其视为渗透性较小的介质处理。

10. 2. 2. 3　井点的处理

鉴于井点间距较小(1~1. 5 m),可采用以沟代井方法处理。对花管段所处位置节点可按负压控制,但从偏于保守及计算方便考虑,通常可按出渗段(零压)简化处理。

10. 2. 2. 4　沉井的处理

对无砂混凝土管井,周围剖分网格加密,作为方井处理,井内按渗透性较大介质处理,同时控制井中节点水位。

10. 2. 2. 5　圆形基坑的处理

对圆形基坑,可按扩大影响半径后的方形计算域计算。

10. 3　国际饭店购物中心工程基坑降水

10. 3. 1　工程概况

国际饭店购物中心工程,位于郑州市金水大道国际饭店大门东侧,为地面以上六层、地下一层的框架结构。该基坑位于闹市区,附近有二层楼、塔吊、天然气管线、通信电缆、主干道、漏水严重的地下水管道,等等。如图 10-1 所示,基坑平面形状呈不规则状,开挖深度 5 m,地下水埋深约 2. 0 m。所处场地地层以粉土夹粉质黏土为主,10 m 深处有一层黏性土,周围设有 13 m 深的钻孔灌注桩支护,其上有连续梁将其连接,桩外有 10 m 深的搅拌桩作止水带。原基坑施工单位采用 14 眼无砂混凝土管井降水,1995 年在开挖过程中,发现周围地面显著沉降,东侧二层小楼和西北角施工围墙墙体严重开裂,塔吊倾斜,造成施工被迫中断。为确保第二次基坑降水及基坑施工的顺利进行和基坑施工中周围建筑安全,对第二次降水方案设计进行了详细论证。

经初步分析,第二次降水采用轻型井点降水为主,并辅以盲沟排水等措施。鉴于基坑形状及地层的复杂性,采用饱和-非饱和渗流有限元计算程序进行了分析。

10.3.2 计算结果分析

粉土的渗透系数选用 1.0×10^{-4} cm/s,止水带渗透系数为 1.0×10^{-5} cm/s,且与 10 m 深处黏土层相连,黏土层作为相对不透水层处理。假设一层地坪标高为 100.0,计算结果见图 10-2、图 10-3。从图中可以看出,采取以上措施可将基坑内水位降至基坑底 0.5 m (高程 93.4 m)以下,汇入基坑流量约为 14.5 m^3/d。周围地下水降深主要在基坑以外 5 m 内,故不均匀沉降也主要在 5 m 内,因周围建筑及管线均在 5 m 以外,且为顺基坑方向布置,基本具备均匀沉降条件,故可不考虑回灌。

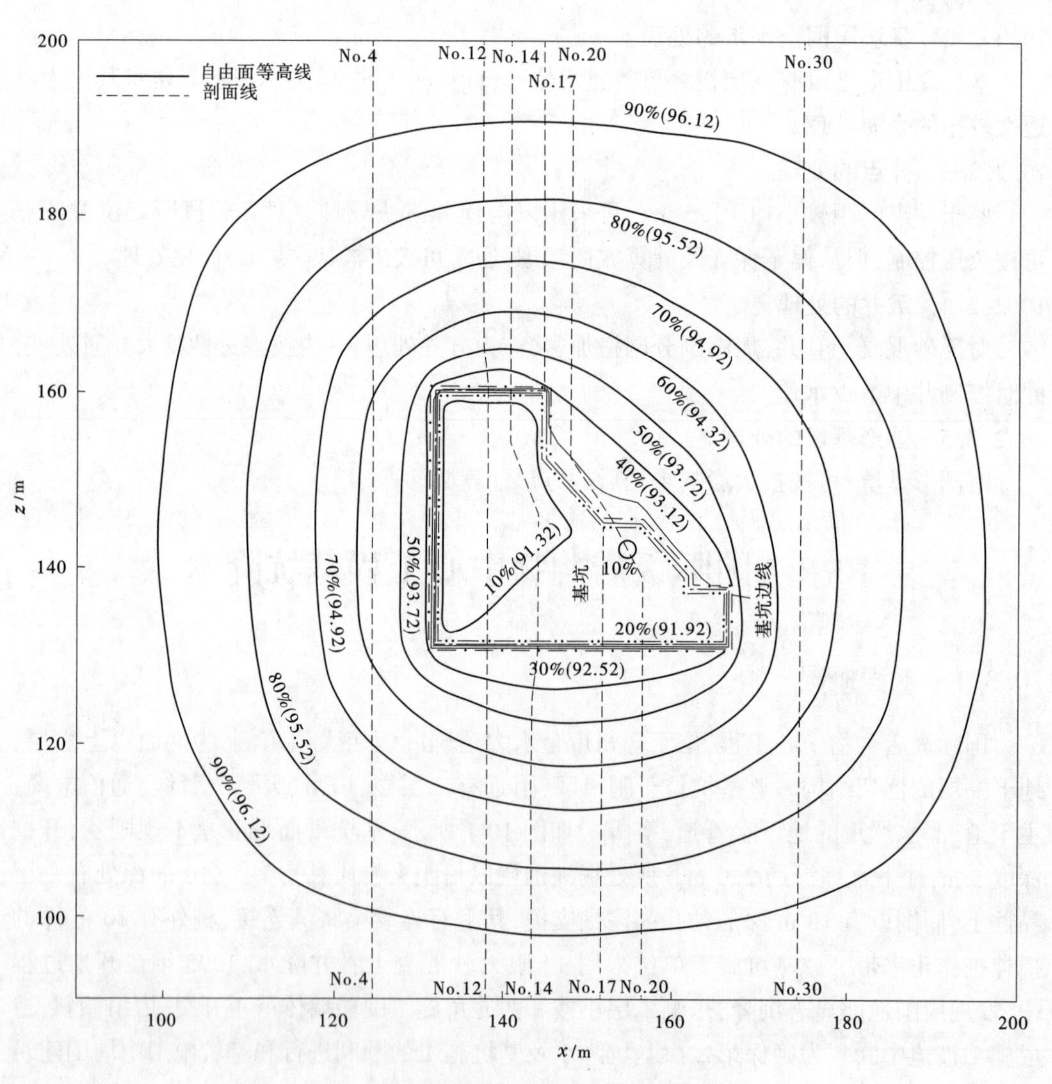

图 10-1 基坑及降水后自由面等高线图

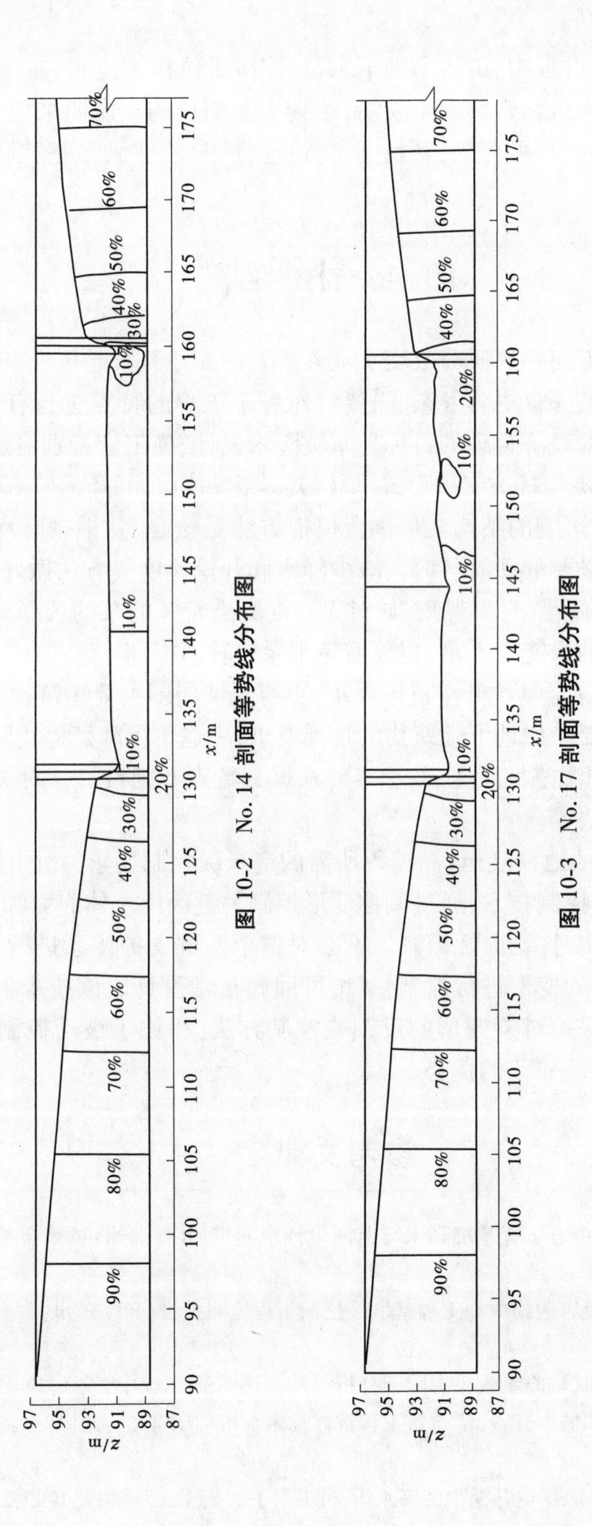

图 10-2　No. 14 剖面等势线分布图

图 10-3　No. 17 剖面等势线分布图

10.3.3 实施效果

在基坑降水和开挖过程中,进行了地下水位、连接梁位移等监测,在 15 d 内将水位顺利降至规定高度,周围构筑物未再发生险情,达到了预期目的。说明采用饱和-非饱和三维渗流模型模拟基坑降水是可行的,其精度高、适应性强,能够满足基坑降水设计施工的需要。

10.4 小 结

基坑降水设计、施工问题的研究吸引了众多学者的关注并日趋成熟,但降水涉及的水文地质条件、周围环境条件也更为复杂,需要针对每个工程的特点进行有针对性的研究,以期达到安全可靠、技术经济合理的目标。基坑降水设计、施工应特别注意以下几点:

(1)基坑降水设计要与基坑支护形式、周围建筑物和地面沉降的监测和控制相结合,其中考虑地下水位变幅影响的结构变形耦合模拟方法是核心,并根据降水期监测资料进行实施分析预警,采取必要的回灌、卸荷、减少降水和开挖速度等方法做好应急处置工作。

(2)降水期间,要加强监测和观测,如对无砂混凝土管井的泵的选择要与渗入井内的水量相适应,既要避免抽水能力不足,也要避免水泵空转而损坏。

(3)降水进度既要满足基坑开挖进度要求,更要保证周围主要建筑物(构筑物)、管线的安全;降水持续时间要考虑地下建筑物的抗浮要求,中途不得随意停止降水。

(4)对特殊性土,如湿陷性黄土、软土等要根据其特点专门设计。对关键部位软土的开挖施工,可采用冷冻法等。

(5)针对邻近基坑的地铁隧道、高铁等所需的毫米级控制要求,郑刚团队提出的基坑工程变形囊体扩张主动控制技术,通过调控变形控制关键区内土体应力和变形,实现对被保护对象变形的主动、实时、靶向性控制。不必对整个基坑支护体系进行加强,也不必对整个变形影响区内土体的变形进行控制,基坑可回归正常设计。该技术根据被保护对象的变形状态,实时恢复保护对象变形的反馈式控制方法,相比于被动控制方法,具有"控得准,控得住,可逆转,效率高"的优势。

参考文献

[1] 汪自力. 国际饭店购物中心工程基坑降水与监测设计说明书[R]. 郑州:黄委会基本建设工程质量检测中心,1995.

[2] 陈士俊,朱登峰. 国际饭店购物中心工程基坑开挖期工程监测报告[R]. 郑州:黄委会基本建设工程质量检测中心,1996.

[3] 朱明霞,汪自力,冯波. 基坑降水效果有限元分析[J]. 人民黄河,2000,22(5):39-45.

[4] 中华人民共和国住房和城乡建设部. 建筑工程抗浮技术标准:JGJ 476—2019[S]. 郑州:中国建筑工业出版社,2019.

[5] 吴昌瑜,李思慎,谢红. 深基坑开挖中的降水设计问题[J]. 岩土工程学报,1999,21(3):348-350.

[6] 俞建霖,龚晓南. 基坑工程地下水回灌系统的设计与应用技术研究[J]. 建筑结构学报,2001(5):

70-74.

[7] 谢康和,柳崇敏,应宏伟,等.成层土中基坑开挖降水引起的地表沉降分析[J]. 浙江大学学报(工学版),2002,36(3):239-242,251.

[8] 王彩会. 深基坑降水工程优化设计及渗流场与应力场耦合分析[D].南京:河海大学,2002.

[9] 李继宏. 冷冻法在广州地铁基坑施工中的应用[J].隧道建设,2002(2):40-42.

[10] 傅鑫谊,万力,田家良. 有限元数值模拟技术应用于基坑降水设计和结构防浮分析[J]. 水文地质工程地质,2003(1):91-93.

[11] 金小荣. 基坑降水对周围环境影响的数值模拟分析[D].杭州:浙江大学,2004.

[12] 冯晓腊,熊文林,胡涛,等. 三维水-土耦合模型在深基坑降水计算中的应用[J]. 岩石力学与工程学报,2005(7):1196-1201.

[13] 付刚. 北京地铁降水方法研究与应用[D]. 长春:吉林大学,2006.

[14] 骆祖江,张月萍,刘金宝. 深基坑降水与地面沉降控制研究[J]. 沈阳建筑大学学报(自然科学版),2007(1):47-51.

[15] 刘涛. 基于数据挖掘的基坑工程安全评估与变形预测研究[D].上海:同济大学,2008.

[16] 张勇,赵云云. 基坑降水引起地面沉降的实时预测[J]. 岩土力学,2008(6):1593-1596.

[17] 张瑾. 基于实测数据的深基坑施工安全评估研究[D].上海:同济大学,2008.

[18] 郑刚,魏少伟,徐舜华,等.基坑降水对坑底土体回弹影响的试验研究[J]. 岩土工程学报,2009,31(5):663-668.

[19] 周念清,唐益群,娄荣祥,等.徐家汇地铁站深基坑降水数值模拟与沉降控制[J]. 岩土工程学报,2011,33(12):1950-1956.

[20] 杜磊. 黄土地区深基坑降水引起的地面沉降规律研究[J]. 铁道标准设计,2013(2):89-92.

[21] 周勇,魏嵩锜,朱彦鹏,等.兰州地铁车站深基坑开挖过程中降水对邻近地下管道的影响[J]. 岩土工程学报,2014,36(S2):495-499.

[22] 瞿成松. 上海陆家嘴地区回灌试验分析[J]. 地下空间与工程学报,2014(2):295-298.

[23] 龚江飞,周晓茗,张吉,等. 软土地区深基坑开挖对周边文物建筑沉降的影响[J]. 施工技术,2015(1):28-31,98.

[24] 崔永高. 深厚强透水含水层超大基坑降水群井效应研究[J]. 工程地质学报,2015(3):574-579.

[25] 王小鹏. 基坑降水中常见问题的分析及处理[J]. 西部探矿工程,2015,27(7):169-171.

[26] 代广伟,郭新庆,何晓东,等. 超高层建筑深基坑降水施工技术[J]. 建筑技术,2015,46(9):823-826.

[27] 王国富,李罡,路林海,等. 济南轨道交通R1线车站基坑降水回灌适宜性分析[J]. 施工技术,2016,45(1):67-72.

[28] 杨春山. 盾构隧道先隧后井施工对隧道变形的影响及对策研究[D].广州:华南理工大学,2016.

[29] 吴意谦,朱彦鹏. 考虑疏干带非饱和土影响下基坑降水引起地面沉降的计算[J]. 工程力学,2016,33(3):179-187.

[30] 张昊,敖松,刘俊洋,等.北京地铁下穿运河区间地下水流速流向测试[J].城市轨道交通研究,2016,19(7):27-29,34.

[31] 赵敏,胡博.黄土地区基坑降水对邻近构筑物影响的评价方法[J].广西大学学报(自然科学版),2016,42(2):811-815.

[32] 赵希望,焦雷. 深大基坑降水开挖施工对结构及周边环境影响有限元分析[J]. 交通科技与经济,2017(1):64-68.

[33] 任杰. 地铁盾构隧道始发端近距离侧穿老旧建筑沉降控制措施[J]. 铁道勘察,2021(2):134-139.

[34] 郜新军,李铭远,张景伟,等. 复杂场地中盾构出洞水平冻结法现场试验[J]. 沈阳建筑大学学报(自然科学版),2021(4):659-667.

[35] 郑刚,苏奕铭,刁钰,等. 基坑引起环境变形囊体扩张主动控制试验研究与工程应用[J]. 土木工程学报,2022,55(10):80-92.

[36] 高科. 地铁工程建设中冷冻法施工控制关键技术[J]. 城市住宅,2020,27(7):233-234.

[37] 赵恩旺. 冷冻法联络通道施工风险因素探究[J]. 工程建设与设计,2020(6):154-155.

第 11 章　展　望

不动网格-高斯点有限元法解决了单元内部参数不一的计算问题,为自由边界等问题的解决提供了方法,并已在渗流、边坡稳定等分析中得到成功应用。所开发的饱和-非饱和不稳定渗流分析程序在可视化、商业化等方面还有较大的改进空间,为便于推广将三维饱和-非饱和不稳定渗流分析程序 TSAP3 源代码公开(见附录)。本章对有关渗流、边坡稳定等问题的数值模拟研究及发展趋势进行探讨和展望。

(1)关于不动网格-高斯点有限元法在多场耦合中的应用。

不动网格-高斯点有限元法,对于渗流场、热力场、应力场、污染物运移等多场耦合计算可用同一网格,具有明显的优势。随着我国长距离调水工程的建设,工程选址难以避开特殊性土,如膨胀土、黄土等,如何模拟特殊性土的遇水变形、失稳等问题,还面临着一些挑战。数值计算结果的可靠性主要取决于工程概化模型与真实工程的相似性,即除与数学模型有关外,与边界条件处理、计算参数选取都有较大关系。随着计算机和网络技术的发展,计算速度、存贮量、传输速度都发生了质的变化,为多场耦合及成果可视化演示提供了技术支持。

(2)关于无网格法在流体动力学中的应用。

无网格法是 20 世纪 70 年代提出的数值方法,具有网格依赖性弱、精度高、收敛速度快、方便构造高阶拟合函数等优点,并诞生了多种方法。无网格法之间的主要区别在于构造近似函数的不同和加权余量法的选择,其中 Lucy 在 1977 年提出了光滑质点流体动力学法(smoothed particle hydrodynamics method,SPHM),是一种不需要网格的纯 Lagrange 粒子法,其核函数在研究域边界处或研究域内部离散粒子非均布分布时不满足归一性,使该方法在研究域边界处的计算精度较低,但大多能够满足工程问题需要。SPHM 最早被用于解决天体物理学中的行星碰撞和星系的形成等问题,近年来被用于流体动力学、材料响应等领域,可有效解决具有大变形、动边界、强对流、多介质等特征的数值模拟问题。

(3)关于数学模型在孪生流域建设中的作用。

“十四五”伊始,水利部按照“需求牵引、应用至上、数字赋能、提升能力”的要求,以数字化、网络化、智能化为主线,以算据、算法、算力建设为支撑,以数字化场景、智能化模拟、精准化决策为路径,加快建设、持续完善具有强大“四预”(预报、预警、预演、预案)功能的数字孪生流域,以顺应水利高质量发展的要求和大数据、人工智能、云计算、虚拟现实技术的进步。数学模型在智能化模拟等方面发挥着重要作用,为解决不同时空尺度下计算的精度和速度问题,要统筹运用好机理模型(基于机理揭示和规律把握的数学模型)与统计模型(基于数理统计和数据挖掘技术的数学模型),例如可将耗时较多的洪水演进计算的不同工况事先算好进入数据库,实时调度时则可通过统计模型很快算出实施工况结果。根据天-空-地-水一体化监测结果实时修正雨情、水情、工情、灾情参数,通过正反演算法,实现正向、逆向调度:一方面,根据预报预警结果,“正向”预演出风险形势和影响,以在未萌之时、成灾之前发现问题、提出对策；另一方面，根据调度目标，“逆向”推演出水利工程安全运行限制条件，制订和优化调度方案，实现预报与调度的动态耦合模拟，进一步提高调度或预案的科学性、实用性和可操作性。

参考文献

[1] 李彦龙，汪自力. 考虑水分迁移影响的浅层膨胀土抗剪强度冻融劣化特征[J]. 岩石力学与工程学报，2019，38(6)：1261-1269.

[2] 李彦龙，汪自力，焦天艺. 湿干循环作用下膨胀土胀缩裂隙演化特征[J]. 人民黄河，2020，42(2)：72-76.

[3] 龙丽洁. 温度-渗流-应力耦合作用下砂岩的力学特性和渗流特性研究[D]. 重庆：重庆大学，2021.

[4] 凌贤长，罗军，耿琳，等. 季节冻土区非饱和膨胀土水-热-变形耦合冻胀模型[J]. 岩土工程学报，2022，44(7)：1255-1265.

[5] 孙恒飞，朱兴华，成玉祥，等. 黄土优势渗流研究进展与展望[J]. 自然灾害学报，2021，30(6)：1-12.

[6] 周杨. NAGQ 工程湿陷性黄土段渠堤安全综合评价报告[R]. 郑州：黄河水利科学研究院，2019.

[7] 蔡正银，张晨，朱洵，等. 高寒区长距离供水工程能力提升与安全保障技术[J]. 岩土工程学报，2022，44(7)：1239-1254.

[8] 蔡正银，朱洵，张晨，等. 高寒区膨胀土渠道边坡性能演变规律[J]. 中南大学学报(自然科学版)，2022，53(1)：21-50.

[9] 张良以，陈铁林，张顶立. 降雨诱发膨胀土边坡渐进破坏研究[J]. 岩土工程学报，2019，41(1)：70-77.

[10] 龚壁卫，程展林，郭熙灵，等. 南水北调中线膨胀土工程问题研究与进展[J]. 长江科学院院报，2011，28(10)：134-140.

[11] 何鲜峰，汪自力，张健锋，等. 基于 SPH 的大坝泄流过程仿真分析[J]. 中国科学：技术科学，2019，49(1)：109-114.

[12] 郑兴，田治宗，谢志刚，等. 基于 SPH 方法的黄河破冰船冰阻力数值模拟分析[J]. 中国舰船研究，2022，17(3)：47-57，84.

[13] 钟诗蕴，孙鹏楠，吕鸿冠，等. SPH 理论和方法在高速水动力学中的研究进展[J]. 中国舰船研究，2022，17(3)：29-48.

[14] 李百隆. 基于 SPH-DEM-FEM 耦合的泥石流冲击力与拦挡结构的动力响应研究[D]. 长春：吉林大学，2022.

[15] 李忠，陈新房，于国卿，等. 基于可拓数据挖掘的黄河开河日期预测模型[J]. 水电能源科学，2013，31(9)：1-3，19.

[16] 于国卿，汪自力，顾列亚. 水闸安全监测数据挖掘中的数据预处理方法[J]. 南水北调与水利科技，2010，8(4)：115-118.

[17] 赵寿刚，常向前，汪自力. 中国堤防信息管理系统的建设构想[J]. 水利科技与经济，2009，15(5)：452-454.

[18] 张清明，金锦，王荆，等. 基于 J2EE 平台的堤防工程信息管理系统设计与实现[J]. 人民黄河，2021，43(S1)：293-294.

[19] 王荆，金锦，汪自力，等. 全国堤防水闸基础信息数据库研发及应用[R]. 郑州：黄河水利科学研究院，2022.

[20] 汪自力,张宝森.中小流域堤坝群致灾的数字孪生模型与防控[R].郑州:黄河水利科学研究院,2022.

[21] 张建云,刘九夫,金君良.关于智慧水利的认识与思考[J].水利水运工程学报,2019(6):1-7.

[22] 李国英.建设数字孪生流域 推动新阶段水利高质量发展[N].学习时报,2022-06-29.

[23] 刘大同,郭凯,王本宽,等.数字孪生技术综述与展望[J]. 仪器仪表学报,2018,39(11):1-10.

[24] 聂蓉梅,周潇雅,肖进,等.数字孪生技术综述分析与发展展望[J].宇航总体技术,2022,6(1):1-6.

[25] 赵星,乔利利,叶鹰.元宇宙研究与应用综述[J].信息资源管理学报,2022,12(4):12-23,45.

[26] 李文学,寇怀忠.关于建设数字孪生黄河的思考[J].中国防汛抗旱,2022,32(2):27-31.

[27] 夏润亮,李涛,余伟,等.流域数字孪生理论及其在黄河防汛中的实践[J]. 中国水利,2021(20):11-13.

[28] 蒋云钟,冶运涛,赵红莉,等.智慧水利解析[J]. 水利学报,2021,52(11):1355-1368.

[29] 陈胜,刘昌军,李京兵,等.防洪"四预"数字孪生技术及应用研究[J]. 中国防汛抗旱,2022,32(6):1-5,14.

[30] 黄艳.数字孪生长江建设关键技术与试点初探[J].中国防汛抗旱,2022,32(2):16-26.

附　录　源程序代码 TSAP3. FOR

```
C----------------------------TSAP3. FOR--------------------------
      PROGRAM LAPLACE
      IMPLICIT REAL*8(A-H,O-Z)
      PARAMETER (m2=160)
      DIMENSION xk(M2),yk(M2),xc(M2),yc(M2),
     *    xp(M2),yp(M2)
      WRITE(*,*)'* * * * * * * * * * * * * * * * * * * * *'
      WRITE(*,*)'*                                                   *'
      WRITE(*,*)'*      Transient Seepage Analysis Program(3D)      *'
      WRITE(*,*)'*                                                   *'
      WRITE(*,*)'*                       TSAP3                       *'
      WRITE(*,*)'*                                                   *'
      WRITE(*,*)'*  Copyrights of TSAP program are reserved by      *'
      WRITE(*,*)'*                    Wang Zili                      *'
      WRITE(*,*)'*       Research Inst. of Egn. Mech.,              *'
      WRITE(*,*)'*  Hydraulic Research Institute,YRCC              *'
      WRITE(*,*)'*                                                   *'
      WRITE(*,*)'*                   Version 3.1                     *'
      WRITE(*,*)'*                                                   *'
      WRITE(*,*)'* * * * * * * * * * * * * * * * * * * * *'
C   NEXT IS INFORMATION.
      OPEN (1,FILE='xzn.dat',STATUS='OLD')
      READ(1,*)   NUMMAT,ND
      CALL WZL1(NUMMAT,ND,XK,YK,XP,YP,XC,YC)
      STOP
      END
C----------------------------WZL1. FOR----------------------------
      SUBROUTINE WZL1(NUMMAT,ND,XK,YK,XP,YP,XC,YC)
      IMPLICIT REAL*8(A-H,O-Z)
      PARAMETER (M1=1350000,M3=12500,M4=1200,M5=20)
      DIMENSION AACO(1),X(M3),Y(M3),Z(M3),NR(M4),ANM(M1),
```

```
     *    N(8,M3),MTYP(M3),FU(M3),UR(M4),FA(M3),AAA(8,8),AIJ(8,8)
      REAL*8 FAT(M3),XE(8),YE(8),ZE(8),FAO(8),nr0(m4)
      DIMENSION TTU(50),TTD(50),DTT(50),HTU(50),HTD(50),TP(50),TT(50)
      DIMENSION XK(NUMMAT,1),YK(NUMMAT,1),XP(NUMMAT,1),YP(NUMMAT,1)
        DIMENSION XC(NUMMAT,1),yc(NUMMAT,1)
      DIMENSION e(M5),EYX(M5),ezx(M5),ss(M5),numkm(M5),numpm(M5),numcm(M5)
      dimension mdd(2000),ur1(30),NBD(M4),MA(M3)
      I4=8
      iii=1
      emax=10.0d0
      nmax=1
      write(*,*)''
      WRITE(*,*)'KEY=?'
      READ(1,*) KEY
      READ(1,*) NED,NNR,nnq,NZBU,NZBD,ND1,MDE
      if(mde.eq.0) goto 33
      read(1,*) (mdd(i),i=1,mde)
33    if(nd1.eq.0) goto 37
      read(1,*) (ur1(i),i=1,nd1)
37    READ(1,*) (X(I),I=1,ND)
      READ(1,*) (Y(I),I=1,ND)
      READ(1,*) (Z(I),I=1,ND)
      READ(1,*) (NR(I),I=1,NNR)
      read(1,*) (nr0(i),i=1,nnq)
      DO 510 J=1,NED
      READ(1,*) (N(I,J),I=1,I4)
510   CONTINUE
      READ(1,*) (MTYP(NE),NE=1,NED)
      READ(1,*) (E(I),I=1,NUMMAT)
      READ(1,*) (eYx(I),I=1,NUMMAT)
      READ(1,*) (ezx(I),I=1,NUMMAT)
      READ(1,*) (SS(I),I=1,NUMMAT)
      READ(1,*) (NUMKM(I),I=1,NUMMAT)
      READ(1,*) (NUMPM(I),I=1,NUMMAT)
      READ(1,*) (NUMCM(I),I=1,NUMMAT)
      DO 3 I=1,NUMMAT
      READ(1,*) (XK(I,J),YK(I,J),J=1,NUMKM(I))
      READ(1,*) (XP(I,J),YP(I,J),J=1,NUMPM(I))
```

```
      read(1,*) (xc(i,J),yc(i,J),J=1,numcm(I))
3     CONTINUE
      READ(1,*) NTU,NTD,NDT,NP,TD,EPS,KH
      READ(1,*) (TTU(I),I=1,NTU)
      READ(1,*) (HTU(I),I=1,NTU)
      READ(1,*) (TTD(I),I=1,NTD)
      READ(1,*) (HTD(I),I=1,NTD)
      READ(1,*) (TT(I),I=1,NDT)
      NDT1=NDT-1
      READ(1,*) (DTT(I),I=1,NDT1)
      READ(1,*) (TP(I),I=1,NP)
      close(1)
      write(*,*) 'tp(i)',tp(1)
      write(*,*) 'END OF DATE  ! '
      call maix(n,nd,ned,i4,ma,mx,nh)
      IF(NH.LE.M1) GOTO 507
      WRITE(*,509) NH
509 FORMAT('NH.GT.NHMAX',I10)
      stop
507 do 505 i=1,nnr
505 nbd(i)=nr(i)
      HUO=HTU(1)
      HDO=HTD(1)
              nyz=nzbu
              nyz2=nzbu+nzbd
              nb=1
      ep10=1.0d-24
      eps2=-1.0d-14
      eps20=-5.0d0
              if(key.eq.11) goto 1
      open(11,file='fd.dat',status='unknown')
              open(12,file='fatd.dat',status='unknown')
              read(11,*) nb,t,itr,ik1,ik2,zu,zd,dt
      read(11,*) (nbd(i),i=1,nnr)
              read(12,*) (fa(i),i=1,nd)
      DO 950 I=1,ND
950 FAT(I)=FA(I)
      open(3,file='fad.dat',status='unknown')
```

```
C     open(5,file='pd. dat',status='unknown')
      if(nb. eq. 1) goto 3010
      nb=nb-1
      do 900 i=1,nb
      read(3, * ) itr1,t11,nb11,zu1,zd1,d11
      read(3,411) (fu(j),j=1,nd)
c     read(5, * ) itr1,t11,nb11,zu1,zd1,d11
c     read(5,411) (fu(j),j=1,nd)
900 continue
      nb=nb+1
3010 close(11)
      close(12)
      if(t. le. . 0000001d0)then
      itr=itr+1
      else
      itr=1
      endif
      t=t+dt
      goto 5
1     open(3,file='fad. dat',status='unknown')
c     open(5,file='pd. dat',status='unknown')
      T=0. 0D0
      ITR=1
      ik1=0
      ik2=0
      if(dabs(huo-hdo). gt. . 00001D0) then
      HHH=. 5d0 * (huo+hdo)
      do 332 i=1,nd
      fu(i)=hhh
332 continue
      er=10. 0d0
      iii=0
      else
      do 333 i=1,nd
      fu(i)=huo
333 continue
      if(nd1. ne. 0) then
      er=10. 0d0
```

```
      iii=0
      else
      er=0.0d0
      endif
      ENDIF
      N1=1
      N2=NZBU
      call NUMNR(kpuz,huo,NR,Z,N1,N2,M4,M3)
      ku1=KPUZ+1
      N1=NZBU+1
      N2=NZBU+NZBD
      call NUMNR(kpdz,hdo,NR,Z,N1,N2,M4,M3)
      KD=KPDZ+NZBU
      kd1=KD+1
      dt=dtt(1)
      zu=huo
      zd=hdo
      goto 100
5     CALL HTUD(T,HTU,TTU,NTU,ZU)
      CALL HTUD(T,HTD,TTD,NTD,ZD)
      N1=1
      N2=NZBU
      CALL NUMNR(KPUZ,ZU,NR,Z,N1,N2,M4,M3)
      iii=1
      DO 10 I=1,KPUZ
10    UR(I)=ZU
      N1=NZBU+1
      N2=NZBU+NZBD
      CALL NUMNR(KPDZ,ZD,NR,Z,N1,N2,M4,M3)
      KD=KPDZ+NZBU
      DO 20 I=NYZ+1,KD
20    UR(I)=ZD
      DO 15 I=1,NDT1
      IF(T.LT.TT(I+1).AND.T.GE.TT(I)) GOTO 17
15    CONTINUE
17    DT=DTT(I)
21    KU1=KPUZ+1
      kuk1=nyz-ik1
```

```
      IF(KPUZ. GE. NYZ) GOTO 22
              IF(KU1. GT. KUK1) GOTO 22
      DO 24 I=KU1,nyz
      K=Nbd(I)
24    UR(I)=Z(K)
22    KD1=KD+1
      kdk2=nyz2-ik2
      IF(KD. GE. NYZ2) GOTO 25
              IF(KD1. GT. KDK2) GOTO 25
      DO 26 I=KD1,nyz2
      K=Nbd(I)
26    UR(I)=Z(K)
      if(nd1. eq. 0) goto 25
      DO 27 I=NYZ2+1,NYZ2+ND1
      K=Nbd(I)
27    UR(I)=ur1(i-nyz2)
C     USING SUBROUTINE/ELMT TO GET ELMENT'SSTIFF MATRIX AND RIGHT END
C     LET TOTALMATRIX'S ELMENT AND RIGHT END EQUAL TO ZERO
25    DO 29 J=1,ND
29    FU(J)=0.0D0
      DO 30 I=1,NH
      ANM(I)=0.0D0
C     AACO(I)=0.0D0
30    CONTINUE
C     LET ELMENT'NUM =0
      DO 60 MM=1,NUMMAT
      DO 60 NE=1,NED
      IF(MTYP(NE). NE. MM) GOTO 60
      if(mde. eq. 0) goto 32
      do 31 lp=1,mde
      if(ne. eq. mdd(lp)) goto 60
31    continue
32    e1=e(mm)
      EYX1=EYX(MM)
      ezx1=ezx(mm)
      gxd1=ss(mm)
      DO 65 I=1,I4
      K=N(I,NE)
```

```
      XE(I)=X(K)
      YE(I)=Y(K)
      ZE(I)=Z(K)
      IF(T.LE..00001D0.AND.ITR.EQ.1) GOTO 65
      FAO(I)=FA(K)
65    CONTINUE
      CALL DETECT(NE,T,AIJ,FAO,XE,YE,ZE,AAA,ITR,XK,YK,XP,YP,
     & XC,YC,I4,NUMMAT,MM,E1,EYX1,ezx1,gxd1,NUMKM,NUMPM,NUMCM)
C     FORMING TOTAL MATRIX AND RIGHT END
      DO 61 I=1,I4
      II=N(I,NE)
      DO 62 J=1,I4
      K1=N(J,NE)
      IF(K1.EQ.0.OR.II.LT.K1) GOTO 62
      JJ=MA(II)-II+K1
C     AACO(JJ)=AACO(JJ)+AAA(I,J)
      IF(T.LE..00001D0) THEN
      ANM(JJ)=ANM(JJ)+AIJ(I,J)
      ELSE
      ANM(JJ)=ANM(JJ)+AAA(I,J)/DT+AIJ(I,J)
      END IF
62    CONTINUE
61    CONTINUE
60    CONTINUE
      IF(T.LE..00001D0) GOTO 75
      do 70 i=1,nd
      IF(I.EQ.1) THEN
      KP=1
      ELSE
      KP=MA(I)-MA(I-1)
      ENDIF
      DO 72 J=1,KP
      JJ=MA(I)-I+J
      K=I+J-1
      IF(K.GT.ND) GOTO 71
C     FU(I)=FU(I)+AACO(JJ)*FAT(K)
71    K=I-J+1
      IF(J.EQ.1.OR.K.LT.1) GOTO 72
```

```
      JJ=MA(J)-J+K
C     FU(I)=AACO(JJ)*FAT(K)+FU(I)
72    CONTINUE
70    CONTINUE
      DO 80 I=1,ND
80    FU(I)=FU(I)/DT
C     DEALING WITH BOUNDARY
75    if(kuk1.le.nyz) goto 88
      kuk1=nyz
88    if(kuk1.ge.kpuz) goto 89
      kuk1=kpuz
89    CALL NUR(NBD,MA,ANM,FU,UR,NNR,ND,NH,1,KUK1)
      if(kdk2.le.nyz2) goto 98
      kdk2=nyz2
98    if(kdk2.ge.kd) goto 99
      kdk2=kd
99    CALL NUR(NBD,MA,ANM,FU,UR,NNR,ND,NH,NYZ+1,KDK2)
      do 1001 i=1,nd
      K=MA(I)
      if(dabs(anm(k)).ge.ep10) goto 1001
      anm(k)=ep10
1001  continue
      if(nd1.eq.0) goto 93
      CALL NUR(NBD,MA,ANM,FU,UR,NNR,ND,NH,NYZ2+1,NNR)
C     USING SOUBRINE GAUSS TO SOLVE EQUATIONGROUP. RESULT IN FU
93    write(*,*)' '
      WRITE(*,*)'SOLVING .......'
      CALL GAUSS(ANM,FU,ND,NH,MA,MX)
      write(*,*)'fu=',fu(nd)
      ER=10.0D0
      emax=0.0d0
      nmax=1
      IF(ITR.EQ.1) GOTO 100
      SUM=0.0D0
      DO 105 I=1,ND
      ER=DABS(FU(I)-FA(I))
      SUM=SUM+ER
      if(er.le.emax) goto 105
```

```
      emax=er
      nmax=i
105  CONTINUE
      ER=SUM/ND
100  CONTINUE
      write(*,*)'  '
      write(*,*)'emax=',emax,'    nmax=',nmax,'fumax=',fu(nmax)
c     WRITE(*,411) (FU(I),I=1,ND)
411  FORMAT(10f8.3)
      write(*,*)'  '
      write(*,*)'ITR=',itr,'      TIME=',t,'       ERROR=',er
      do 119 i=1,nnr
119  nbd(i)=nr(i)
      ik1=0
      ik3=ku1
      if(kpuz.ge.nyz) goto 122
      DO 120 I=KU1,NYZ
      K=NR(I)
      lo=nr0(i)
         IK11=0
      IF((FU(K)-Z(K)).LT.eps2.or.(fu(lo)-z(lo)).lt.-eps20) THEN
      ik11=1
      else
      FU(K)=Z(K)
      nbd(ik3)=k
      ik3=ik3+1
      end if
      ik1=ik1+ik11
120  CONTINUE
122  ik2=0
      ik4=kd1
      if(kd.ge.nyz2) goto 132
      DO 130 I=KD1,NYZ2
      K=NR(I)
      lo=nr0(i)
         IK22=0
      IF((FU(K)-Z(K)).LT.eps2.or.(fu(lo)-z(lo)).lt.-eps20) THEN
      ik22=1
```

```
      else
      FU(K)=Z(K)
      nbd(ik4)=k
      ik4=ik4+1
      end if
      ik2=ik2+ik22
130 CONTINUE
      write(*,*)´´
      write(*,*)´ik1=´,ik1,´      ik2=´,ik2
      write(*,*)´ ´
132       IF(ITR.EQ.1) THEN
      DO 110 I=1,ND
      FA(I)=FU(I)
110 CONTINUE
        ELSE
        DO 133 I=1,ND
133       FA(I)=(FA(I)+FU(I))*.5D0
          END if
C   OUTPUT RESULT
        DO 150 I=1,ND
150 FAT(I)=FU(I)
      OPEN(11,FILE=´fd.dat´,STATUS=´unknown´)
      WRITE(11,*) NB,T,ITR,IK1,IK2,ZU,ZD,DT
      write(11,*) (nbd(i),i=1,nnr)
      CLOSE(11)
                open(12,file=´fatd.dat´,status=´unknown´)
                write(12,*) (fat(i),i=1,nd)
                close(12)
      IF(ER.LE.EPS) GOTO 115
      IF(ITR.EQ.KH) GOTO 115
      ITR=ITR+1
      if(iii.eq.0) goto 5
      GOTO 21
115 DO 151 K11=1,NP
      IF(DABS(T-TP(K11)).LE..00001D0) GOTO 152
151 CONTINUE
      GOTO 155
C152    DO 160 I=1,ND
```

```
C160    PI(I)=FU(I)-Z(I)
C   DO 165 i=1,nd
152WRITE(3,*) ITR,T,NB,zu,zd,dt
     WRITE(3,114) (fU(i),i=1,nd)
C    WRITE(5,*) ITR,T,NB,zu,zd,dt
C    WRITE(5,114) (PI(I),i=1,nd)
114 FORMAT(10F8.3)
810 FORMAT(4HITR=,I3,4H       ,2HT=,F8.3,4H       ,3HNB=,I3)
c165 CONTINUE
     NB=NB+1
155 IF(T.GE.TD) GOTO 200
     WRITE(*,*) ''
     WRITE(*,*) 'Continue ----'
     WRITE(*,*)''
     T=T+DT
     ITR=1
     GOTO 5
200 CLOSE (3,STATUS='KEEP')
C    CLOSE (5,STATUS='KEEP')
     RETURN
     END
C----------------------HTUD.FOR-----------------------------------
     SUBROUTINE HTUD(T,HTU,TTU,NTU,ZU)
     IMPLICIT REAL*8(A-H,O-Z)
     DIMENSION HTU(NTU),TTU(NTU)
     NTU1=NTU-1
     DO 10 IT=1,NTU1
     IF(T.LE.TTU(IT+1).AND.T.GE.TTU(IT)) GOTO 20
10   CONTINUE
20   ZU=HTU(IT)+(HTU(IT+1)-HTU(IT))*(T-TTU(IT))/(TTU(IT+1)-TTU(IT))
     RETURN
     END
C----------------------WL1D.FOR-----------------------------------
     SUBROUTINE DETECT(NE,T,AIJ,FAO,XE,YE,ZE,AAA,ITR,XK,YK,XP,YP,xC,YC,
       @    I4,NUMMAT,KMAT,E,EYX,ezx,SS,NUMKM,NUMPM,NUMCM)
     IMPLICIT REAL*8(A-H,O-Z)
     REAL*8 N(8),NXI(8),NET(8),NCT(8)
     DIMENSION AIJ(I4,I4),FAO(I4),
```

```
     @   XE(I4),YE(I4),ZE(I4),AAA(I4,I4),XK(NUMMAT,1),YK(NUMMAT,1)
     DIMENSION XP(NUMMAT,1),YP(NUMMAT,1),XC(NUMMAT,1),
     @ YC(NUMMAT,1),NUMCM(NUMMAT),NUMKM(NUMMAT),NUMPM(NUMMAT)
     DO 10 I=1,I4
     DO 10 J=1,I4
     AIJ(I,J)=0.0D0
     AAA(I,J)=0.0D0
10   CONTINUE
     DO 30 II=1,3
     DO 30 JJ=1,3
     DO 30 KK=1,3
     e1=e
     gxd1=ss
     IF(ITR.EQ.1.AND.T.LE..00001D0) goto 90
     PI=0.0D0
     CALL FUNT(II,JJ,KK,XE,YE,ZE,N,NXI,NET,NCT,I4)
     DO 20 I=1,I4
     P=FAO(I)-ZE(I)
     PI=PI+P*N(I)
20   CONTINUE
     DO 35 IC=1,NUMCM(KMAT)-1
     IF(PI.LE.XC(KMAT,IC+1).AND.PI.GE.XC(KMAT,IC)) GOTO 40
35   CONTINUE
40   DCH=YC(KMAT,IC)+(YC(KMAT,IC+1)-YC(KMAT,IC))*(PI-XC(KMAT,IC))
     @   /(XC(KMAT,IC+1)-XC(KMAT,IC))
     gxd1=dch+ss
     IF(PI.GE..0D0) GOTO 90
     DO 50 IP=1,NUMPM(KMAT)-1
     IF(PI.LE.YP(KMAT,IP+1).AND.PI.GE.YP(KMAT,IP)) GOTO 60
50   CONTINUE
60   CT=XP(KMAT,IP)+(XP(KMAT,IP+1)-XP(KMAT,IP))*(PI-YP(KMAT,IP))
     @   /(YP(KMAT,IP+1)-YP(KMAT,IP))
     DO 70 IK=1,NUMKM(KMAT)-1
     IF(CT.LE.XK(KMAT,IK+1).AND.CT.GE.XK(KMAT,IK)) GOTO 80
70   CONTINUE
80   E11=YK(KMAT,IK)+(YK(KMAT,IK+1)-YK(KMAT,IK))*(CT-XK(KMAT,IK))
     @   /(XK(KMAT,IK+1)-XK(KMAT,IK))
     E1=E11*E1
```

```
90        CALL SHAPE(II,JJ,KK,XE,YE,ZE,E1,EYX,ezx,GXD1,AIJ,AAA,T,I4)
30    CONTINUE
      RETURN
      END
C-----------------------WL1N. FOR-------------------------------
      SUBROUTINE NUMNR(KPU,ZU,NR,Z,N1,N2,N50,N0)
      IMPLICIT REAL * 8(A-H,O-Z)
      DIMENSION NR(N50),Z(N0)
      KPU=0
      DO 10 I=N1,N2
      K=NR(I)
      IF(Z(K).GT.ZU) GOTO 10
      KPU=KPU+1
10    CONTINUE
      RETURN
      END
C----------------------------WL1S. FOR---------------------------
      SUBROUTINE SHAPE(II,JJ,KK,XE,YE,ZE,E,EYX,EZX,GXD,AIJ,AAA,T,I8)
            IMPLICIT REAL * 8(A-H,O-Z)
            double precision NXI,NET,NCT,N,jac
      DIMENSION XE(I8),YE(I8),ZE(I8),JAC(3,3),NXI(8),NET(8),NCT(8),N(8),
     @    W(3),AAA(I8,I8),B(3,8),AIJ(I8,I8),AAC(3,3)
      DATA W/.555555555555556D0,.888888888888889D0,.555555555555556D0/
C     FIND SHAPE FUNCTIONS AND THEIR DERIVATIVES.
      CALL FUNT(II,JJ,KK,XE,YE,ZE,N,NXI,NET,NCT,I8)
C     FIND JACOBIAN,ITS INVERSE AND ITS DETERMINANT
      DO 15 I=1,3
      DO 15 J=1,3
      JAC(I,J)=0.0D0
15    CONTINUE
      DO 20 I=1,8
      JAC(1,1)=JAC(1,1)+NXI(I) * XE(I)
      JAC(1,2)=JAC(1,2)+NXI(I) * YE(I)
      JAC(1,3)=JAC(1,3)+NXI(I) * ZE(I)
      JAC(2,1)=JAC(2,1)+NET(I) * XE(I)
      JAC(2,2)=JAC(2,2)+NET(I) * YE(I)
      JAC(2,3)=JAC(2,3)+NET(I) * ZE(I)
      JAC(3,1)=JAC(3,1)+NCT(I) * XE(I)
```

```
      JAC(3,2)=JAC(3,2)+NCT(I) * YE(I)
      JAC(3,3)=JAC(3,3)+NCT(I) * ZE(I)
20    CONTINUE
      DET1=JAC(1,1) * JAC(2,2) * JAC(3,3)
      DET1=JAC(1,2) * JAC(2,3) * JAC(3,1)+JAC(2,1) * JAC(3,2) * JAC(1,3)+DET1
      DET2=JAC(1,3) * JAC(2,2) * JAC(3,1)
      DET2=JAC(1,2) * JAC(2,1) * JAC(3,3)+DET2+JAC(1,1) * JAC(2,3) * JAC(3,2)
      DETJ=DET1-DET2
      AAC(1,1)= (JAC(2,2) * JAC(3,3)-JAC(3,2) * JAC(2,3))/DETJ
      AAC(2,1)=-(JAC(2,1) * JAC(3,3)-JAC(3,1) * JAC(2,3))/DETJ
      AAC(3,1)= (JAC(2,1) * JAC(3,2)-JAC(3,1) * JAC(2,2))/DETJ
      AAC(1,2)=-(JAC(1,2) * JAC(3,3)-JAC(3,2) * JAC(1,3))/DETJ
      AAC(2,2)= (JAC(1,1) * JAC(3,3)-JAC(3,1) * JAC(1,3))/DETJ
      AAC(3,2)=-(JAC(1,1) * JAC(3,2)-JAC(3,1) * JAC(1,2))/DETJ
      AAC(1,3)= (JAC(1,2) * JAC(2,3)-JAC(2,2) * JAC(1,3))/DETJ
      AAC(2,3)=-(JAC(1,1) * JAC(2,3)-JAC(2,1) * JAC(1,3))/DETJ
      AAC(3,3)= (JAC(1,1) * JAC(2,2)-JAC(2,1) * JAC(1,2))/DETJ
C     FORMING ELEMENT'S B MATRIX
      DO 50 I=1,8
      DO 50 J=1,3
      B(J,I)=AAC(J,1) * NXI(I)+AAC(J,2) * NET(I)+AAC(J,3) * NCT(I)
50    CONTINUE
      W1=W(II) * W(JJ) * W(KK) * DETJ
      DO 55 I=1,8
      DO 55 J=1,8
      C=(B(1,I) * B(1,J)+B(2,I) * B(2,J) * EYX+B(3,I) * B(3,J) * EZX) * E * W1
      AIJ(I,J)=C+AIJ(I,J)
55    CONTINUE
      IF(T.LE..00001D0) GOTO 60
      DO 65 I=1,8
      DO 65 J=1,8
      AAA1=N(I) * N(J) * GXD * W1
65    AAA(I,J)=AAA(I,J)+AAA1
60    RETURN
      END
C-----------------------------FUNT.FOR----------------------------
      SUBROUTINE FUNT(II,JJ,KK,XE,YE,ZE,N,NXI,NET,NCT,I8)
               IMPLICIT REAL * 8(A-H,O-Z)
```

```
      double precision NXI,NET,NCT,N
      DIMENSION XII(8),ETI(8),CTI(8),AA(3),
     @   XE(I8),YE(I8),ZE(I8),NXI(I8),NET(I8),NCT(I8),N(I8)
      DATA XII/-1.0D0,1.0D0,1.0D0,-1.0D0,-1.0D0,1.0D0,1.0D0,-1.0D0/
     1  ,ETI/-1.0D0,-1.0D0,1.0D0,1.0D0,-1.0D0,-1.0D0,1.0D0,1.0D0/
     @  ,CTI/-1.0D0,-1.0D0,-1.0D0,-1.0D0,1.0D0,1.0D0,1.0D0,1.0D0/
      DATA AA/-.7745966692415D0,0.0D0,.7745966692415D0/
C     FIND SHAPE FUNCTIONS AND THEIR DERIVATIVES.
      DO 10 I=1,8
      DUM1=1.0d0+XII(I)*AA(II)
      DUM2=1.0d0+ETI(I)*AA(JJ)
      DUM3=1.0d0+CTI(I)*AA(KK)
      N(I)=DUM1*DUM2*DUM3/8.0D0
      NXI(I)=XII(I)*DUM2*DUM3/8.0D0
      NET(I)=ETI(I)*DUM1*DUM3/8.0D0
      NCT(I)=CTI(I)*DUM1*DUM2/8.0D0
10    CONTINUE
      RETURN
      END
CCCCCCCCCCCCCCCCCCC
C     D E C O M P    C    NO.25
CCCCCCCCCCCCCCCCCCC
C     decomp the stiffness matrix
            SUBROUTINE DECOMP(GKK,IA,N,IH)
             IMPLICIT REAL*8(A-H,O-Z)
            DIMENSION GKK(IH),IA(N)
            DO 101 I=2,N
            I1=I-1
            L=IA(I1)-IA(I)+I+1
            IF (I1.LT.L) GO TO 101
            DO 102 K=L,I1
            IA1=IA(I)-I+K
            IAK=IA(K)
             S=GKK(IA1)
            S=S/GKK(IAK)
            J1=K+1
            DO 103 J=J1,I
            NN=IA(I)-I+J
```

```
          M=IA(J-1)-IA(J)+J+1
          IA2=IA(J)-J+K
          IF(M.LE.K)GKK(NN)=GKK(NN)-S*GKK(IA2)
103     CONTINUE
102     CONTINUE
101     CONTINUE
        RETURN
        END
C
C
CCCCCCCCCCCCCCCCCCC
C  F O W O R D   C   NO.26
CCCCCCCCCCCCCCCCCCC
c  a part of operation to solve displacement
          SUBROUTINE FOWORD(GKK,IA,U,N,IH)
           IMPLICIT REAL*8(A-H,O-Z)
          DIMENSION GKK(IH),IA(N),U(N)
          DO 100 I=2,N
          I1=I-1
          L=IA(I1)-IA(I)+I+1
          IF(I1.LT.L)GO TO 100
          DO 200 K=L,I1
          IAI=IA(I)-I+K
          IAK=IA(K)
200     U(I)=U(I)-GKK(IAI)*U(K)/GKK(IAK)
100     CONTINUE
        RETURN
        END
C
C
CCCCCCCCCCCCCCC
C  B A C K   C   NO.27
CCCCCCCCCCCCCCC
C  last operation to solve displacement
          SUBROUTINE BACK(GKK,IA,U,N,IH,MX)
           IMPLICIT REAL*8(A-H,O-Z)
          DIMENSION GKK(IH),IA(N),U(N)
          U(N)=U(N)/GKK(IH)
```

```
          DO 100 J=2,N
          I=N+1-J
          IF (I+MX-N) 10,20,20
10        L=I+MX
          GO TO 30
20        L=N
30        K1=I+1
          DO 40 K=K1,L
          IAK=IA(K)-K+I
          IF(IAK.GT.IA(K-1))U(I)=U(I)-GKK(IAK)*U(K)
40        CONTINUE
          IAI=IA(I)
          U(I)=U(I)/GKK(IAI)
100       CONTINUE
          RETURN
          END
c-------------------------------maix.for----------------------
      subroutine maix(jr,n,ne,i4,ma,mx,nh)
      implicit real*8(a-h,o-z)
      dimension jr(i4,ne),ma(n),nn(8)
      do 10 i=1,n
10    MA(I)=0
      DO 20 IE=1,NE
      DO 30 J=1,I4
      NN(J)=JR(J,IE)
30    CONTINUE
      L=N
      DO 80 I=1,I4
      IF(NN(I))80,80,60
60    IF(NN(I)-L)70,80,80
70    L=NN(I)
80    CONTINUE
      DO 15 M=1,I4
      JP=NN(M)
      IF(JP-L.GT.MA(JP)) MA(JP)=JP-L
15    CONTINUE
20    CONTINUE
      MX=0
```

```
      MA(1)=1
      DO 95 I=2,N
      IF(MA(I).GT.MX) MX=MA(I)
      MA(I)=MA(I)+MA(I-1)+1
95    CONTINUE
      MX=MX+1
      NH=MA(N)
      RETURN
      END

      SUBROUTINE NUR(NBD,MA,ANM,FU,UR,NNR,ND,NH,K1,K2)
      IMPLICIT REAL*8(A-H,O-Z)
      DIMENSION NBD(NNR),MA(ND),ANM(NH),FU(ND),UR(NNR)
      DO 85 I=K1,K2
      K=NBD(I)
      KP=MA(K)
      ANM(KP)=1.0D35*ANM(KP)
85    FU(K)=ANM(KP)*UR(I)
      return
      end
c----------------------GAUSS.FOR-----------------------------
      SUBROUTINE GAUSS(GKK,U,N,IH,IA,MX)
      IMPLICIT REAL*8(A-H,O-Z)
      DIMENSION GKK(IH),U(N),IA(N)
      CALL DECOMP(GKK,IA,N,IH)
      CALL FOWORD(GKK,IA,U,N,IH)
      CALL BACK(GKK,IA,U,N,IH,MX)
      RETURN
      END
```

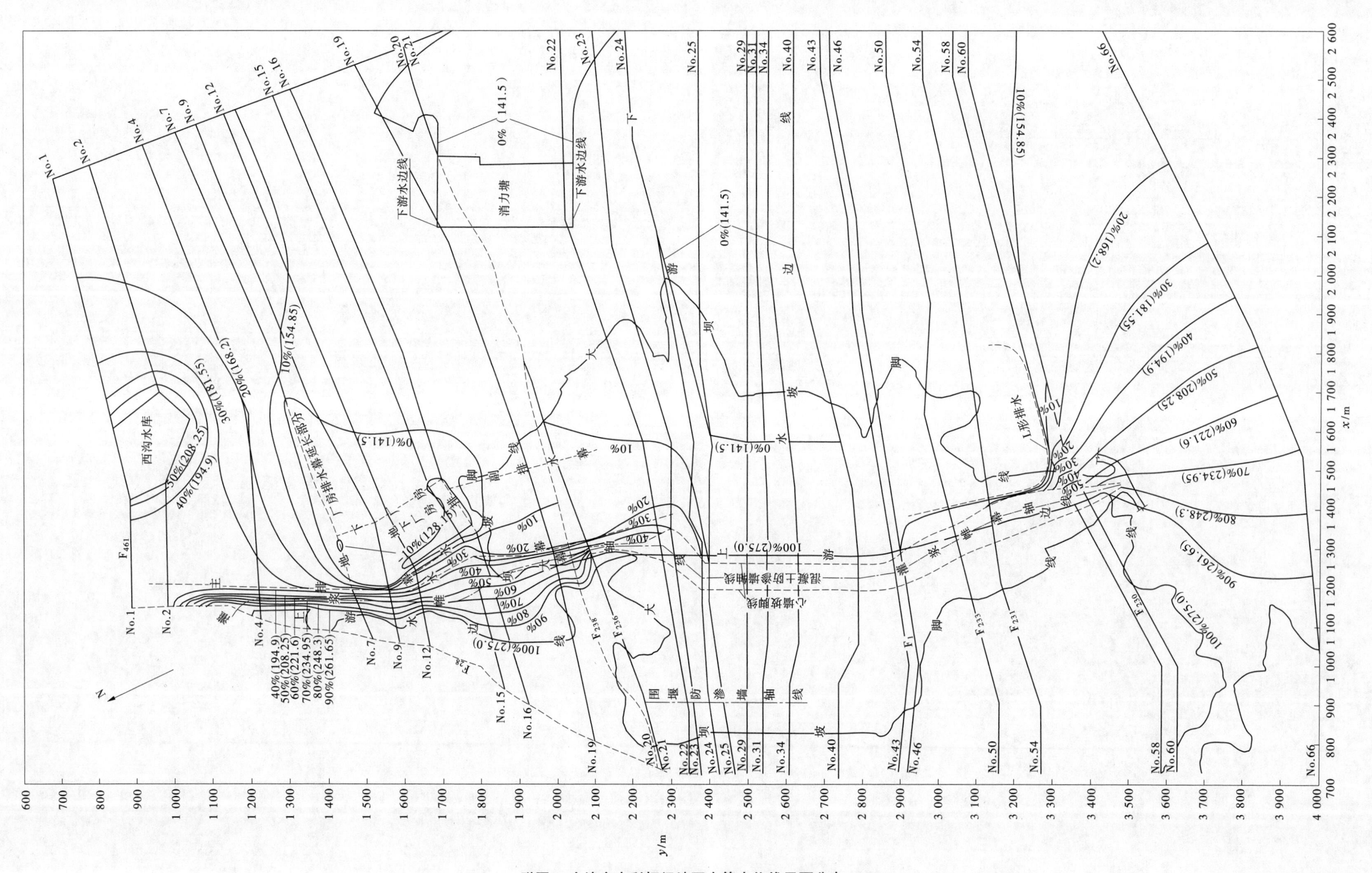

附图　小浪底水利枢纽地下水等水位线平面分布